农业遥感数据分析

——以小麦监测预警为例

郭伟 岳继博◎著

清華大學出版社
北 京

内容简介

本书对农业遥感和遥感数据分析的基础知识及其基本应用进行了详细的阐述。本书基于河南省重点研发专项：小麦赤霉病智能化监测平台与绿色防控技术体系研发与示范（241111110800），国家自然科学基金面上项目：花生白绢病多源数据时空动态预测方法研究（32271993）和国家自然科学基金青年基金：基于谱段间角度差异指数的农田作物残留物遥感信息提取方法研究（42101362）研究成果而撰写。

全书共9章，包括遥感概述、遥感监测小麦病虫害研究现状、遥感监测实验设计与数据获取、多源遥感数据处理方法、遥感作物病害监测理论和模型、近地监测小麦赤霉病、无人机遥感监测小麦赤霉病、卫星遥感监测小麦赤霉病、区域尺度小麦赤霉病预测等。每章内容除了详细的内容讲解外，还安排了小麦种植区域提取、小麦赤霉病近地、无人机和卫星遥感监测等实例，以让读者全面了解农业遥感图像分析的应用。

本书组织结构合理、内容全面丰富，不仅可作为农业硕士农业工程与信息技术领域研究生专业用书，农业信息化相关从业者、图像处理相关爱好者的参考工具书，还可作为高等院校智慧农业、遥感测绘相关师生的学习和参考用书，以及农业信息化相关行业培训班的教学用书。

图书在版编目（CIP）数据

农业遥感数据分析：以小麦监测预警为例 / 郭伟，岳继博著. -- 北京：清华大学出版社，2024. 8.
ISBN 978-7-302-67138-1
Ⅰ. S435.121.4
中国国家版本馆CIP数据核字第2024D664U4号

责任编辑：刘翰鹏
封面设计：孔若楠
责任校对：刘　静
责任印制：宋　林

出版发行：清华大学出版社
网　　址：https://www.tup.com.cn，https://www.wqxuetang.com
地　　址：北京清华大学学研大厦A座　　**邮　　编：**100084
社 总 机：010-83470000　　**邮　　购：**010-62786544
投稿与读者服务：010-62776969，c-service@tup.tsinghua.edu.cn
质 量 反 馈：010-62772015，zhiliang@tup.tsinghua.edu.cn
印 装 者：三河市龙大印装有限公司
经　　销：全国新华书店
开　　本：185mm×260mm　　**印　　张：**14.5　　**字　　数：**280千字
版　　次：2024年9月第1版　　**印　　次：**2024年9月第1次印刷
定　　价：79.00元

产品编号：108364-01

前　言

党的二十大报告指出，必须坚持科技是第一生产力、人才是第一资源、创新是第一动力，深入实施科教兴国战略、人才强国战略、创新驱动发展战略，开辟发展新领域新赛道，不断塑造发展新动能新优势。精准农业是新质生产力在农业领域的重要应用之一，通过引入遥感技术、地理信息系统、智能装备等，实现对农田的精准监测和管理，提高农业生产的精准度和效率。

本书为实现小麦赤霉病的地块尺度的时空预警问题，研究如何通过在小麦关键生育期开展多时相航拍监测病害的早期发生；如何整合遥感、气象信息进行病害流行驱动因子筛选及时相特征提取，为小麦赤霉病流行监测及预测模型提供关键信息；如何通过深度学习算法将这些驱动因子与传统病害流行模型进行耦合，建立小麦赤霉病流行监测及预测时空动态模型，实现对该病害发展时间与空间上的动态监测及预警。在上述研究基础上，有望提出一种基于地块尺度的预警穗部病害的新手段，从而为其他机理相似的病虫害提供准确识别与预警、减少农药投入、降低病菌产生毒素威胁人畜健康的风险提供技术支持。同时随着我国国产多角度卫星遥感、无人机多角度航拍和农业物联网技术的不断发展和成熟也为项目成果转化提供了广阔的空间。

本书特点如下。

- 涵盖面广。农业遥感涉及近地、无人机、卫星等多源、多尺度、多传感器数据分析问题，书中涵盖了近地、无人机和卫星多光谱传感器等多方面的遥感图像分析案例。
- 逻辑严谨。按照遥感概述、遥感监测小麦病虫害研究现状、遥感监测实验设计与数据获取、多源遥感数据处理方法、遥感作物病害监测理论和模型的总体脉络进行理论介绍；按照近地监测小麦赤霉病、无人机遥感监测小麦赤霉病、卫星遥感监测小麦赤霉病、区域尺度小麦赤霉病预测等不同尺度开展农业遥感数据分析案例介绍。

本书适合以下读者学习使用：

- 农业硕士农业工程与信息技术领域研究生专业用书。
- 智慧农业、遥感测绘和地理学相关师生。
- 图像处理相关爱好者。
- 农业信息化相关从业者。

在本书编著过程中，河南农业大学马新明教授、乔红波教授、王健博士、张哲博士、西北农林科技大学张东彦教授、杭州电子科技大学张竞成教授、北京市农林科学院农业信息技术研究中心杨浩研究员等提出了许多宝贵的修改意见。同时，河南农业大学研究生高春风、公政、李尚洲、申家宁、姚艺晗、何强、温甜甜、张亚鹏、胡静宇等协助整理了部分数据和内容，在此对他们的辛勤付出一并表示感谢。尽管著者在编写过程中力求严谨细致，但由于时间与精力有限，疏漏之处在所难免，望广大读者批评指正。

著　者

2024年5月

目　录

第1章

遥感概述

遥感（remote sensing）技术是一种在不接触的情况下，对目标远距离感知的一种探测技术。遥感通过分析从远距离收集的数据来了解和研究地球表面的物理、化学和生物特性。遥感技术已经成为现代农业科学、地球科学、环境科学、气象学、地理信息系统等领域的重要工具。

1.1 遥感的概念与特点

遥感（remote sensing）即遥远的感知，遥感技术是从远距离感知目标反射或自身辐射的电磁波，对目标进行探测和识别的技术。

遥感技术是20世纪60年代兴起的一种探测技术，是测绘领域“3S”[①]技术之一。它主要是根据电磁波理论，应用各种传感器收集、处理远距离目标的发射和反射电磁波信息，从而对地表景观进行探测和识别的一种综合技术。遥感数据是对地表物体反射的或发射的电磁波能量的模拟或数字记录，与特定的电磁波段有关。遥感技术的基本原理是通过传感器接收地球表面反射或辐射的电磁波，然后将这些信息转换为数字信号，进而通过计算机处理和分析，最终得到地球表面的相关信息。遥感技术的核心是传感器，它可以捕捉不同波段的电磁波，包括紫外光、可见光、红外光、微波等。根据传感器的工作方式和电磁波谱段的不同，遥感技术常被分为光学遥感、雷达遥感、红外遥感、多光谱遥感、高光谱遥感等。

遥感具有宏观、客观、实时、动态、快速等特点，为地球资源调查与开发，国土整治，环境监测，以及全球性研究提供了一种新的探测手段，广泛用于测绘、动态监测、地球资源调查、地质灾害调查与救治、军事侦察等领域。遥感主要具有以下特点。

1. 观测范围广

遥感卫星可以获取全球大范围的地表或大气层的信息，弥补了地面观测的不足。例如，高分一号卫星WFV传感器可以实现大于800km成像幅宽，为全球的空间观测服务提供重要的数据支撑。

2. 时效性强

遥感卫星可以定期对同一地区进行观测，获取连续的地表或大气层信息，实现动态监测。例如，我国国产高分WFV系列传感器星座可以最高每隔1～2天对地球进行一次成像，能够为国土资源部门、农业部门、气象部门、环境保护部门提供高精度、宽范围的空间观测服务，在地理测绘、海洋和气候气象观测、水利和林业资源监测、城市和交通精细化管理、疫情评估与公共卫生应急、地球系统科学研究等领域发挥重要作用。

3. 信息量大

遥感传感器可以获取多种波段的电磁波信息，反映地表或大气层的多种要素。例如，陆地卫星可以获取地表的可见光、红外、近红外等波段信息，用于土地利用、植被、水资

① 3S：Global Position System，Geographic Information System，Remote Sensing.

源等调查，不受高山、冰川、沙漠和恶劣条件的影响。

4. 客观性

遥感数据不受人为因素影响，能够客观、真实地反映地表或大气层状况。例如，遥感影像可以清晰地显示地表地物的形状、大小、颜色、结构等特征，为地质调查、城市规划等工作提供客观、可靠的信息资料。

5. 经济与社会效益显著

遥感技术可以广泛应用于国民经济和社会发展的各个领域，为各行各业提供重要的技术支持，产生显著的经济效益和社会效益。例如，遥感技术可以用于农业生产、资源勘探、环境监测、灾害预警等，帮助提高生产效率、降低生产成本、保护生态环境、减轻自然灾害损失，从而产生显著的经济效益和社会效益。

当前，遥感已经形成了一个由地球表面到空中，从信息收集、传输、处理、存储到判读分析和综合应用，从局地到区域到全球的多角度、多层次、多领域的观测体系，已经成为现代农业科学、地球科学、环境科学、气象学、地理信息系统等领域的重要工具。

1.2　遥感系统

遥感系统是实现遥感目的的方法论、设备和技术的总称，现已成为一个从地面到高空的多维、多层次的立体化观测系统。遥感系统由平台、传感、接收、处理应用各子系统所组成，负责对探测对象电磁波辐射的收集、传输、校正、转换和处理的全部过程，也就是将物质与环境的电磁波特性转换成图像或数字形式，如图1-1所示。

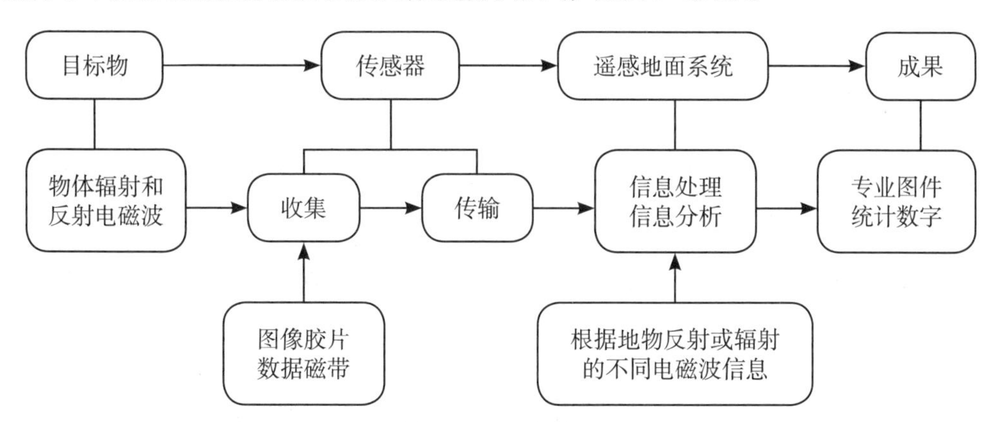

图1-1　遥感的过程

遥感系统是一个非常庞杂的体系，它的实现既需要一整套的技术装备，又需要多种学科的参与和配合。根据遥感的定义，遥感系统主要由以下四大部分组成。

1. 信息源

信息源是遥感需要对其进行探测的目标物。任何目标物都具有反射、吸收、透射及辐射电磁波的特性，当目标物与电磁波发生相互作用时会形成目标物的电磁波特性，这就为遥感探测提供了获取信息的依据。

2. 信息获取

信息获取是指运用遥感技术装备接受、记录目标物电磁波特性的探测过程。信息获取所采用的遥感技术装备主要包括遥感平台和传感器。其中遥感平台是用来搭载传感器的运载工具，常用的有气球、飞机和人造卫星等；传感器是用来探测目标物电磁波特性的仪器设备，常用的有照相机、扫描仪和成像雷达等。

3. 信息处理

信息处理是指运用光学仪器和计算机设备对所获取的遥感信息进行校正、分析和解译处理的技术过程。信息处理的作用是通过对遥感信息的校正、分析和解译处理，掌握或清除遥感原始信息的误差，梳理、归纳出被探测目标物的影像特征，然后依据特征从遥感信息中识别并提取所需的有用信息。

4. 信息应用

信息应用是指专业人员按不同的目的将遥感信息应用于各业务领域的使用过程。信息应用的基本方法是将遥感信息作为地理信息系统的数据源，供人们对其进行查询、统计和分析利用。遥感的应用领域十分广泛，农业、地质矿产勘探、自然资源调查、地图测绘、环境监测以及城市建设和管理等。

1.3 遥感的分类

遥感技术是一门对地观测综合性技术，利用现代光学、电子学探测仪器，从远距离记录目标物的电磁波特性，然后通过分析和解译揭示出目标物的特征、性质和变化规律。因此，遥感技术根据遥感平台、传感器工作方式、电磁波段和应用领域可以分为以下几类。

1. 按搭载传感器的遥感平台分类

地面遥感主要指以高塔、车、船为平台的遥感技术系统，地物波谱仪或传感器安装在这些地面平台上，可进行各种地物波谱测量。这些地面平台用于定标、模型建立和提供基础资料。

航空遥感是指利用飞机、气球、飞艇等航空平台作为传感器运载工具在空中工作的遥感技术，是由航空摄影侦察发展而来的一种多功能综合性探测技术。相比地面遥感和航天遥感，航空遥感灵活机动，时效性高，可以根据需要调整飞行高度和路线，适合小范围、动态的监测任务。

航天遥感是指利用人造卫星、宇宙飞船、航天飞机、空间站等航天器作为传感器运载工具在太空中工作的遥感技术。航天遥感是遥感技术的一个重要分支，其优点是覆盖范围广，可定期对同一地区进行观测，但制造成本高。

2. 按传感器工作方式分类

主动式遥感（active remote sensing）又称有源遥感，是指由遥感器向目标物发射一定频率的电磁辐射波，然后接收从目标物返回的辐射信息的遥感系统。主动式遥感器的应用范围广泛，包括但不限于普通雷达、侧视雷达、合成孔径雷达、红外雷达、激光雷达等。主动式遥感的主要优点在于它不依赖太阳辐射，因此可以昼夜工作。此外，根据探测目的的不同，主动式遥感可以主动选择电磁波的波长和发射方式，从而更有效地收集所需的信息。这种技术的使用，使得在各种环境条件下，如夜间、云雾覆盖或光照条件不佳的情况下，也能进行有效的地物观测。

被动式遥感（passive remote sensing）又称无源遥感，是指直接接收来自目标物的辐射信息，依赖于外部能源进行的遥感。被动式遥感器主要工作在紫外、可见光、红外、微波等波段。其主要遥感器有摄影机、扫描仪、分光计、辐射计、电视系统等。在航空遥感中大多使用被动式遥感器。

3. 按传感器工作的电磁波段分类

可见光遥感是指利用可见光波段的电磁波获取地表信息，波长范围为0.4～0.7μm。可见光遥感可以获取地表地物的颜色、形状、结构等信息，应用于土地利用、植被、水资源等调查。

红外遥感是指利用红外波段的电磁波获取地表信息，波长范围为0.7～14μm。红外遥感可以获取地表地物的温度、辐射等信息，应用于地质调查、气象预报、夜间观测等。

微波遥感是指利用微波波段的电磁波获取地表信息，波长范围为1mm～1m。微波遥感可以穿透云层、雾气等遮蔽物进行观测，应用于海洋监测、森林调查、灾害监测等。与可见光遥感相比，微波遥感技术具有全天候昼夜工作能力，能穿透云层，不易受大气条件和日照水平的影响；能穿透植被，具有探测地表下目标的能力。

4. 按应用领域分类

按应用目的和意图不同，遥感可分为农业遥感、环境遥感、资源遥感、城市遥感、气象遥感和军事遥感等。

（1）农业遥感。遥感可以获取大面积、高时效的农田信息，帮助农业管理者了解作物长势、土壤状况、水资源状况、病虫害发生情况等，为农业生产管理提供决策依据。例如，遥感可以监测作物的生长状况、叶面积指数、生物量等参数，也可以监测土壤水分、土壤肥力等作物生长环境参数。通过对农田的遥感数据进行分析，可以为农业生产提供科学依据，提高农业生产效率。

（2）环境遥感。遥感可以获取大面积的图像信息，不受人为因素影响，能够快速、有效地监测大范围的环境污染情况。此外，遥感卫星可以定期对同一地区进行观测，获取连续的图像信息，可以动态监测环境污染的变化情况。遥感技术可以用于监测多种类型环境污染，例如，可以监测大气中二氧化硫、氮氧化物、细颗粒物等污染物的浓度，可以用于监测酸雨、光化学烟雾等大气污染事件；遥感也可以监测水体的叶绿素含量、总悬浮物、溶解氧等指标，从而分析水体污染程度、污染源、污染物扩散范围等，为水污染防治提供信息支持。

（3）资源遥感。遥感技术可以用于矿产资源、水资源、土地资源等的勘查。通过对地表的遥感数据进行分析，可以预测矿产资源的分布、评估水资源的可利用性等。例如，遥感影像反映了大量地表和浅地表的地质信息，其中包括地形、地貌和岩石的构造形态，以及水、土壤及植被等信息。利用遥感影像的解译确定岩石性质和地质构造，通过分析能快速识别矿床，且对于一些偏远、复杂、自然条件恶劣地区的信息采集表现出高效、省时等优势。

（4）城市遥感。遥感技术可以获取大面积、高时效的城市影像数据，为城市规划管理提供客观、直观的信息资料，帮助城市规划管理者更好地了解城市现状，分析城市发展趋势，可以为城市发展提供科学依据，提高城市管理水平。

（5）气象遥感。遥感卫星可以定期对地球表面进行观测，获取大气、海洋和陆地表面的温度、湿度、风场、云量、降水、植被等信息。这些信息为数值天气预报模式的初始化和同化提供重要的基础数据，提高了天气预报的准确率。此外，遥感技术与数值天气预报、人工智能等技术相结合，可以构建智能化、高效化的气象预报系统，为人类社会提供更加精准、及时的气象预报服务。

（6）军事遥感。遥感技术作为一种获取地表信息的重要手段，在军事侦察中有着广泛的应用。遥感侦察可以获取敌方军队部署、兵力活动、武器装备、工事设施等信息，为指挥员决策提供重要依据。

1.4 遥感发展历程与趋势

遥感技术主要基于航天或航空平台并应用各种传感器收集、处理远距离目标的发射和反射电磁波信息，从而对地物进行特定电磁波谱段的数字化成像观测的技术，它在地球系统科学研究和多领域空间信息应用中扮演着核心技术的角色。

1.4.1 遥感发展历程

遥感技术的发展经历了从早期摄影术到现代高分辨率卫星的漫长历程。遥感技术的历史可以追溯到19世纪中叶，当时摄影术刚刚发明不久。最初的尝试包括使用气球和后来的飞机来获取地面照片。这些早期的空中摄影主要用于地形和景观的记录，为后来的地理学、地质学和其他自然科学领域提供了新的视角。随着飞行技术的进步，两次世界大战期间航空摄影在军事侦察和地形测绘中发挥了重要作用。它使得军队能够快速获得战场情报以及制定战略所需的地形信息。这种应用极大地推动了遥感技术的发展，尤其是在解析度和成像技术方面。除了摄影术，非成像遥感仪器如光谱辐射计也在早期被用于科学研究。这些设备能够测量不同波长下的电磁辐射，从而提供关于地表特性的信息。虽然这些早期的遥感仪器较为原始，但它们奠定了后续多光谱和高光谱成像技术的基础。

在卫星遥感方面，苏联于1957年成功发射了“斯普特尼克1号”，标志着人类进入太空时代，这同时也是遥感历史上的一个重要里程碑。这颗卫星的成功发射证明了利用人造卫星进行地球观测的可能性。美国在20世纪60年代初启动的“泰罗斯计划”是气象遥感领域的一个关键进展。该计划旨在通过专门的气象卫星来收集全球天气数据，为天气预报和气候研究提供宝贵信息。1972年，美国发射了第一颗地球资源卫星，开启了“陆地卫星计划”（Landsat），这个系列卫星提供了连续的全球地表图像，极大地扩展了遥感技术的应用范围，包括农业、林业、地质勘探等多个领域。多个国家和国际组织如欧洲空间局、苏联/俄罗斯、中国等也开展了自己的空间计划。这些计划不仅促进了国际的合作，也激发了一定程度的竞争，共同推动了全球遥感技术的进步。随着技术的进步，遥感卫星如SPOT卫星系列、Sentinel卫星系列（图1-2）、中国高分卫星系列等开始提供更高分辨率的地表图像。这些高分辨率数据使得人们能够观察到更加细致的地表特征，为城市规划、环境监测等领域提供了强有力的工具。

图 1-2 Sentinel MSI 传感器

在新型遥感传感器技术方面，高光谱成像技术的发展使得科学家同时在不同的光谱波段上获取地表信息。高光谱分辨率遥感（hyperspectral remote sensing）是用很窄而连续的光谱通道对地物持续遥感成像的技术。在可见光到短波红外波段其光谱分辨率高达纳米数量级，其光谱通道数多达数十甚至数百个以上，而且各光谱通道间往往是连续的，因此高光谱遥感又通常被称为成像光谱遥感。高光谱分辨率传感器所获得的地物的光谱曲线是连续的光谱信号。这不只是简单的数据量的增加，而是有关地物光谱空间信息量的增加，为利用遥感的技术手段进行对地观测，监测地表的环境变化提供了更充分的信息，从而也使得传统的遥感监测目标发生了本质的变化。合成孔径雷达（synthetic aperture radar）技术的发展为遥感带来了革命性的变化。合成孔径雷达探测能够穿透云层和雨林，提供全天候、全天时的地表观测能力。它在灾害管理、海洋监测、土地使用变化等领域具有不可替代的作用。激光雷达（light detection and ranging）用激光器作为发射光源，然后将接收到的从目标反射回来的信号（目标回波）与发射信号进行比较，作适当处理后，就可获得目标的有关信息，如目标距离、方位、高度、速度、姿态、形状等参数。这种多维度的数据对于精确地识别和分类地表物质非常有用，尤其是在环境监测、植被分析和矿产勘探等方面。

遥感（remote sensing）、全球定位系统（global positioning system）和地理信息系统（geographic information system）的结合，极大地提高了遥感数据的准确性和应用价值。GPS为地面验证提供了精确的定位信息，而GIS则为存储、分析和可视化空间数据提供了强大的平台。

1.4.2　遥感发展趋势

遥感技术已经从早期的简单观测发展到今天的高精度、多维度、多应用领域的高科技手段。随着传感器硬件技术、数据分析算法的不断进步和应用需求的不断增长，遥感技术迫切需求对多学科、多技术融合发展，其发展将极大地依赖于软硬件技术创新、数据处理能力的提升以及跨行业合作。

未来的遥感传感器将继续朝着高空间分辨率、高时间分辨率、高光谱分辨率的方向发展。这意味着卫星和传感器将能够提供更加清晰、更新频率更高、信息更丰富的地球观测数据。首先，未来的遥感卫星将拥有更高的空间分辨率，这使得详细监测更小的地面目标监测成为可能，如小型建筑物甚至车辆。这在城市规划、环境监察以及紧急救援等领域都将变得极其有价值。其次，更高的时间分辨率意味着能够更频繁地获取地表数据，从而有助于实时监控环境变化，如自然灾害的早期预警、农作物生长状况的实时监控等。这将推动遥感技术在气象预报、农业管理等领域的应用。此外，随着光谱分辨率的提升，遥感设备可以收集到更多波段的精细数据，能够更精确地分析地表物质的化学成分。这对于环境监测、资源勘探和科学研究等方面至关重要。

卫星逐渐趋向小型化是遥感另一个明显的趋势。小型化卫星的发展将为遥感领域带来新的机遇，其不仅能够提供更多的经济实用的解决方案，还能够推动遥感技术的广泛应用和创新发展。得益于微小卫星技术的发展，其研制和发射成本显著降低，使更多的私人企业和学术机构能够承担起小卫星项目，从而推动了航天技术的普及和发展。小型卫星由于其体积和重量的优势，可以实现更频繁的发射，进而提高地球观测的覆盖率和更新频率，提供几乎实时的全球数据。另外，未来的测绘遥感小卫星可能会向更加精细化的方向发展，同时形成星座网络，通过系统化的运作提升数据获取的效率和质量。此外，微小卫星的密集组网型对地观测可以提供更高频率、更广覆盖的观测服务。这些优势使得高分辨率的小型卫星能够助力于应用场景的扩展，如农业监测、环境保护、城市规划等领域。

无人机（unmanned aerial vehicle）技术在遥感行业的发展已经从最初的探索阶段迅速过渡到了成熟应用的领域，这一技术的发展不仅仅是技术层面的突破，更是对传统遥感作业模式的一次革命。传统遥感数据的获取主要依赖于卫星和载人飞机，成本高昂、准备周期长，且受到天气和飞行环境的限制较为明显。无人机技术以其低成本、高效率、高灵活性的特点，极大地扩展了遥感技术的应用范围与频次，尤其对于那些需要高频次、小范围、精细化数据采集的应用场景，无人机遥感技术展现出了无可比拟的优势。无人机搭载多种传感器，如可见光相机、多光谱摄像头、红外扫描器、激光雷达等，能够在几十米到几百米的低空进行飞行，以获取高分辨率的地表数据。这种近距离的观测方式，不仅可以获得更精细的图像，而且可以在云层较厚、地形复杂或气候条件恶劣的环境中工作，这是传统遥感方法难以做到的。此外，无人机的使用大幅节省了人力和物力成本，并且显著缩短了数据处理和分析的周期，提高了信息获取的时效性。在农业遥感领域，无人机技术被用于作物健康监测、土壤分析、病虫害防治以及灌溉管理，通过精准的数据分析帮助农民提高作物产量、降低成本并减少化学品的使用，如图1-3所示。城市规划和管理也得益于无人机的发展，城市扩张监测、交通流量分析、基础设施维护等都能通过无人机获得实时的数据支持。同时，无人机在应急响应和救灾中的作用不可低估；在自然灾害发生后，无人机能够迅速进入受灾区域，提供损毁评估和搜救指导，极大地提高了救援效率和安全性。而在军事领域，无人机的侦察和监视能力同样得到了强化，成为现代战争中不可或缺的一环。当然，随着无人机遥感技术的广泛应用，一系列新的挑战也随之而来。例如，如何确保无人机飞行的安全性、如何处理海量的遥感数据、如何保护个人隐私等问题都亟须解决。无人机技术在遥感行业中的应用带来了诸多创新点，它不仅增强了遥感数据的获取能力，还拓宽了遥感技术的应用领域。未来，随着无人机技术的不断进步，其在遥感领域的应用将会更加广泛和深入，从而推动整个遥感行业的持续发展和繁荣。

图 1-3　农用无人机

遥感技术与人工智能（artificial intelligence）的结合是当前科技发展的一个热点领域。这种结合为地球观测数据的处理和分析带来了革命性的变化，极大地增强了遥感从大量复杂数据中提取有用信息的能力。在传统遥感技术中，数据处理往往是一个瓶颈。随着卫星和航空传感器技术的发展，能够获取的数据量呈爆炸性增长，但是要精确地处理和解析这些数据，提取出有用的信息，却是一项耗时且复杂的工作。人工智能算法和模型的进步将使计算机能够自动处理和解析大量的遥感数据，识别模式和趋势，为决策提供科学依据。人工智能技术可以帮助快速分类和识别地表特征，例如自动区分城市、农田、森林等不同的土地覆盖类型。人工智能模型，尤其是卷积神经网络，在图像识别方面表现出色。它们可以从遥感图像中自动学习以区分不同的特征和对象，比如建筑物、道路、水体、不同类型的植被覆盖等。例如，通过比较不同时间的图像，人工智能可以帮助识别地表变化，这对于监测城市扩张、森林砍伐、冰川融化等现象至关重要。此外，人工智能模型不仅可以识别单个对象，还可以理解场景的上下文，这意味着它能够分析地面对象的相互关系以及它们与环境之间的互动。

1.4.3　我国农业遥感的发展

在农业生产中，准确的粮食作物的长势监测及其产量预测，对于国家粮食宏观调控和决策、实现国家粮食产业稳健发展、保障国家粮食安全均具有重要意义。利用多源卫星影像，可以准确获取农作物的种植空间分布、种类、面积、长势和产量。1962年，全球第一届环境遥感会议召开，标志着“遥感学”的诞生，为人类揭开了利用遥感进行对地观测的序幕。1972年美国成功发射第一颗陆地资源卫星，这成为遥感应用发展历程中的重大里程碑，此后，农业遥感技术与应用不断发展。

我国遥感技术的发展几乎与改革开放同时起步，农业遥感技术的发展历程可以追溯到20世纪70年代末期，我国在农业遥感领域经历了从无到有、从起步到成熟的发展过程，目前已成为推动我国农业生产现代化的重要技术手段之一。①起步阶段（20世纪70年代末至80年代初）。在这一时期，我国开始引入农业遥感技术，并将其列为国家科技重点研发计划。通过引进国外先进的遥感设备和技术，如Landsat卫星图像，我国的科研人员开始对遥感技术在农业中的应用进行初步探索和实验。②攻关阶段（20世纪80年代至90年代中期）。这一阶段，我国在农业遥感领域进行了大量的技术攻关。研究人员主要集中在高校和科研机构，他们克服了诸多困难，自主研发了一些关键的遥感技术，包括遥感数据的获取、处理和解译方法。同时，我国也发射了一系列的遥感卫星，如“风云”系列气象卫星，为农业遥感提供了重要的数据源。③快速发展与应用阶段（20世纪90年代中期至今）。自20世纪90年代中后期以来，我国农业遥感技术进入了快速发展和应用的阶段。随着各类高空间、时间、光谱分辨率民用卫星的出现，农业遥感与地理信息系统、全球导航技术及物联网等技术不断融合，遥感在农业领域的应用广度和深度不断扩展，被广泛应用于土地资源调查、作物种植面积监测、作物长势监测、作物产量估算、土壤墒情和农业灾害监测、农作物生态环境监测评估和收割进度监测（图1-4）等领域。

图1-4（a）彩图

图1-4（b）彩图

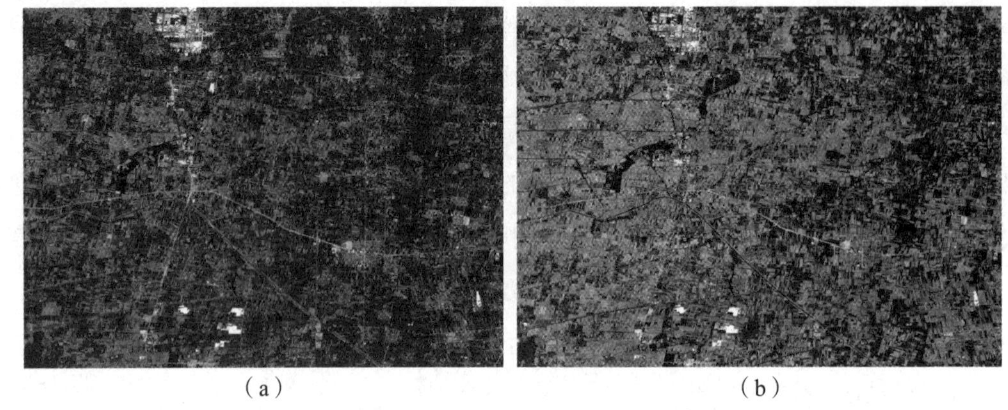

（a）　　（b）

图 1-4　麦收季节的农田遥感影像①

目前，我国的农业遥感技术得到了广泛应用，农业遥感业务运行工作主要涵盖了农业资源调查、农业生产过程监测和重大农业自然灾害的监测和评价。农业资源调查是农业遥感的基础工作，包括农用地、作物本底、农业后备资源等。这些调查围绕农业生产管理的需求进行，为农业生产提供了重要的数据支持。农业生产过程监测指利用遥感技术对全国主要农作物的密度、面积、长势、产量以及土壤墒情等进行监测（图1-5），这些信息对于宏观生产管理和决策服务至关重要。例如，通过遥感技术可以实时监测作物的生长状况，为农业生产提供及时的指导。重大农业自然灾害的监测和评价主要包括病虫害、旱灾和洪涝，实现监测和分析灾害对农业生产造成的影响。目前，我国在农业遥感领域已经能够对重大农业自然灾害进行监测与评估。例如，通过遥感技术可以迅速准确地评估旱灾和洪涝灾害的影响范围和程度，为抗灾救灾工作提供科学依据。

图1-5彩图

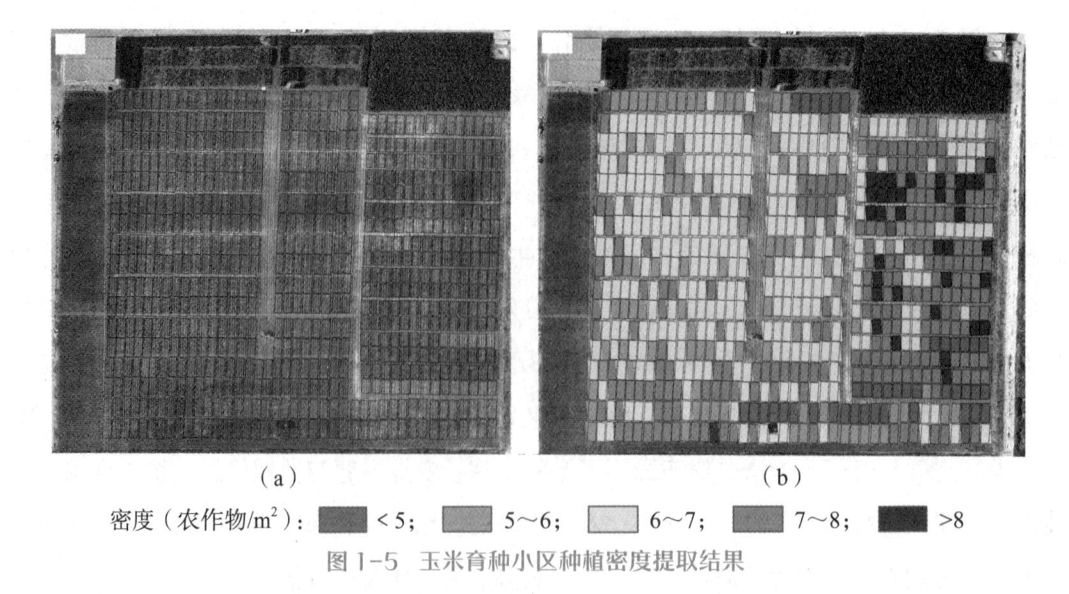

图 1-5　玉米育种小区种植密度提取结果

① 山东省菏泽市东部2023年6月6日和6月8日Sentinel MSI多光谱彩色合成图像。

第2章 遥感监测小麦病虫害研究现状

定量遥感是当前遥感发展的前沿，它是指利用传感器获取地表地物的电磁波信息，在计算机系统的支持下，通过数学或物理的模型将遥感信息与所观测的地表目标参量联系起来，进行精确的定量分析和处理，实现对地球表面物质的定量化描述和分析。农业定量遥感是利用遥感技术获取农业相关数据，并以定量的方式对农业土地、作物、水资源等进行测量、分析和评估的过程。本章从小麦赤霉病农学研究进展、作物病虫害遥感监测研究进展、作物病虫害遥感预测研究进展等方面综述了国内外相关研究进展，分析如何整合遥感和气象信息进行病害流行驱动因子筛选及时相特征提取，为小麦赤霉病流行监测及预测模型提供关键信息，分析如何建立小麦赤霉病流行监测及预测时空动态模型，并实现对该病害发展时间与空间上的动态监测及预警。

2.1 遥感监测意义

农作物病虫害是农业生产中重要的生物灾害，一直以来都是制约农业高产、优质、高效、生态、安全的主要因素之一。据联合国粮农组织估计，全世界每年因病虫草害损失约占粮食总产量的三分之一，其中因病害损失10%，因虫害损失14%，因草害损失11%。我国农作物病虫害呈多发重发态势，每年发生面积近60亿亩次，因防控能力不足每年造成粮食作物损失近250亿千克、经济作物损失175多亿千克。在病虫害防治方面，我国年均防治面积60亿～80亿亩次，化学农药使用量约30万吨（折百量）。近年来，国家2015—2022年中央1号文件连续8年强调“持续推进化肥农药减量增效”，2022年1月6日农村农业部在《“十四五”全国农业农村科技发展规划》指出“十四五”期间主要农业领域关键突破技术和核心指标任务之一，是农作物灾害防控要在“重大灾害发生规律、成灾机理和监测、预警理论及技术”和“农药减施增效”有关键性突破。据农业农村部种植业管理司、全国农业技术推广服务中心组织全国植保体系和科研教学单位专家会商分析，预计2024年全国小麦重大病虫害总体偏重发生，发生面积8.9亿亩次，其中病害发生5.2亿亩次，虫害发生3.7亿亩次。蚜虫在黄淮海大部麦区偏重发生，赤霉病在长江中下游、江淮和黄淮南部麦区偏重流行风险高，茎基腐病在黄淮麦区偏重发生，纹枯病在华北麦区偏重发生，条锈病在汉水流域和西北麦区局部偏重发生。

近年来，我国病虫灾害的流行趋势及其造成的危害均显示出加剧的态势。其中重大流行性病害和迁飞性虫害有20余种，它们的发生地域广泛，造成的灾害程度深远。同时，在当前全球气候变化的大背景下，各类灾害性气候及异常天气的频繁出现，无疑为病虫害的发生与传播提供了某种程度的便利，使得病虫害的防控工作面临着更大的挑战。

在农作物病虫害的诊断领域，传统监测手段主要依赖富有经验的生产者或植保专家进行田间实地观察。他们通过观察植物的色泽、叶片的萎蔫或卷曲状况、叶片或冠层温度的微妙变化，以及单位面积上叶片或冠层受病害侵染的比例等植株形态与生理上的改变，来判断植株受病虫害胁迫的程度及其发生等级。然而，这种依赖人工田间观测的方式来获取病虫害信息，不仅耗时耗力，而且难以在广阔的地域范围内实施。更重要的是，其结果深受观察者个人经验的影响。因此，迫切需要发展一种新技术，既能突破传统观测方式的限制，又能精准、高效地诊断病虫害。

在农业病虫害的预测预报领域，传统方法主要依赖于实地目测，通过观察病虫害的出现及其危害程度，或者采用捕捉虫蛾等手段来预判病虫害暴发的风险。随着植物保护学的不断进步，人们开始尝试根据害虫在田间的发育进度，同时参考当前气温和相应的虫态历期，预测未来虫害可能的发生时期，或者运用有效基数预测法等方式进行预测。然而，这些方法既耗时又费力，且未能全面考虑气候变化的影响以及病虫害的空间分布情况。因此，这些方法难以为决策者提供全面、有效的病虫害发生信息。

遥感技术因其能在不直接接触目标物体的前提下，对观测目标进行监控、分析和评价，近年来在农作物病虫害监控方面的价值日益凸显。其空间连续性的特点成为遥感技术的一大优势，它不仅能大幅减少实地调查的工作量，同时还能实现对特定区域的全面监测。近年来，随着高光谱遥感和高分辨率卫星遥感技术的突飞猛进，以及统计和数学模型的应用，越来越多的作物生理生化参数能被精准地监测。除了对作物自身的健康状况进行监测，遥感技术还能对作物的环境参数进行监测，例如，利用热红外遥感技术来监测地表温度，或者使用近红外波段和微波来监测土壤含水量等。数码照片近地监测具有数据易获取，无须复杂的预处理，操作简单等优势，在低成本的前提下通过结合目前先进的深度学习模型即能达到较高的监测精度，监测速度较快，易于部署和移植。

在遥感技术的动态监测辅助下，经验丰富的植保工作者能够将农学、生理和病理的专业知识与作物的光谱特征和生境条件等遥感监测内容相结合，进行病虫害适宜生境的风险评估，动态监测病虫害的空间分布以及预测病虫害的发生趋势。此外，遥感监测信息作为一种具有明确地理位置的空间信息，可以与气象数据、土地利用数据等信息在地理信息系统（geographic information system，GIS）平台上进行整合。这种整合为决策者提供了更为强大的信息支持，有助于实现病虫害的综合治理目标。

本书正是充分地利用了空间技术、图像处理技术的突出功能和优势，以小麦赤霉病监测与预警为例详细阐述遥感技术在农作物病虫害监测及预测预报方面的研究方法和应用实例。

小麦赤霉病（fusarium head blight，FHB）是由禾谷镰孢菌（fusarium graminearum）和亚洲镰孢菌（fusarium asiaticum）引起的世界性小麦最重要的病害之一（程顺和等，2012；Saccon等，2017）。赤霉病对小麦的产量和品质均会构成严重威胁。该病发病严重时，病穗率可达50%～100%，除引起至少40%以上的减产外（张洁等，2014；刘易科等，2017），赤霉病菌分泌的毒素——脱氧雪腐镰刀菌烯醇（deoxynivalenol，DON）还会引起麦穗腐烂霉变，产生对人畜有毒、有害的物质，影响小麦质量安全，对人畜健康构成潜在威胁（Agostinelli等，2012; Cuperlovic-Culf等，2016）。目前小麦赤霉病还没有有效的抗病品种，而通过化学防控有以下两大问题亟待解决（程顺和等，2012）。

图 2-1　不同防治时间小麦发病对比图

图2-1彩图

1. 防控时间的把握

小麦赤霉病可防、可控、不可治。赤霉病的防控窗口期非常短，喷药时间相差3天都会造成巨大的差异（图2-1），而目前针对小麦赤霉病的防控方式仍然是“主动出击、见花打药”和“立足预防、适时用药”，这种依靠田间调查和气象信息的方式，虽然在某些局部地区可以达到较理想的防控效果，但也会因为地区差异而造成农药盲目滥用或者喷洒不及时、不到位。前者会导致环境污染、增加生产成本，农药残留还会带来生态环境和食品安全问题，而后者则会导致病害防控失败、粮食减产、食品安全受到威胁。

2. 病害早期发生遥感监测角度的选取

小麦赤霉病为穗部病害，其发病的初始位置以穗的中上部为主，后期逐渐扩散到全穗（图2-2），仅依靠传统遥感病害垂直观测的监测手段无法在病害发生初期及时发现并确定病源。利用近地遥感技术开展多角度观测，无法在时效性上实现田块尺度的病害观测。

图2-2彩图

图 2-2　小麦赤霉病发病特征

针对小麦赤霉病的防治，如何在病害早期对其进行田块尺度上的有效监测和预报具有十分重要的意义。目前关于赤霉病监测预报的研究往往基于单一的数据源和单一时相，如基于气象数据的病害预测和基于遥感数据的病害监测，未能有效地将作物初发症状、位置、作物生长参数和环境状况有效整合。因此，亟须从病害流行学的角度和小麦赤霉病发生机理出发，探索小麦早期病害发生的光谱响应特征及图像特征，确定最佳观测时相并连续观测作物生长参数和气象环境数据，筛选预测模型的最优驱动因子，结合机器学习、深度学习算法，构建小麦赤霉病时空动态流行监测和预报模型。

2.2 遥感监测原理

遥感（remote sensing）是运用传感器或遥感器对物体的电磁波辐射、反射特性进行探测的一门科学和技术。物质在电磁波作用下，会在某些特定波段形成反映物质成分和结构信息的光谱吸收与反射特征。物质的这种对不同波段光谱的响应特性通常被称为光谱特征。与原位或现场开展地物信息的测量方式不同，遥感是在不与物体进行物理接触的情况下获取有关物体或现象的信息。遥感可分为被动遥感和主动遥感两种。

被动式遥感即遥感系统本身不带有辐射源的探测系统。被动遥感不依赖人工辐射源，其系统不需要自身发射电磁波，而是利用目标物体自然发射或反射的电磁波。在遥感探测时，探测仪器获取和记录目标物体自身发射或反射来自自然辐射源（如太阳）的电磁波信息。

主动式遥感即从遥感平台上的人工辐射源，向目标物发射一定形式的电磁波，再由传感器接收和记录其反射波的遥感系统。与被动遥感不同，主动遥感不依赖太阳辐射，可以昼夜不停地工作，并且可以根据探测目的的不同,主动选择电磁波的波长和发射方式。合成孔径雷达、激光雷达等都属于主动遥感系统。

在遥感技术几十年的发展历史中，经历了全色（黑白）、彩色摄影，多光谱扫描成像，高光谱遥感等阶段。物体的光谱特征是用遥感方法探测各种物质性质和形状的重要依据。不同的作物或同一作物在不同的环境条件、不同的生产管理措施、不同生育期，以及作物营养状况不同和长势不同时都会表现出不同的光谱反射特征。

2.2.1 植被反射光谱特征

健康的绿色植被在光谱上呈现出丰富的特征，这些特征与植物的生理状态、组织结构和化学成分密切相关。图2-3所示为400～2500nm范围的典型绿色植被光谱曲线特征。植物叶片光谱特征的形成是由于植物叶片中化学组分分子结构中的化学键在一定辐射水平的照射下，吸收特定波长的辐射能，产生了不同的光谱反射率的结果。因此，特征波长处光谱反射率的变化对叶片化学组分的多少非常敏感，故称敏感光谱。植物的反射光谱，随着叶片中叶肉细胞、叶绿素、水分含量、氮素含量以及其他生物化学成分的不同，在不同波段会呈现出不相同的形态和特征的反射光谱曲线。绿色植物的反射光谱曲线明显不同于其他非绿色物体的这一特征是用来区分绿色植物与土壤、水体等的客观依据。

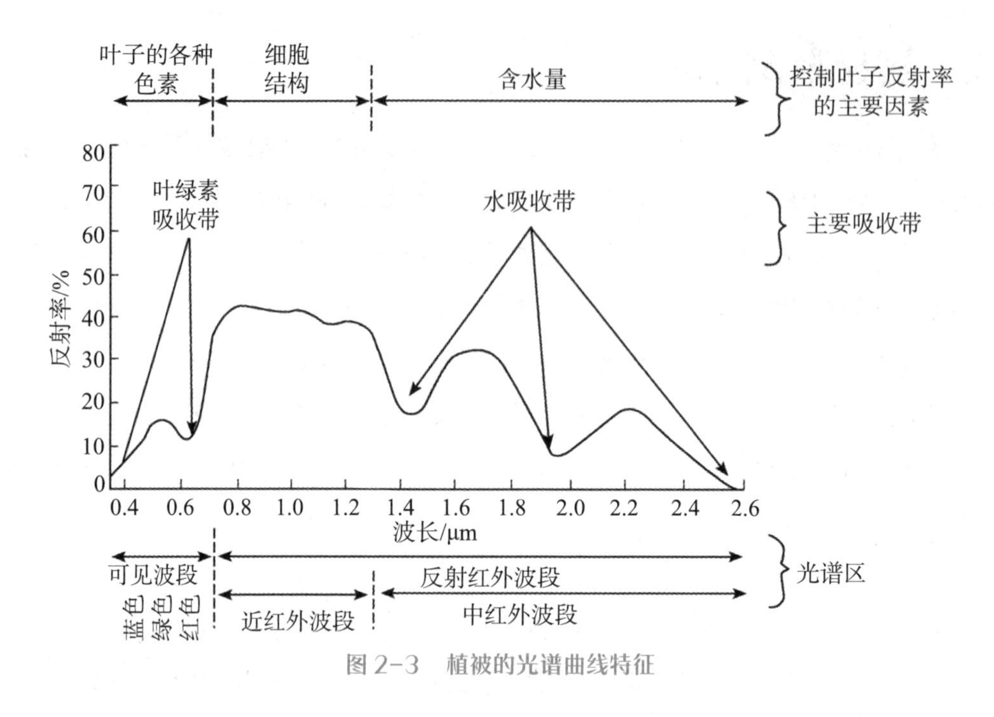

图 2-3　植被的光谱曲线特征

1. 400~670nm波段

在400～670nm的可见光波段内，以叶绿素为主的各类色素是影响植被光谱反射率的主导因素。叶绿素（a和b）在450nm和650nm附近各有一个光的强吸收带（图2-4），在两个叶绿素吸收带的中间，由于吸收作用相对小而形成了一个反射峰（图2-4，540nm附近），因此植被颜色为绿色。当植被患病时，叶绿素和覆盖度下降，这导致冠层的叶绿素吸收下降，叶片反射率增加，而红光反射率增加则会导致植物叶片看起来为黄色。类胡萝卜素（如叶黄素）在450nm附近也有一个强吸收带（图2-4），因其含量远小于叶绿素含量而被遮盖。当植物衰老时，叶绿素被分解转移，类胡萝卜素成为植物叶片反射光谱特征的主导因素，导致叶片颜色变黄。

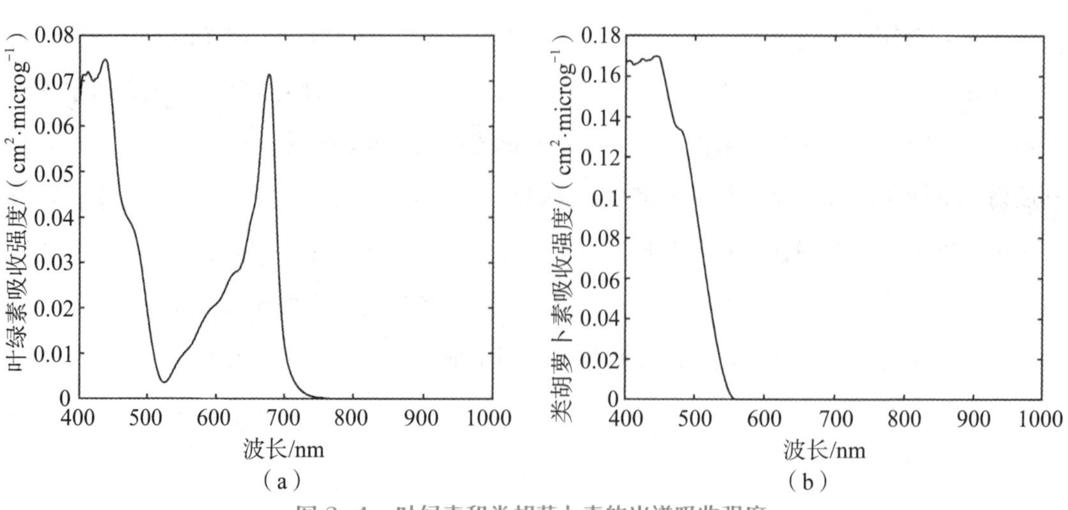

图 2-4　叶绿素和类胡萝卜素的光谱吸收强度

2. 670～780nm波段

在670～780nm的光学波段范围是以叶绿素在红波段的强吸收到近红外波段多次散射形成的高反射平台的过渡范围，其被称为植被反射率的“红边”。红边是绿色植物在670～780nm反射率增高最快的点，也是一阶导数光谱在该区间内的拐点。红边是植被营养、长势、水分、叶面积等的指示性特征，红边的描述包括红边的位置和红边的斜率，其与植物叶片叶绿素含量、叶面积指数等参数直接相关。当植被叶片叶绿素含量高、生长旺盛时，红边会向长波方向移动（红移），而当病虫害、污染、叶片老化等因素发生时，红边则会向短波方向移动（蓝移）。

3. 780～1350nm波段

在780～1350nm的近红外波段内，叶片的内部构造是影响反射率的主导因素。叶片色素、蛋白质、木质素、纤维素和半纤维素在此区域的吸收均较小。健康植被的光谱反射率可达45%～50%，透过率可达45%～50%，吸收率较低。

4. 1350～2500nm波段

在1350～2500nm的短波红外波段内，以叶片内水分（图2-5）、蛋白质、木质素、纤维素和半纤维素吸收特征为主。其中，叶片水分在1450nm、1900nm和2700nm附近的光谱吸收占主导地位，在这个波段形成两个主要反射峰（图2-3），位于1650nm和2200nm附近。当植被衰老时，叶片含水量减小，蛋白质、木质素、纤维素和半纤维素吸收特征得以显现。

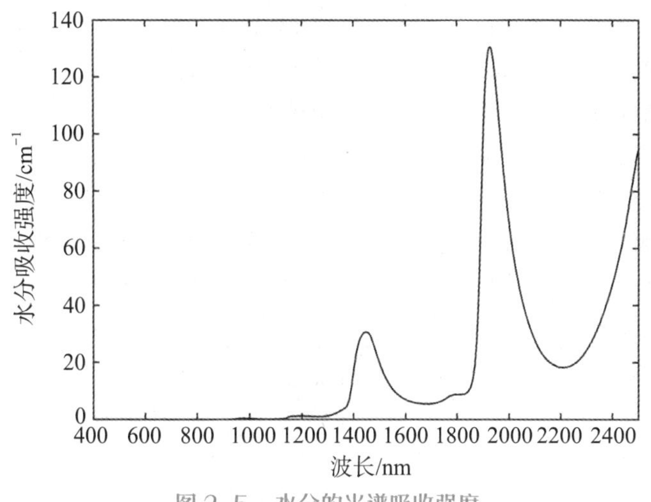

图2-5　水分的光谱吸收强度

不同作物类型、不同长势、不同胁迫情况下的植被虽具有相似的光谱变化趋势，但是其光谱反射率存在差异。植物叶片及冠层的形状、大小以及与群体结构（涉及多次散射、间隙率和阴影等）都会对冠层光谱反射率产生很大影响，并随着作物的种类、生长阶段等的变化而改变。因此，研究作物的冠层光谱特性受冠层结构、生长状况、土壤背景以及天气状况等因素影响，是实现作物长势、胁迫和病虫害等指标定量遥感监测的基础。

400～2400nm光谱范围内植被组分的吸收特征见表2-1。

表 2-1　400 ～2400nm 光谱范围内植被组分的吸收特征

波长 / nm	电子跃迁或化学键振动	生 化 成 分	遥感需考虑的因素
430	电子跃迁	+ 叶绿素 a	大气散射
460	电子跃迁	+ 叶绿素 b	大气散射
640	电子跃迁	+ 叶绿素 b	
660	电子跃迁	+ 叶绿素 a	
910	C—H 键伸展，三次谐波	蛋白质	
930	C—H 键伸展，三次谐波	油	
970	O—H 键弯曲，一次谐波	+ 水，淀粉	
990	O—H 键弯曲，二次谐波	淀粉	
1020	N—H 键伸展	蛋白质	
1040	C—H 键伸展，C—H 键变形	油	
1120	C—H 键伸展，二次谐波	木质素	
1200	O—H 键弯曲，一次谐波	+ 水，纤维素，淀粉，木质素	
1400	O—H 键弯曲，一次谐波	+ 水	
1420	C—H 键伸展，C—H 键变形	木质素	
1450	O—H 键伸展，一次谐波	淀粉，糖	大气吸收
	C—H 键伸展，变形	木质素，水	
1490	O—H 键伸展，一次谐波	纤维素，糖	
1510	N—H 键伸展，一次谐波	+ 蛋白质，+N	
1530	O—H 键伸展，一次谐波	淀粉	
1540	O—H 键伸展，一次谐波	淀粉，纤维素	
1580	O—H 键伸展，一次谐波	淀粉，糖	
1690	C—H 键伸展，一次谐波	+ 木质素，淀粉，蛋白质，N	
1780	C—H 键伸展，一次谐波	+ 纤维素，+ 糖，淀粉	
	O—H 键伸展，H—O—H 键变形		
1820	O—H 键伸展，C—O 键伸展，二次谐波	纤维素	
1900	O—H 键伸展，C—O 键伸展	淀粉	
1940	O—H 键伸展，O—H 键变形	+ 水，木质素，蛋白质	大气吸收
		N，淀粉，纤维素	大气吸收
1960	O—H 键伸展，O—H 键弯曲	糖，淀粉	大气吸收
1980	N—H 键不对称	蛋白质	大气吸收
2000	O—H 键变形，C—O 键变形	淀粉	大气吸收

续表

波长 / nm	电子跃迁或化学键振动	生 化 成 分	遥感需考虑的因素
2060	N=H 键弯曲，二次谐波，N—H 键	蛋白质，N	大气吸收
2060	O—H 键伸展，O—H 键变形	糖，淀粉	大气吸收
2100	O=H 键弯曲，C—H 键伸展	+ 淀粉，纤维素	大气吸收
	C—O—C 键伸展，三次谐波		
2130	N—H 键伸展	蛋白质	大气吸收
2180	N—H 键弯曲，二次谐波，C—H 键伸展	+ 蛋白质，+N	
	C—O 键伸展，C=O 键伸展，C—N 键伸展		
2240	C—H 键伸展	蛋白质	信噪比迅速下降
2250	O—H 键伸展，O—H 键变形	淀粉	信噪比迅速下降
2270	C—H 键伸展，O—H 键伸展，CH_2 弯曲，CH_2 弯曲，CH_2 伸展	纤维素，淀粉，糖	信噪比迅速下降
2280	C—H 键伸展，CH_2 弯曲	淀粉，纤维素	信噪比迅速下降
2300	N—H 键伸展，C=O 键伸展	蛋白质，N	信噪比迅速下降
	C—H 键弯曲，二次谐波		
2310	C—H 键弯曲，二次谐波	+ 油	信噪比迅速下降
2320	C—H 键伸展，CH_2 变形	淀粉	信噪比迅速下降
2340	C—H 键伸展，O—H 键变形	纤维素	信噪比迅速下降
	C—H 键变形，O—H 键伸展		
2350	CH_2 弯曲，二次谐波，C—H 键变形	纤维素，蛋白质，N	信噪比迅速下降
	二次谐波		

注：+表示化学成分有一个较强的吸收波长。

物病虫害是全球农业的严重威胁，掌握病虫害发生的位置和严重程度对于指导农田管理至关重要（杨俐等，2022）。传统的作物病虫害调查多基于实地调研，效率低下，遥感技术可以成为作物病虫害监测的关键补充。在过去的几十年里，许多针对遥感传感系统、数据特征提取和算法的研究已经在多个尺度上被开展（黄文江等，2019；赵艳丽，2021）。一系列的研究验证了遥感作物病虫害监测的可能性，使得遥感技术与植物病理学理论之间的联系得到了加强，从而在许多方面提高了农林部门对农业系统的理解（翟肇裕，2021；鲁军景等，2019）。

病原体和宿主的相互作用导致植物产生各种症状和损害，这些可观测的症状和损害是遥感病虫害监测的理论基础。当然，并非所有植物病虫害都适合遥感监测，因为其中一些缺乏可识别的特征。例如，早期的土传病很难体现在冠层信息里。因此，通过遥感监测植物病虫害的一个基本要求是存在能够被特定传感器系统监测到的某种响应。

在病虫害引起的植物症状和生理变化中，遥感可监测的作物损害有以下四种类型。

（1）叶片失色。大多数情况下，疾病感染和害虫侵袭会导致作物叶绿体或其他细胞器的破坏，导致色素含量（如叶绿素、类胡萝卜素和花青素等）下降。

（2）植株失水枯萎。一些害虫（如甲虫或蚜虫）的刺穿和吸吮行为会导致植物枯萎。在一些严重感染的情况下，受损的维管系统会阻塞植物中水分在导管中的流动，从而导致整个植物脱水。然而，脱水导致的刚性丧失并不是植物病虫害的必要症状，这是因为其很容易与干旱胁迫等相混淆。

（3）叶面积和生物量减少。一些害虫可以吃掉植物部分（如叶子、茎），从而导致叶面积和生物量的显著损失，植株失水，枯萎落叶也会导致叶面积和生物量减少。

（4）感染引起的病变。病变或脓疱是由疾病和害虫引起的坏死组织，其颜色和形状往往因病虫害而异，这些病变和脓疱的冠层内分布和比例（如均匀分布在冠层内或位于底部）会对其可监测性产生很大影响。

由于病原体感染或害虫攻击作物通常表现为一个时间过程，不同形式的症状可能相互叠加或相互作用，并且在不同阶段会以不同的严重程度表现出来。例如，冬小麦中的条锈病最初会引起叶片病变，并在初期引起叶绿素含量下降，同时阻塞水分在导管中的流动，严重感染的植物将在后期出现枯萎症状。

针对病虫害引起的植物症状和生理变化，现阶段多数作物病虫害监测研究可以分为直接监测和间接监测。直接监测根据包含感染引起的病变光谱或图像等直接开展病害的分类或识别。而间接监测可以根据包含感染引起的病变光谱或图像开展作物理化参数（如叶片叶绿素、覆盖度、冠层温度、叶面积指数等）的回归估算，并分析病虫害对作物的损伤程度。

2.2.2 土壤反射光谱特征

土壤本身是一种复杂的混合物，由不同物理和化学性质的物质所组成。土壤的反射光谱特征是土壤理化性质的综合反映，受到多种因素的影响，包括土壤的机械组成、颜色、水分含量、有机质含量、氧化铁含量、土壤结壳、气候、风化程度等。在自然状态下，土壤表面的反射曲线通常呈现较为平滑的特征，没有明显的反射峰和吸收谷（图2-6）。土壤水分是影响土壤光谱最明显的因素，一般来说土壤光谱反射率随水分含量的增高而降低，在水分的主要吸收带（1450nm，1900nm）尤为明显。当土壤含水量达到一个较高的特殊点时，土壤光谱不再下降（图2-6）。此外，土壤的反射光谱特征还受到土壤质地的影响，一般来说，土质越细，反射率越高。有机质含量与反射率呈负相关关系，即有机质含量越高，反射率越低。

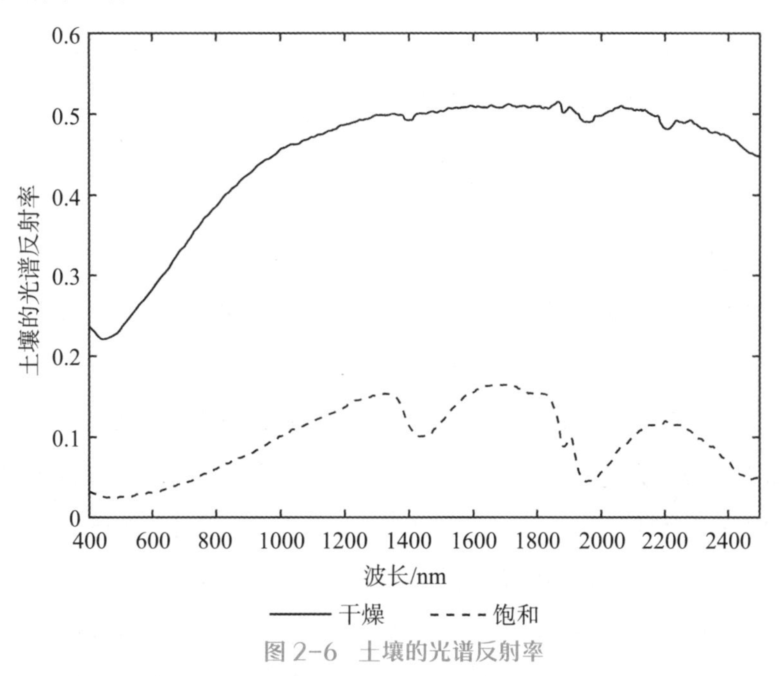

图 2-6 土壤的光谱反射率

2.3 国内外研究现状及发展动态分析

小麦赤霉病是影响我国小麦生产安全和食品安全最重要的病害之一。由于受全球气候变暖、耕作制度变化等因素影响，小麦赤霉病在我国发生区域呈北移西扩的态势，病害发生流行频率明显上升。本节从小麦赤霉病农学研究进展、作物病虫害遥感监测研究进展、作物病虫害遥感预测研究进展等方面综述了国内外相关研究进展，分析如何整合遥感、气象信息进行病害流行驱动因子筛选及时相特征提取，为小麦赤霉病流行监测及预测模型提供关键信息，建立小麦赤霉病流行监测及预测时空动态模型，实现对该病害发展时间与空间上的动态监测及预警。

2.3.1 小麦赤霉病农学研究进展

赤霉病是典型的气候性病害，不仅可造成枯穗、籽粒瘦瘪，病粒中还含有呕吐素、玉米赤霉烯酮等毒素，严重影响小麦的产量和品质。其流行与发生主要由小麦赤霉病菌源基数、品种抗病性、小麦生育期以及抽穗扬花期天气条件等因素相互配合决定。本部分将对国内外学者关于该病的影响因素，流行特点以及常规预测预报方法进行归纳和整理，为小麦赤霉病的监测及预测提供参考。

1. 小麦赤霉病病害流行因子

小麦赤霉病的发生和流行与气象条件、菌源数量、寄主抗病性及生育时期、栽培条件等因素密切相关。由于小麦品种普遍易感病，且田间存在大量菌源，因此只要气候条件适宜并与小麦抽穗扬花期相吻合，就容易导致赤霉病流行。

气象条件对小麦赤霉病的发生有显著影响。前期主要影响基质上接种体的产生，后期则主要影响病原菌的侵入、扩展和发病。经多年统计分析发现，气温对病害流行强度的影响不大，而小麦抽穗扬花期的降雨量、降雨日数和相对湿度才是病害流行的主导因素。小麦抽穗后降雨次数多、降雨量大、日照时数少，是构成穗腐大发生的主要原因。此外，穗期多雾、多露，或灌水次数多，导致田间相对湿度高，也可促进病害发生。

菌源数量方面，越冬菌源量和孢子释放时间的关系十分密切。地面菌源有一定的中心效应，菌源量大，病害会加重。因此，有充足菌源的重茬地块和距离菌源近的麦田发病较严重。空中孢子捕捉结果表明，空中孢子出现的时间早于地面发病10至20天。一般孢子出现期在小麦抽穗期以前，为穗期侵染提供了菌源条件。在病害大流行年份，空中孢子出现较早，数量也相对较多。另外，影响苗期发病的主要因素是种子带菌量。种子带菌量大或未进行消毒处理，会导致病苗和烂种率高。土壤带菌量与茎基腐病发生的轻重有一定关系。在我国北方麦区，菌源量较多，一般不是流行的限制因素。

从品种抗病性和生育时期来看，各地鉴定结果表明小麦品种对赤霉病的抗病性存在一定差异。但目前尚未发现免疫和高抗品种，特别是当前生产上大面积推广的主栽品种对赤霉病抗性均较差。我国育种工作者在抗小麦赤霉病育种方面已做了大量工作。从抗病机制来看，抗病品种主要是抗扩展能力较强，发病后往往局限在受侵染小穗及其周围，扩展较慢，严重度较低。而感病品种则扩展较快，发病后常造成多个小穗或全穗枯死。从生育期来看，小麦整个穗期均可受害，但以扬花期感病率最高。开花以前和落花以后则不易感染，说明病菌的侵入时期受到寄主生育期的严格限制。

栽培条件方面，地势低洼、排水不良或抽穗扬花期灌水过多会造成田间湿度较大，有利于发病。麦田施氮肥较多导致植株群体大、通风透光不良或造成贪青晚熟也能加重病情。近年来，我国北方麦区实行秸秆还田和免耕措施导致田间遗留大量病残体和菌源使得发病呈普遍加重趋势。

此外，小麦成熟后若因雨不能及时收割赤霉病仍可继续发生，收割后如遇到多雨年份不能及时脱粒病害可能继续在垛内蔓延以致造成霉垛，收割时短期内大量籽粒进入晒场常因雨不能及时晒干出场籽粒在晒场内发热而引起霉堆问题。因此，需要注意及时收割和晾晒小麦以避免病害继续蔓延。

2. 小麦赤霉病病害防治方法

防治小麦赤霉病应采取以农业防治和减少初侵染菌源为基础，充分利用抗病品种，及时喷施杀菌剂相结合的综合防治措施。

（1）选育和推广抗病品种。目前各地选育出的抗性较好的品种如扬麦158、皖9926、豫麦34、济麦1号、郑麦991等可进行试种。2020年开始河南农科院等多家单位育成郑麦9134、豫农904、宛1204、漯麦47等13个抗（耐）赤霉病优质小麦新品种等抗病品种。

（2）农业防治。播种时精选种子，减少种子带菌率。播种量不宜过大，以免造成植株群体过于密集和通风透光不良；要控制氮肥施用量，实行按需合理施肥，氮肥作追肥时不能太晚；小麦扬花期应少灌水，更不能大水漫灌，多雨地区要注意排水降湿。

（3）消灭或减少菌源数量。采取必要措施消灭或减少初侵染菌源，小麦扬花前要尽可能处理完麦秸、玉米秸等植株残体；上茬作物收获后应及时翻耕灭茬，促使植株残体腐烂，减少田间菌源数量。小麦成熟后要及时收割，尽快脱粒晒干，减少霉垛和霉堆造成的损失。

（4）药剂防治。药剂防治是小麦赤霉病防治的关键措施。①种子处理：目的是防治芽腐和苗枯。②喷雾防治：防治穗腐的最适施药时期是小麦齐穗期至盛花期，比较有效的药剂是多菌灵和甲基硫菌灵等苯丙咪唑类内吸杀菌剂。此外，戊唑醇及其与福美双的混剂也是国内外最近发现的防治赤霉病最有效的杀菌剂，并对小麦生长有促进作用。一般当小麦扬花株率达到10%以上，气温高于15℃，气象预报连续3天有雨或在10天内有5天以上的降雨，就应开始施药，重病地隔7天左右再施1次药，可以起到良好的防治作用。

3. 小麦赤霉病传统预测预报方法

如何实施绿色、高效的小麦病虫害防控，实现生态可持续的小麦栽培是当前面临的重要课题。无论是化学防治还是生物防治，对小麦病害精准有效地监测诊断以及时空动态预测，是小麦病害科学防治的关键。目前，对于小麦的病虫害的监测仍然主要依靠目测、田间取样的方式。这种以点代面的工作模式本身存在效率低下、易于漏检的弊端，而实际操作中复杂的病虫害发生情况和农民专业知识的匮乏等因素，更使得对病虫害的及时监测困难重重。

传统植保农学法：植保人员在小麦关键生育期开展田间抽样调查，每块田随机取样500穗，调查病穗数和病情严重度，计算病穗率和病情指数（Saccon等，2017；陈宣民，1985）；计算田间调查带回样品的病残体带菌率、病菌子囊壳成熟度来确定病害发生程度，或者利用孢子捕捉仪来捕捉空中子囊孢子，以空中孢子的相对浮游量来表示菌源量的多少，从而估测小麦赤霉病流行严重程度（GB/T 15796—2011，小麦赤霉病测报技术规范）。

气象因子与物候规律结合法：小麦赤霉病是典型的气候型病害，病害流行与当年气象条件及小麦自身生长状况都有很大关系。学者们主要通过运用各种方法分析生境因子与小麦赤霉病发病的关联关系，并以此建立相应的病害监测模型。孙传伟等（2011）运用模糊数学理论，用3个具有较好指示性的气象预报因子，建立了贴近度合成运算模型，并结合浙江省杭州市富阳区小麦赤霉病的实际发生情况，设定贴近度预测规则。实践表明，该技术不仅回测拟合率高，而且取得了连续2年的试报成功。Alissa等（2012）对小麦赤霉病与气象因素间关系进行研究，结果表明日平均气温和湿度相关气象变量（相对湿度超过80%数小时）对病害发生影响较大。吴亚琴等（2017）基于中国中部安徽、湖北省十个地点近十年的小麦赤霉病病害数据和天气数据进行分析，结果表明小麦开花期后1个月的平均最高温度、开花期前第3周的降雨量和开花期后第3周的最大风速3个气象因子变量与小麦赤霉病的发生密切相关。姜明波等（2018）对信阳地区近12年春季降水与小麦赤霉病发病率进行相关性分析，结果发现抽穗前3月降水量和灌浆期5月中旬降水量与当年小麦赤霉病流行关系密切。

气象因子与空间技术结合法：小麦赤霉病区域尺度的监测往往是遥感信息气象因子结合地理信息系统、物联网等新兴技术进行病害流行程度预测预报。李轩（2012）建立了气象等级划分标准，在Oracle农业气象数据库和地理空间数据库的支持下，采用Visual Basic.NET和地理信息系统组件，设计并实现了基于地理空间信息的主要农作物病虫害气象等级预报系统，该系统对包含江淮江汉小麦赤霉病在内的7大类主要作物病虫害发生发展气象等级进行实时预报，取得了较好效果。胡小平等（2016）利用物联网技术采集气象参数，开发了小麦赤霉病自动监测预警平台系统并进行区域尺度的病害预警预测。李卫国等（2017）先后利用冬小麦扬花期的两种卫星遥感植被指数和麦田日均温湿度，开展了冬小麦赤霉病发生情况监测，并构建赤霉病估测模型。随着对赤霉病病理研究的不断深入，如何结合先进的气象观测手段，通过遥感方式获取病害预警的关键信息并与气象因子一起耦合到预测模型中是本书的研究重点。

2.3.2 作物病虫害遥感监测研究进展

根据植物病害流行学理论，病害的发生和流行是病原、寄主和环境三方面因素综合作用的结果（Agrios, 2009；Yuen等，2015）。其中病原因素是指病害的流行必须要有大量侵染力强的病原物存在，并能很快地传播到寄主体上，因此在空间上精准识别“病原”的初发位置是决定病害是否流行的第一步。遥感技术可以快速、无损、大范围、低成本地开展作物生长状况诊断，被众多学者认为是识别“病原”空间位置的先进手段（黄文江等，2018；鲁军景等，2019；Abd等，2020）。

1. 基于图谱特征的作物病虫害遥感监测

当作物受到不同种类或者不同程度的胁迫时，在外部形态上会表现出落叶、卷叶、黄化和枯枝等现象，同时作物的色素系统和细胞结构遭到损伤、水分丧失、生理生化参数改变和病斑出现等变化，遥感技术监测作物病虫害的机理在于可以利用遥感平台传感器捕捉到作物光谱和图像特征因胁迫所产生的变化（黄文江等，2015；Sankaran等，2010；Piao等，2010；Franke等，2007）。相比较传统的基于分子、基因、细胞等方法的病虫害监测诊断，遥感具有快速、无损、大面积等特点。因此，将遥感与传统方法相结合进行病虫害监测将成为未来的发展趋势。不同的病虫害胁迫会表现出不同的症状，利用遥感手段可以监测到的有4类（Adams等，2009；Grisham等，2010；Zhang等，2016）：叶面积和生物量的减少、色素系统遭到破坏（如叶绿素、花青素等）、叶片和植株含水量减少直至萎蔫、叶片出现病斑或虫伤。这些胁迫特征会随着时间的推移进行叠加。遥感监测特征的筛选是病虫害遥感监测的基础性工作，目前研究中筛选或构建的病虫害遥感监测特征总体上分为光谱特征和图像特征两大类。

在光谱特征中，光谱波段反射率特征是最简单和直接的特征。依据病虫害胁迫后引起的生理变化在不同波段的响应差异，主要利用紫外、可见光和近红外波谱范围来进行作物病虫害监测研究（Zhang等，2014；Ashourloo等，2014；Ahmad等，2019）。研究人员借助不同的遥感平台利用光谱特征对不同的病虫害展开监测研究。尹小君（2015）通过分析番茄早疫病的叶片光谱响应特征，获取敏感波段为628～643nm和689～692nm。刘鹏等（2017）针对不同生育期内的小麦条锈病受胁迫程度不同，获取冠层高光谱数据，选出分别适合早期及中期监测条锈病的敏感波段。Dhau等（2018）使用高光谱监测玉米灰叶斑点症状时，发现哨兵二号和RapidEye的红边波段705nm和710nm最为敏感，而重采样后WorldView-2、Quickbird黄色波段的608nm和红色波段的660nm则适合鉴别感染类别。梁辉等（2020）在玉米病虫害监测研究中，借助无人机高光谱仪器获取冠层500～900nm的高光谱图像，发现近红外（770～818nm）的反射率对玉米大斑病响应显著。马书英等（2021）通过微分运算提取光谱曲线的绿峰、红谷、低位、红边、高位、高肩6种光谱特征监测板栗树红蜘蛛病虫害危害程度，发现红边和低位为最佳光谱特征。

除原始光谱波段外，基于光谱变换形式的特征便于从谱形、波动幅度等方面对光谱进行观察，因而也被用于病虫害监测。Zhang等（2012）通过小区控制实验，构建生理反射指数实现了不同营养胁迫下的黄锈病监测区分。鲁军景等（2015）利用连续小波变换提取小麦冠层350～1300nm范围内9个小波特征和传统光谱特征，对小麦条锈病病情进行监测，发现小波特征结合传统特征的模型精度最高。王利民等（2017）利用红边一阶微分指数监测春玉米大斑病病害程度，总体精度达到100.0%。王姣等（2019）构建了一种新的棉花黄萎病病情指数成功实现棉花黄萎病遥感监测。竞霞等（2019）在监测小麦条锈病和白粉病监测方面，协同分析反射率微分光谱指数与冠层荧光构建小麦条锈病病情严重度预测模型，取得了较好效果。宋勇等（2021）通过最佳指数因子筛选识别棉花黄萎病的最佳波段组合，构建地块尺度棉花黄萎病严重度监测模型。

基于植被指数形式的光谱特征也是病虫害监测中较为常用的特征。基于一定生理意义的植被指数能够增强和突显一些光谱变化，构建合适的植被指数并一定程度地展示出遥感植被指数特征与病虫害胁迫程度的关系，据此也能提高识别病虫害严重度的准确性。Su等（2018）发现光谱植被指数RVI、NDVI和OSAVI能有效区分健康和黄锈病小麦植株，并开发了一种小麦黄锈病监测系统，该系统实现了良好的分类性能。赵晓阳等（2019）分别计算7种可见光植被指数和3种多光谱植被指数，依据地面实测NDVI值选出的最优图像植被指数，实现了水稻纹枯病病害等级的反演。Sanseechan等（2019）计算了18个植被指数，通过计算植被的差异百分比植被指数，发现NDRE和GNDVI能更好地实现田间甘蔗白叶病的监测。孔繁昌等（2020）研究发现将植被指数组合作为输入的水稻穗颈瘟预测模型具有最高的精度，预测集精度达到90%，Kappa系数为0.86。Ren等（2021）构建了黄锈病最优指数，该指数在叶片和冠层尺度均取得了较好的效果。Wójtowicz等（2021）获得小麦和黑麦5种叶锈病症状的纯光谱数据，得出植被指数CRI、OSAVI和GNDVI在所有病害症状分类中最为重要。段维纳等（2022）将光谱植被指数与日光诱导叶绿素荧光相融合，利用融合光谱特征提高了小麦条锈病的监测精度。田明璐（2022）通过获取的水稻叶片的高光谱影像，发现基于植被指数RVI构建的决策树分类模型能够准确区分稻纵卷叶螟虫害区域和健康区域，得出虫害区域所占比例，实现了虫害严重程度的定量化。Huang等（2022）采用CA-RF算法提取出对冬小麦条锈病早期和中期最敏感的植被指数，并输入冬小麦条锈病早中期病害严重度监测模型，实现了良好的监测效果。

病虫害遥感监测除用到光谱特征外，也用到一些图像分析和图像特征。这些图像特征也能给病虫害监测带来可观的效果。郭小清等（2018）将HSV模型的H分量四维颜色特征和三维纹理特征进行融合，输入支持向量机分类模型中，实现了番茄晚疫病、花叶病、早疫病的监测，准确率可达90%。Dhingra等（2019）提出了一种新的基于模糊集扩展形式的中性逻辑分割技术，并利用纹理、颜色、直方图和疾病序列区域对新的特征子集进行评估，以识别叶片是否患病，其中随机森林分类器效果最好，分类准确率达到98.4%。胡林龙（2020）在甘蓝型油菜叶片图像的虫害识别中，基于颜色特征、彩色纹理特征和灰度纹理特征等28个特征向量，其中采用RBF径向基核函数的支持向量机模型的平均识别准确率最高（91%）。Nigam等（2020）基于HSV模型，实现了水稻叶片病害的分类。Ramesh等（2020）从田间采集健康、白叶枯病、褐斑病、叶斑病和稻瘟病的水稻叶片图像，去除背景后将其转换为HSV图像，用优化深度神经网络算法进行病害分类识别，预测精度达到98.9%。许高建等（2021）采用Otsu算法和K-means算法分别在RGB、HSV和Lab颜色空间中分割出赤霉病病害区域，其中Lab颜色空间的a分量采用Otsu分割的效果最佳，误分率仅1.11%。Zou等（2021）提出一种计算虫孔面积与青花菜幼苗叶片面积比值的算法，又设计了一种基于机器学习的分类器对虫洞和其他洞进行分类，使得虫害信息更为准确，将24个颜色特征和形状特征输入分类器从图像中得到虫孔的面积，计算出了害虫对青花菜幼苗的危害程度。除利用颜色特征、纹理特征以及形状特征来实现对农作物病虫害监测特征的提取外，不少的研究学者致力于解决传统特征导致病虫害区域分割精度不高，识别效果不太理想的问题，针对不同的病虫害的特点提出一些新的图像形态学分析方法和特征提取算法。曾嬙（2018）基于Lab颜色空间的形态学分割方法分割出烟叶病斑，结合烟叶病斑的形状特征和纹理特征实现了烟叶病害种类识别。乔雪等（2021）提取G-R分量灰度化图像，采用中值滤波和形态学变换操作以去除部分背景，并转换到Lab色彩空间，提取ab分量进行K-means聚类分割，较为准确、完整地从彩色图像中提取出目标病虫害区域。

综上，光谱特征和图像特征均为有效进行病虫害遥感监测的信息来源，目前的研究中较少有同时结合两种不同生育期病害所表现的为害症状结合起来开展病虫害监测。考虑到时相信息与图谱特征在某些情况下具有互补性，能够提高病害识别精度，因此如何进行“图像-光谱-时相”融合是未来进行病虫害监测的一个颇有潜力的研究方向。赤霉病在小麦各生育期均能发生。苗期形成苗枯，成株期形成茎基腐烂和穗枯，以穗枯为害最重。常是1～2个小穗被害，有时多个小穗或整穗受害。被害小穗开始基部呈水渍状，后逐渐失绿褪色而呈褐色至灰白色，湿度大时颖壳的合缝处生出一层明显的粉红色霉层（分生孢子）。一个小穗发病后，不但可以向上、下蔓延，为害相邻的小穗，并可伸入穗轴内部，使穗轴变褐坏死，上部未发病的小穗因得不到水分提早枯死。后期病部潮湿时出现黑色粗糙颗粒（子囊壳）。病穗籽粒皱缩干瘪，苍白色或紫红色，有时籽粒表面有粉红色霉层。从现有研究来看这种为害特征会在图像、光谱和时相三方面同时体现特点，具有进行遥感监测的潜在可能性，因此，针对小麦赤霉病的为害特征，结合“图像-光谱-时相”开展病害遥感监测的方法研究在小麦绿色防治和植物保护领域具有广阔的前景。

2. 植物病虫害遥感监测方法和模型进展

近年来，国内外学者针对病虫害遥感监测，基于统计回归和机器学习算法建立了病虫害识别、区分及严重度诊断模型。程帆等（2017）基于获取的高光谱数据使用随机蛙跳和回归系数法提取对细菌性角斑病胁迫早期过氧化物酶活性敏感的波段，使用偏最小二乘算法实现了危害程度的定量分析。崔美娜等（2018）将logistic回归模型用于棉花螨害的监测研究中，其分类准确率为95%，F1值为95.1%。Shi等（2018）基于小波变换构建以反射率指数作为输入变量的小麦条锈病估测模型，较为精确地预测出条锈病的发病状况。刘琦等（2018）采用定性偏最小二乘方法建立小麦条锈病潜育期识别模型，其中以伪吸收系数二阶导数作为输入变量的识别模型精度最高，识别率达90%以上。除上述方法和模型外，随着计算机科学的发展，深度学习方法作为计算机视觉领域的一个重要突破，先进的模型和方法逐渐应用到遥感领域的图像分类和作物病虫害监测领域中，并且也得到了众多学者的广泛关注。Moshou等（2004）选取特征波段输入神经网络中，探讨了光谱数据自动化获取冬小麦冠层条锈病信息的能力。Yuan等（2014）基于SPOT-6影像采用最大似然、马氏距离和人工神经网络模型实现对小麦白粉病的监测，其中人工神经网络模型精度最高。Zhang等（2019）综合空间和光谱信息，将卷积神经网络运用到冬小麦黄锈病的监测中，该模型的总体精度（0.85）高于随机森林分类器的总体精度（0.77）。安谈洲等（2021）运用深度学习网络模型提取冻害特征并对网络模型进行优化，该模型对油菜是否发生冻害的整体识别精度达98.13%，说明深度学习网络模型整体性能较好。Görlich等（2021）利用全卷积神经网络实现了甜菜褐斑病的监测，该模型具有较好的监测精度并且普适性很强。随着计算机技术和遥感技术的不断进步，给作物病虫害监测提供巨大技术支撑，一些新技术和新方法正在不断地被运用到作物病虫害监测方面，其潜力也在不断地被证实。

综上，国内外学者已经在作物的病虫害遥感监测领域取得了丰硕的研究成果（Zhang等，2019；Terentev等，2022）。但多数作物病虫害遥感监测还停留在默认研究区只发生一种病害来开展，不能有效地考虑实际农田环境中经常出现的不同胁迫干扰、混淆，也就是所谓的“同谱异物”和“同物异谱”的现象。因此，如何结合小麦赤霉病的特点，构建病害专属性遥感监测特征集，实现病害空间精准识别是目前病虫害遥感监测从理论走向实际应用，实现病害绿色防治亟待解决的问题。

2.3.3 作物病虫害遥感预测研究进展

在病害流行三要素：病原、寄主和环境中，病原可以通过遥感手段进行监测，而对病虫害预测最直接的方式是基于生境信息（即环境因素）反演的病虫害预测。气象条件、农田环境等与作物病虫害的发生紧密相关，通过环境条件的监测能不同程度地实现病虫害预测预警。吴小芳等（2007）基于广东省各县区分布图和已有部分县区测报站的病虫害数据，利用插值模型内插出其他县区的病虫害数据，实现了病虫害的监测预警。罗菊花等（2008）实现了地理信息系统与遥感的集成，能够直观地显示出病虫害的发生程度和空间分布规律，根据预警结果可以对病虫害进行合理的防治。王献锋等（2018）结合环境信息和深度信念网络构建棉花病虫害预测模型，通过深度挖掘棉花病虫害发生与环境信息之间的深层次相关关系，模型预测平均正确率高达83%。遥感数据具有信息量丰富、多分辨率、多平台获取以及快速等优势，作物病虫害胁迫后在不同波段，其反射和吸收存在差异，而作物病虫害的发展和传播又与环境因素紧密相连，据此利用遥感数据结合生境信息在作物病虫害预测预警方面具有很大的潜力。Bourgeois等（2005）开发了农业害虫预测软件，以克服天气、成本、模型预测能力等方面的局限。张谷丰等（2007）构建基于WebGIS的病虫害数据库及自动预警系统实现了各种病虫害的短期预警，并利用数理统计分析模块协助用户建立中长期预测模型。李丽等（2008）开发了苹果病虫害预测预报系统，实现了GIS分析功能与病虫害预测模型的集成。Zhang等（2014）采用环境星HJ-CCD数据反演的各种植被指数，地表温度及作物干旱指数，通过logistic回归方法实现了小麦白粉病的发生预测。聂臣巍等（2016）基于遗传算法利用绿色湿度、地表温度以及气象信息建立模型并用于监测关中西部地区白粉病的发病率，结果表明遥感信息与气象信息的结合可以提高植物病害预测的准确性。唐翠翠等（2016）基于多时相的环境星HJ-CCD光学数据和HJ-IRS热红外数据，采用相关向量机等方法建立了北京冬小麦灌浆期蚜虫发生预测模型，取得较好的预测结果。马慧琴等（2016）利用Landsat 8遥感影像采用相关向量机构建小麦灌浆期白粉病预测模型，其中遥感气象数据模型的总体精度最高，达到84.2%，优于单一遥感数据模型和气象数据模型，表明遥感气象数据更适合于区域尺度范围内的作物病虫害发生发展状况的预测研究。杭立等（2020）将图像处理与支持向量机模型相结合用于构建病虫害动态预测模型，其预测精度达到了90%。Grünig等（2021）提出害虫和病原体损伤分类的深度神经网络的开发框架，并展示了它们的应用潜力。

以上研究实现了空间上大范围的病害预测，并取得了较好的效果。然而，大部分模型仅能实现大范围某一特定时期的整体预测，无法体现区域内不同地块时空连续的病害普遍率和严重度发展趋势的预测，难以为精准施药提供有效方案。如何实现将遥感技术、计算机技术与能够对病害发生演变过程进行模拟和预测的病害流行机理模型的耦合，将预测模型进行时空扩展是未来病害预测模型的发展趋势。

2.4 小麦赤霉病遥感监测的应用前景

本书的研究对象——小麦赤霉病的发生与自身生理状态和所处生境条件都有很大的关系，已有的研究表明该病的发生除与农田温度、湿度等气候因素有较大关系外，偏施氮肥、种植密度大以及田间郁闭度也是其易发的主要农学诱因（贾金明，2002；靳鹏飞等，2018；徐敏等，2019）。

本书为实现小麦赤霉病地块尺度的时空预警，研究如何通过在小麦关键生育期开展多时相航拍监测病害的早期发生；如何整合遥感、气象信息进行病害流行驱动因子筛选及时相特征提取，为小麦赤霉病流行监测及预测模型提供关键信息；如何通过深度学习算法将这些驱动因子与传统病害流行模型进行耦合，建立小麦赤霉病流行监测及预测时空动态模型，实现对该病害发展时间与空间上的动态监测及预警。在上述研究基础上，有望提出一种基于地块尺度的穗部病害预警新手段，为其他机理相似的病虫害识别与预警提供技术支持。同时，我国国产多角度卫星遥感、无人机多角度航拍和农业物联网技术的不断发展和成熟也为项目成果转化提供了广阔的空间。

第3章

遥感监测实验设计与数据获取

小麦赤霉病作为影响小麦生产的重要病害之一，在全球范围内造成了严重的经济损失。有效监测小麦赤霉病的发生情况对保障粮食安全和农业可持续发展至关重要。传统监测手段主要依赖富有经验的生产者或植保专家进行田间实地观察。这种依赖人工田间观测的方式来获取病虫害信息，不仅耗时耗力，而且难以在广阔的地域范围内实施，其结果深受观察者个人经验的影响。遥感技术为小麦赤霉病的及时发现和精准评估提供了新方法。本章系统介绍了冬小麦生长发育的不同阶段及小麦赤霉病的分级标准，并结合无人机遥感与卫星遥感技术，分别设计了小麦赤霉病大田实验。

3.1 冬小麦物候期及赤霉病分级标准

小麦赤霉病的发生和流行与气象条件、菌源数量、寄主抗病性及生育时期、栽培条件等因素密切相关。经前人多年统计分析发现，气温对病害流行强度的影响不大，而小麦抽穗扬花期的降雨量、降雨日数和相对湿度是病害流行的主导因素。小麦抽穗后降雨次数多、降雨量大、日照时数少等因素是构成穗腐发生的主要原因。此外，穗期多雾、多露，或灌水次数多，导致田间相对湿度高，也可促进病害发生。因此，了解冬小麦物候期、赤霉病发病症状、小麦麦穗病情严重度调查国家标准等对于小麦赤霉病的监测预测研究至关重要。本章对冬小麦物候期及赤霉病分级标准进行归纳和整理，为小麦赤霉病的监测及预测研究提供参考。

3.1.1 河南省冬小麦物候期

作物物候是指受环境因子和人类活动影响而出现的以年为周期的自然现象，包括作物的发芽、展叶、开花、叶变色、落叶等现象，这些自然现象会导致作物冠层光谱反射率和光谱指数发生周期变化。根据这些变化表现出的特征，可以人为地按一定的标准划分出来一个生长发育进程时间点，称这个时间点为物候期。冬小麦的主要物候期包含了出苗期、分蘖期、越冬期、返青期、起身期、拔节期、挑旗期、抽穗期、开花期、灌浆期、成熟期等。本小节重点介绍几个病害发生的关键生育期。

1. 返青期

每年的2月下旬至3月上旬，随着气温的升高和日照时间的增加，麦苗开始返青，冬小麦的叶片逐渐变绿，重新开始生长（金善宝，1996）。在返青期，冬小麦的生长速度明显加快，茎秆逐渐变长，新叶片快速展开，整个植株进入快速生长期，此时叶面积指数为1.0～1.5；此时期裸土比例远高于地表麦苗覆盖率，难以反映出小麦的种植密度信息和群体大小信息。苗情、越冬期雨雪量以及近段时间的天气预报都是在产上需要综合考虑的因素，用以判断是否进行水肥管理。当气象条件正常时，有20%～30%的田块需要在返青期进行补水和补肥。返青期也是病虫害易发期（刘良云等，2009），需要注意防治，定期检查植株，及时发现并处理病虫害问题，保证冬小麦的健康生长。

2. 拔节期

拔节期（3月下旬）是冬小麦生长的一个关键阶段，当春季气温上升至10℃以上时，小麦基部节间开始伸长，节间露出地面1.5～2.0cm时称为拔节，此时植株生长速度加快，随着麦苗生长，叶面积指数逐渐增加，达到3.0～3.5。地表开始呈现绿色，植被覆盖率逐渐提高（李冰，2012）。由于作物生长加快，拔节期对水分需求较大，需要及时进行灌溉，保证麦田充足的水分供应。在拔节期，适量施肥能够有效提高小麦产量和品质，因此及时补充适量的氮、磷、钾等养分对作物生长发育具有积极影响（He等，2010）。此时期植被信息相当明显，可以反映小麦的生长状况和种植密度的综合信息（王之杰等，2001）。

3. 孕穗期

小麦孕穗期是指小麦旗叶叶片全部从倒二叶叶鞘内伸出到抽穗这一段生育时期。小麦孕穗期时间一般在4月上旬。此时期叶面积指数为3.5～5.0（Liu等，2007）。孕穗期冬小麦对水分的需求较大，需要适时进行灌溉，以确保土壤含水量满足作物生长需要（Baned-jschafie等，2008）。及时补充氮肥和保持土壤湿润有利于冬小麦的茎秆伸长和穗部发育。此时期植被信息非常明显，能较容易地辨别出不同品种的结构信息与叶片披散程度。

4. 灌浆期

小麦灌浆期是指小麦从开花开始至籽粒灌浆期结束的整个过程，通常持续25天至一个月，一般在4月下旬到5月底，此时叶面积指数为4.0～5.0，小麦覆盖率约占90%，裸露土壤的比例约占10%。在灌浆期，冬小麦的穗部逐渐充实，籽粒开始蓄积淀实，这是小麦产量形成的关键阶段。在灌浆期初期，小麦籽粒为乳白色，后逐渐变为浅黄色、深黄色、深褐色，最终变为黑色或深紫色。这一特征是小麦灌浆期最为显著的标志之一（Nass等，1975）。籽粒在灌浆期内由径向生长转为膨大生长，液泡扩大并与细胞壁之间的间隙消失，使得籽粒的质地变得硬而韧性强。在灌浆期末期，小麦籽粒中淀粉质含量增加，淀粉颗粒以层状排列为主，其大小和形态也有所不同。灌浆期对水分的需求较大，需要适时进行灌溉，以确保作物充足的水分供应，促进籽粒的饱满和成熟。灌浆期是冬小麦面临逆境的重要时期，作物需要具备一定的抗逆能力，以应对干旱、高温等不利环境条件的影响（Keim等，1981）。在灌浆期，作物容易受到病虫害的侵袭，因此需要加强田间病虫害监测和防治工作，保障小麦的健康生长。

3.1.2　冬小麦赤霉病分级标准

小麦赤霉病是一种典型的气候性病害（李振岐等，2002），小麦从出苗至成熟都可能受到小麦赤霉病菌的侵染，引起苗腐、茎基腐和穗腐等（肖晶晶等，2011）。小麦抽穗扬花期如遇连续3天以上的阴雨天气或大雾天气，就能造成流行性病害。其病害症状主要如下。

苗腐：先是芽变褐，然后根冠腐烂，轻者病苗黄瘦，重者幼苗死亡（Khanna等，

1993）。

茎基腐：麦株基部组织受害后变褐腐烂，致全株枯死，幼苗出土至成熟期均可发生。

秆腐：多发生在穗下第一、二节，初在叶鞘上出现水渍状褪绿斑，后扩展为淡褐色至红褐色不规则形斑，病斑也可向茎内扩展；病情严重时，造成病部以上枯黄，有时不能抽穗或抽出枯黄穗（Narkiewicz-Jodko等，2005）。

穗腐：发生初期，在小穗和颖片上出现小的水渍状淡褐色病斑，后逐渐扩大至整个小穗，小穗枯黄；湿度大时，病斑处产生粉红色胶状霉层；后期其上密生小黑点（即子囊壳），后扩展至穗轴，病部枯竭，使被害部以上小穗形成枯白穗（Sutton, 1982）。

发作初期，个别小穗的外壳会呈现大量的淡褐色斑点，并逐渐扩展到整株小穗。染病的小穗呈现出枯黄色，且病源处有粉红色霉状物。当病症发展到一段时期时，会出现黑色颗粒（赵鹏，2019）。河南麦区子囊孢子释放时期与小麦扬花期高度吻合，如遇降水期，则为全省小麦赤霉病大流行提供了有利条件。2016年和2018年4月中下旬，豫中南地区均有两次降雨情况，有利于赤霉病的侵染和流行，导致这两年全省发生赤霉病偏重，豫南麦区大部分发生。初步统计，2018年小麦赤霉病全省见病面积141.87万hm^2，占小麦播种面积的25.95%，平均病穗率4.6%（黄冲等，2019）。2017年，这个时期降雨量较少，发生小麦赤霉病则较轻。

1. 病害等级

麦穗尺度下，小麦麦穗病情严重度参考中华人民共和国国家标准：小麦赤霉病测报技术规范（GB/T 15796—2011）进行计算，以小麦麦穗中出现穗腐症状（或由秆腐引起的白穗症状）的病小穗数占全部小穗的比例作为严重度的评价标准。其计算方法如下：

$$\text{Severity} = \frac{n}{N} \times 100\% \quad (3-1)$$

式中，n为患病小穗个数；N为麦穗所有小穗个数。

冠层尺度下，小麦麦穗病情严重程度以病情指数（disease index，DI）为评价指标。实验时首先利用60cm × 60cm的塑料条管矩形框进行冠层样本的选取。确定样方位置后，在小麦冠层采样中采用简单随机抽样方法随机选取10株小麦，首先分别统计每一株小麦的麦穗病情严重度并进行严重度的分级，具体标准见表3-1，之后基于10株小麦的分级结果进行冠层DI的计算，计算方法如下：

$$\text{DI} = \frac{\sum(h_i \times i)}{H \times 4} \times 100 \quad (3-2)$$

式中，i是病情严重度等级；h_i是等级i对应的小麦株数；H是调查的所有小麦株数。由计算公式可知DI是赤霉病发生的普遍性和严重程度的综合指标，能够表示小麦冠层赤霉病发生的平均水平，小麦赤霉病严重度分级标准见表3-1。

表 3-1 小麦赤霉病严重度分级标准

等 级	症 状
0级	无病
1级	病小穗数占全部小穗的1/4以下
2级	病小穗数占全部小穗的1/4～1/2
3级	病小穗数占全部小穗的1/2～3/4
4级	病小穗数占全部小穗的3/4以上

区域尺度下，每一个地面调查点的小麦赤霉病病情严重程度以病情指数DI为评价指标。调查方法如下：实验区中小麦田块均为人工种植管理，植株分布较为均一，且赤霉病侵染后20m × 20m的田块范围发病情况也较为均一，很少有局部病情严重度变化较大的情况，因此适合选用五点取样法进行调查取样。首先选取实验区中央20m × 20m的范围作为地面调查点，再确定对角线的中点作为中心抽样点，在对角线上选择四个与中心样点距离相等的点作为样点。

五点取样法中五个小样方的大小为1m × 1m。在每一个小样方中采用简单随机抽样随机选取10株小麦，首先分别统计每一株小麦的麦穗病情严重度并进行严重度的分级，之后基于10株小麦的分级结果进行DI的计算。如果五个小样方的DI一致，则说明本次调查范围内小麦赤霉病严重程度一致，将计算得到的DI作为该地面调查点的最终DI。不同病情指数小麦冠层图像如图3-1所示。

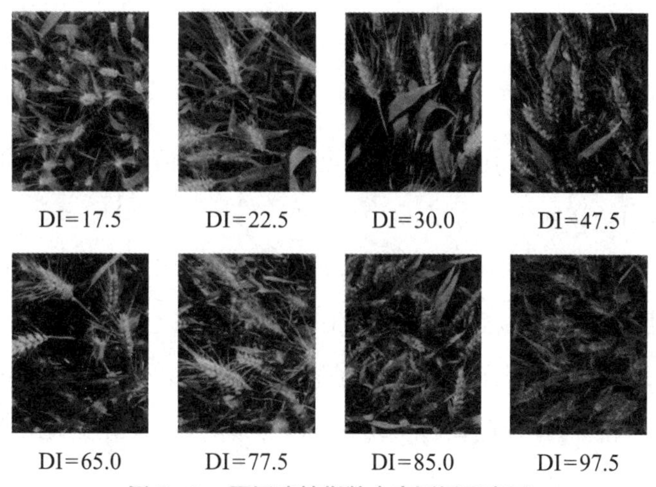

图 3-1 不同病情指数小麦冠层示意图

注：参考刘林毅《小麦赤霉病及白粉病多尺度遥感监测方法研究》。

2. 病情系统调查

调查时间：从抽穗始期开始，每日观察，始见病穗后，每3天调查一次，至病情稳定时止。

调查地点：选择当地早播感病品种田1块作为系统调查田，面积不小于667m^2。有条件的可在大面积连片麦田内设立病情观测圃，栽种当地代表性品种2到3个，其中必须有一个感病品种，分早、中、迟3个播种期，播期间隔10至15天。生长期均不喷杀菌剂防治。

调查方法：观察小麦生育期和病情，在已发现病穗的田块随机固定500穗，调查病穗数和病情严重度，计算病穗率和病情指数，如发现秆腐应注明。调查结果记入小麦赤霉病病情系统调查记载表（表3-2）。

表 3-2　小麦赤霉病病情系统调查记载表

调查日期	调查地点	类型田	品种	生育期	调查穗数/个	病穗数/个	病穗率/%	各严重度级别穗数/个					病情指数	备注
								0	1	2	3	4		

3. 病情普查

调查时间：在当地小麦主栽品种齐穗期至灌浆期（病情发展高峰期）和蜡熟期（收割前10～15天）各进行一次。

调查田块：根据前茬类型（水稻或旱作）、小麦品种和生育期的不同，选择各种类型田不少于10块，其中应包含一定数量的未防治田块。

调查方法：每块田随机取样500穗，调查病穗数和病情严重度，计算病穗率和病情指数，记入小麦赤霉病病情普查记载表（表3-3）。另外，还需由发病田块数和调查田块总数计算病田率，记入表格的左下角栏内。

表 3-3　小麦赤霉病病情普查记载表

调查日期	调查地点	类型田	品种	生育期	调查穗数/个	病穗数/个	病穗率/%	各严重度级别穗数/个					病情指数	备注
								0	1	2	3	4		
病田率/%														

4. 预测方法

长期预测：在小麦抽穗前一个月，根据当年病残体带菌率，小麦品种、生育期、长势及3～5月预报降雨量，经专家会商进行综合分析，做出当年赤霉病发生程度和面积的预测。

中期预测：在小麦抽穗前，根据小麦穗期雨日数、雨量和相对湿度预报值，病残体带菌率和子囊壳成熟程度及空中孢子捕捉量（Rutkoski等，2012），可利用历史资料，通过指标和统计模型法，做出赤霉病发生程度和面积的预测。

短期预测和校正预测：在小麦穗期，赤霉病防治行动前3～10天（或小麦大面积齐穗前5～7天），根据子囊壳成熟指数及空中孢子捕捉数量、小麦抽穗扬花进度、抽穗扬花期气温和连阴雨持续天数，采用当地适用的数理统计预测模型，做出赤霉病发生程度和面积的预测（De Wolf等，2003）。

5. 测报资料收集、汇报和汇总

资料收集：收集小麦主要品种及其栽培面积，小麦播种期和各期播种的小麦面积和气象资料。气象资料根据长、中、短期病情预报的需要，应着重收集小麦孕穗至乳熟期的气象资料。特别是抽穗（开花）始期至抽穗扬花期的气温、湿度、雨量、雨日以及气温和降雨量的组合情况，如平均气温15℃以上连续阴雨天气出现的时期、持续天数和“倒春寒”等异常天气情况。

资料汇报和汇总：全国区域性测报站每年定时填写小麦赤霉病模式报表报上级测报部门。每年对小麦赤霉病发生期和发生量进行统计汇总，记载小麦种植和赤霉病发生及防治情况，估测产量损失，分析发生特点和原因，结果记入小麦赤霉病年度发生情况统计表（表3-4）和小麦赤霉病发生防治基本情况记载表（表3-5）。

表 3-4　小麦赤霉病年度发生情况统计表

调查地点	抽穗期				扬花期				蜡熟期				备注
	调查时间	病田率/%	病穗率/%	病情指数	调查时间	病田率/%	病穗率/%	病情指数	调查时间	病田率/%	病穗率/%	病情指数	

注：麦收后各站及时上报省站，省站汇总后及时上报。

表 3-5　小麦赤霉病发生防治基本情况记载表

小麦种植情况	小麦面积/hm^2	耕地面积/hm^2	小麦面积占耕地面积比率/%
	主栽品种		
	抗病品种面积/hm^2		占小麦面积比率/%
	早播面积/hm^2		占小麦面积比率/%
	灌溉面积/hm^2		占小麦面积比率/%
小麦赤霉病发生情况	发病面积/hm^2		占小麦面积比率/%
	受灾（达防治指标）面积/hm^2		占发病田面积比率/%
	成灾（减产30%以上）面积/hm^2		占发病田面积比率/%
防治情况	防治面积/hm^2		
	最终发生程度	实际损失/t	挽回损失/t
发生和防治概况与原因简述			

3.2　小麦赤霉病“无人机–地”实验

利用现代技术手段对病害进行监测和防控已成为研究的重要方向之一。“无人机–地”同步观测是将无人机遥感技术与地面观测相结合，实现对小麦田间病害的快速、高效监测。与传统的人工巡视相比，“无人机–地”同步观测具有成本低、覆盖范围广、数据获取及时等优势，因此在农业病害监测领域备受关注。

本章旨在探讨小麦赤霉病“无人机–地”同步观测实验方案设计，通过无人机航拍获取小麦田间图像，结合地面观测数据，对小麦田间赤霉病的分布情况进行精准识别和定量分析，为小麦病害监测技术的改进提供科学依据。

3.2.1 地面实验设计

地面实验设计是小麦赤霉病监测研究的关键环节，地面实验通过在小麦田间设置观测点，采集相关数据，并结合实地调查和采样，为无人机遥感提供可靠的地面验证，从而验证监测结果的准确性和可信度。

1. 小麦赤霉病实验方案

小区实验设在河南农业大学许昌校区的农业部黄淮海农业信息技术科学观测实验站的试验田。选用赤霉病易感品种豫麦49-198。实验设置两个大区分别为接种处理实验区和正常处理实验区。为观测不同生长参数对病害流行的影响，在每个区分别设置3个氮素水平N0（0kg/hm^2）、N8（120kg/hm^2）、N15（225kg/hm^2）和3个种植密度处理Pd0（8kg/hm^2）、Pd1（10kg/hm^2）、Pd2（12kg/hm^2）每个处理设置3个重复，如图3-2所示。氮肥的运筹分为两次，60%作为基肥，剩余40%作为追肥在拔节期追施。试验田土壤类型为黄棕壤，钾肥（120kg/hm^2）和磷肥（120kg/hm^2）做基肥一次性施入，气象记录年平均降水571.9mm。

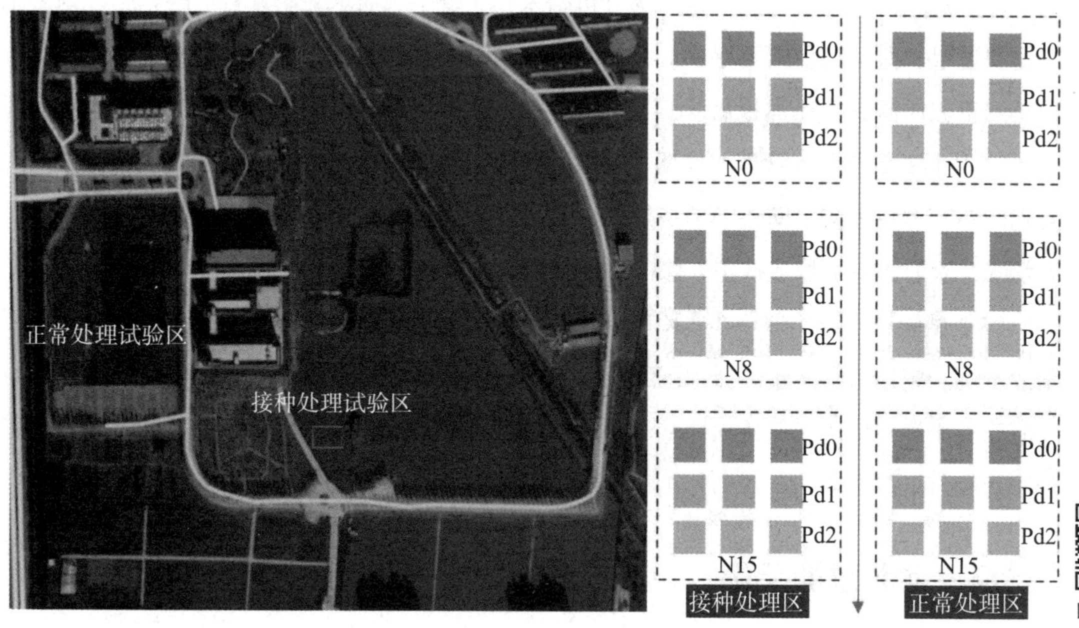

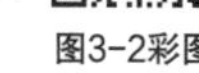

图3-2　项目小区控制实验示意图

接种处理实验区采用河南省农科院提供的具有较强致病力的禾谷镰刀菌菌株进行接种。接种方法选择单花滴注法（single flower inoculation，SFI）进行接种（吴佳祺等，2011），在4月中旬小麦孕穗期进行第1次土表病麦粒接种，接种量为90～105kg/hm^2。第2次接种时间为每个株系的始穗期。单花滴注法选择在小麦穗中部的1个小穗，剪去颖壳上部的三分之一，向小花内注射5～10μL孢子液，每株系接种抽穗整齐的5个麦穗，喷水、套袋、3天后摘袋，每个小区选择10株植株进行处理。正常处理实验区和接种区在空间上进行隔离，并且施用氰烯菌酯、戊唑醇、丙硫菌唑等药剂及其复配制剂进行防病施药。

2. 农田日常管理

（1）土地准备与播种。选择适合小麦生长的土壤，确保土地平整疏松、无大石块和杂草。确保小麦种子在良好的土壤环境中生长。定期进行土壤通风松土，改善土壤结构，增加土壤透气性和保水性。对土地进行深耕，深度一般不低于20cm以促进根系发育和土壤通气。

（2）灌溉与排水。根据气象数据和土壤含水量监测结果，制订灌溉计划，确保作物的水分供应充足但又不过度。使用滴灌或喷灌等节水灌溉技术，提高水分利用效率，减少水分浪费。定期检查灌溉设施，修复漏水管道，保证灌溉系统的正常运行。定期清理田间排水沟，保持排水畅通，避免积水，防止水分过多导致根系窒息和病害的发生。如有需要，采取排水改良措施，例如修建排水沟、改善田间排水系统等，提高田地排水能力。

（3）施肥与营养管理。根据土壤分析结果和小麦生长需求，制订科学的施肥计划。施肥量要适量，避免过量施肥导致土壤污染和作物病害。适时进行追肥，补充土壤养分，确保小麦生长所需的各种营养元素。

（4）小麦生长调节管理。根据小麦生长情况，及时进行疏苗或返苗，保证植株之间的合理间距，避免植株之间过于拥挤导致通风不良和病害的传播。如发现生长不良或者倒伏的情况，及时进行支撑或扶正，保证小麦植株的正常生长和发育。

（5）试验田区域管理。在实验区和对照区之间设置隔离带，防止实验结果受到外界因素的干扰。定期清除实验区域周围的杂草，保持实验区域的整洁和良好的生长环境，注意及时修整田埂、田垄，保持田地整洁。严格控制外来人员和动物进入实验区域，减少可能的干扰和污染。

3.2.2 地面数据采集

农作物受病虫害侵染后，作物的外部形态和内部结构都会发生相应的变化。外部形态的变化是可见的，但内部结构的变化是隐形的，无法用肉眼观察。由于作物内部结构的变化主要由作物生理生化参数的变化来体现，遥感监测作物病虫害的机理就是监测其内部生理生化参数的变化，从而获取病虫害是否发生或发生程度的信息。因此，对作物病害发生情况、生理生化参数的选择和测量是遥感监测作物病虫害至关重要的一环。

1. 冠层照片采集

本研究所选取的两种采集方式为：单穗小麦图像数据的采集和群体小麦图像数据的采集。

（1）单穗小麦图像数据的采集。实验于2023年4月至5月小麦扬花期至灌浆期内多次进行，获取不同严重度的单穗小麦赤霉病图像数据。采集每张图像时，手机镜头距离单株麦穗的高度为15～30cm。在7：00至18：00时间段内进行数据采集，以获取不同光照条件下的图像数据。每张图像均以JPEG格式进行存储。考虑到图像数据的多样性，选择在不同天气条件（晴天、多云等）和各种背景（土壤、杂物等）下采集小麦图像。植保专家协助确定小麦生育期并告知单株小麦的赤霉病严重度。典型单穗小麦图像如图3-3所示。

3

图3-3彩图

图 3-3　典型的单穗小麦图像

（2）群体小麦图像数据的采集。采集时间与上小节提及的单穗小麦图像数据集相同。这些群体小麦图像也以JPEG格式存储，分辨率大小为3060像素×3060像素和3000像素×3000像素。在采集群体小麦图像时，选择以不同的高度进行拍摄，拍摄设备距离麦穗冠层的高度范围为20～80cm，目的是获取不同高度和密集度的群体小麦图像数据，以确保群体小麦图像的多样性和复杂性。不同密集度的群体小麦图像数据的部分展示如图3-4所示。

图3-4彩图

图 3-4　典型中密度群体小麦图像

2. 便携式高光谱数据采集

遥感（remote sensing）技术最典型的特征就是非接触、远距离探测（Bioucas-Dias等，2013），地物光谱测量一直是遥感科学研究的基础和重点。田间光谱测量是获取作物冠层光谱反射率的主要手段（Ma等，2005），是开展定量遥感研究的数据基础。当电磁波到达地表后，电磁辐射与地表发生相互作用，即反射、透射和吸收。地物对不同波长的电磁波会产生选择性反射，光谱反射率是指地物在某波段的反射能量与该波段的入射能量之比。反射率是波长的函数，地物的反射率随波长变化的曲线称为反射光谱（Eshel等，2004）。地物的光谱反射率通常用平面坐标曲线来表示，横轴表示波长（Wavelength，λ），纵轴表示反射率大小（Reflectance，ρ）。常见的光谱测量一般包括绝对测量（辐射亮度、辐射照度）和相对测量（反射率、绝对反射比）两种。地物光谱测量中一般主要关注地物光谱反射率测量（Jianwen等，2006）。

在电磁波谱中，光学波段（0.3～2.5μm）是地表反射的主要波段，常用于植被监测的光学遥感传感器均在此光谱区间内（Woźniak等，2020）。实验室或野外光谱测量一般需要使用地物光谱仪（field spectrometer）开展。由于光源和观测方式差异，光谱测量根据其不同用途主要分为以下四种。

- 方向-方向反射率。入射光为平行直射光，光谱测量某个特定方向的反射能量。
- 半球-方向反射率。入射能量在半球空间内均匀分布，光谱测量某个特定方向的反射能量。

- 方向-半球反射率。入射光为平行直射光，光谱测量半球空间的平均反射能量。
- 半球-半球反射率。入射能量在半球空间内均匀分布，光谱测量半球空间的平均反射能量。

以ASD FieldSpec 4光谱仪为例，简述开展农田作物光谱测量方法。表3-6展示了ASD FieldSpec 4 Hi-Res光谱仪主要参数。当开展叶片光谱测量时，应当搭配叶片夹等设备开展测量。

表3-6　ASD FieldSpec 4 Hi-Res光谱仪主要参数

参　数	指　标
光谱范围	350～2500nm
光谱分辨率	3nm VNIR @ 700nm, 8nm SWIR @ 1400 & 2100nm
光谱重采样	1nm
观测模式	DN（Raw）值，相对反射率（Ref），辐射亮度（Rad）

麦穗高光谱数据的测定：实验中使用ASD地物光谱仪获取麦穗非成像高光谱数据，光谱测量的时间为10：00至14：00，天气晴朗无云，测量时麦穗置于平整黑布表面，测量人员着深黑色衣物，周边无其他干扰因素。ASD地物光谱仪的光谱测量范围为350～2500nm，在350～1000nm范围的光谱采样间隔为3nm，在1000～2500nm范围的光谱采样间隔为8nm。测量时仪器探头距麦穗高度为10cm，如图3-5所示。仪器每次对目标进行测量时都默认重复获取10次目标光谱，实验中取10次测量数据的平均值作为目标最终的测定光谱。每完成一次目标光谱的测定，都会使用40cm × 40cm的$BaSO_4$白板对测量光谱进行校正以消除光照变化带来的影响。

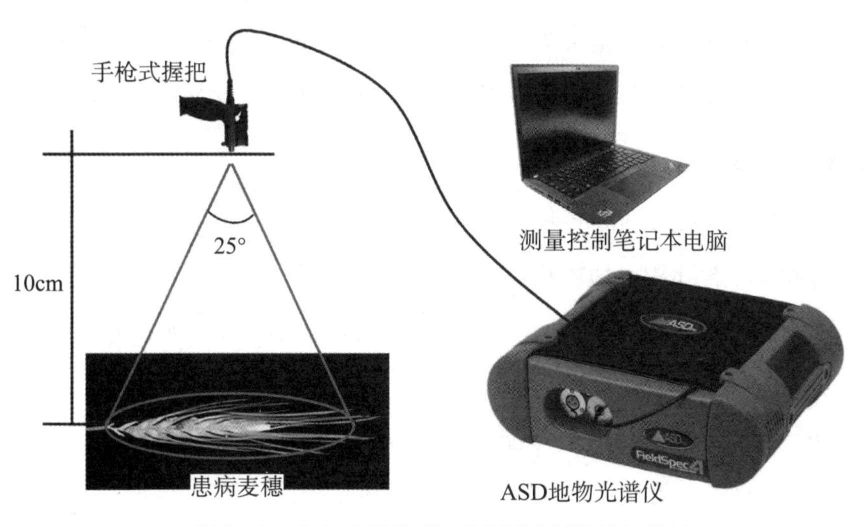

图3-5　小麦麦穗非成像高光谱数据获取示意图

冠层高光谱数据的测定：实验中同样使用ASD地物光谱仪获取小麦冠层高光谱数据。光谱数据测量时间为10：00至14：00，天空中云量较少，此时太阳天顶角变化也相对较小。在小麦赤霉病冠层光谱测定实验中，实验采用60cm × 60cm的塑料条管围成的矩形框划定冠层样本范围。样本的选择需满足样方内小麦均一、无其他病害干扰、无土壤背景等因素影响等条件。取10次测量数据的平均值作为小麦冠层最终的测定光谱。考虑到灌浆期小麦高度在0.8m左右，实验时将探头距地高度调整为1.3m，探头视场角调整为25°。实验时每完成一次目标光谱的测定，都会使用40cm × 40cm的$BaSO_4$白板对测量光谱进行校正以消除光照变化带来的影响。

科学严格的光谱测量规范是获取光谱数据的重要保障，地物光谱测量需要注意以下事项。

（1）光谱仪设备的检验和定标。除了光谱仪相关设备的日常维护和定标外，开展地物光谱测量前需要对光谱仪进行预热，测量时每隔半小时观测一次暗电流，及时校正仪器噪声等。

（2）观测时间和太阳光条件。应当在拥有稳定太阳光条件下开展测量，观测时间段一般为9：30—15：30；能见度不小于10km，风力小于3级等。

（3）光谱测量操作。光谱测量人员应当着装深色服装，测量时，人员应面对太阳，避免测量过程中发生太阳光遮挡；根据具体光谱观测设计开展光谱测量，光谱测量后于原位开展地面农学参数测量，应当尽可能详细记录观测对象（如测量位置、测量对象照片）和观测条件。

（4）“机-地”同步测量原则。与飞机或无人机同步测量时，必须记录测量位置的坐标信息，应当使用高精度差分定位系统（global positioning system，GPS）设备开展位置信息测量，以确保地面非成像光谱测量与飞机或无人机同步测量光谱图像的匹配性。

3. 相关农学参数测量

（1）叶面积指数测量。叶面积指数（leaf area index，LAI）是农学中一个关键的参数，用以量化单位土地面积上植物叶片总面积与地面面积之比，反映植物冠层的密度和覆盖程度（Aase，1978）。LAI的测量主要依靠三种方法：LAI-2200C测量、比叶重法和扫描法。

LAI-2200C冠层分析仪利用光线透过植被冠层时受到的削弱程度来推断植被叶片的数量（Danner等，2015）。这种削弱程度可以通过不同的天顶角度来测量，并且可用于估计叶片的倾斜情况。它采用了一种特殊设计的“鱼眼”镜头，将半球视野范围内的光线引导至光电感应器上，该镜头的特殊视野确保了尽可能大的冠层样本。感应器被划分为5个同心圆，每个感应器检测不同角度范围的光线。LAI−2200C通过测量获取5个角度上的天空漫射线的削弱程度以及天空漫射线的强度信息（Yu et al., 2020）。根据冠层上方和下方测得的读数，可以计算出冠层透射率，最终根据这些透射率值计算出LAI和叶片倾斜度。

LAI−2200C操作方式包括单探头方式、双探头方式和遥感方式。其中，单探头方式适用于矮冠层LAI测量，它使用一个探头同时测量冠层上和下的读数（分别记为A值和B值）。测量时从A读数开始，当记录完B读数后，仪器会使用最近的A值来计算透射率；双探头方式适用于高冠层的作物测量，其需要两个探头都连接到主机上，一个位于冠层上，另一个位于冠层下，同时记录两组值，并计算透射率。需要注意的是，测量前应进行校正，并且在将两个探头置于相同条件下时，应确保它们具有相同的读数；一个探头和主机自动测量A值（如每15秒），另一个探头和主机手动测量B值。在通过LAI−2200C测定LAI时经常需要测量多组值，把均值记录为最终值。

3

比叶重法是一种破坏性的测量方法（Peng et al., 1993），其操作包括记录样本的总株数和分蘖数，然后将植物样本带回实验室进行后续操作。具体操作为：选择5株冬小麦，取下所有完全展开的绿色叶片，然后在叶片宽窄一致的地方进行剪取。使用直尺测量叶片的总宽度，计算叶片面积（S），并在烘干后进行称重（W_1）。同时，将剩余的绿叶全部进行烘干后称重（W_2），以及将剩余的所有植株绿叶摘下并擦净，进行烘干后再次称重（W_3）。最后，通过以下公式计算LAI：

$$\mathrm{LAI}=\frac{W_1+W_2+W_3}{W_1\times A\times 10000}\times S \tag{3-3}$$

$$\mathrm{LAI}=\frac{W_1+W_2}{W_1\times 10\times A\times 10000}\times S\times m \tag{3-4}$$

式中，W_1为标叶重（g）；S为叶片面积（cm^2）；W_2为5株的余叶重（g）；A为取样面积（cm^2）；W_3为剩余植株叶片重（g）；10000指将m^2换算成cm^2；m为取样面积上的总株数。

扫描法测量LAI主要依赖于扫描型叶面积仪。扫描型叶面积仪通常由扫描器（扫描相机）、数据处理器和相关软件组成。一些常见的仪器包括CI−202便携式叶面积仪和AM−300手持式叶面积仪。利用光学成像技术对植物叶片进行扫描和拍摄，然后通过图像处理软件对叶片的形态和结构进行分析和测量。它可以测量叶片的面积、周长、长度、宽度、角度、纹理等多种参数（Burg et al., 2017）。通过对参数进行计算从而计算出作物的LAI值。扫描法可以通过数字图像处理技术减少人为误差，提高测量结果的准确性，但也有着设备成本高和数据处理复杂等缺点。

（2）氮素测量。凯氏定氮法是测定化合物或混合物中总氮量的一种方法。即在有催化剂的条件下，用浓硫酸消化样品将有机氮都转变成无机铵盐，然后在碱性条件下将铵盐转化为氨，随水蒸气蒸馏出来并为过量的硼酸液吸收，再以标准盐酸滴定，就可计算出样品中的氮量（Scales等，1920）。由于蛋白质含氮量比较恒定，可由其氮量计算蛋白质含量，此法是经典的蛋白质定量方法（Bremner, 1960）。

（3）色素测量。分光光度计法是一种常用的测量叶绿素含量方法，通过测量样品对特定波长光的吸收来确定叶绿素（chlorophyll，Chl）的浓度（Ergun等，2004）。首先，选取代表性病害部位的植株叶片作为样本，一般取样量约为0.5g。样品置于80%丙酮溶液中，密封浸泡一周以充分提取叶绿素。丙酮能高效溶解叶绿素（Thomas等，1964），确保其从叶片组织中充分释放。提取液经离心或过滤后，使用可见分光光度计分别在663nm、645nm和440nm波长处测定吸光度值（optical density，OD值）。叶绿素a和叶绿素b在可见光范围内具有特征性的最大吸收峰，分别位于663nm和645nm，而类胡萝卜素在440nm附近也有显著吸收。依据叶绿素a和叶绿素b在特定波长下的吸光度值，结合各自在该波长下的消光系数，可利用以下公式计算叶绿素a（Chl_a）和叶绿素b（Chl_b）的浓度：

$$Chl_a = 12.70D_{663} - 2.590D_{645} \tag{3-5}$$

$$Chl_b = 22.90D_{645} - 4.670D_{663} \tag{3-6}$$

$$Chl_{ab} = 20.30D_{645} + 8.040D_{663} \tag{3-7}$$

式中，Chl_a、Chl_b分别为叶绿素a和叶绿素b的浓度（mg/L）；Chl_{ab}为两者总浓度。

对于所测材料，其单位重量或单位面积的叶绿素含量可通过以下公式计算：

$$叶绿素含量\left(mg/g 或 mg/dm^2\right) = \frac{C \times V}{A \times 1000} \tag{3-8}$$

式中，C为叶绿素浓度（mg/L）；V为提取液总体积（mL）；A为叶片鲜重（g）或叶片面积（dm^2）。

叶绿素密度则表示单位面积地物的叶绿素含量，单位为mg/cm^2，由以下公式计算：

$$叶绿素密度=（叶绿素干重含量 \times 比叶重）\times 叶面积指数 \tag{3-9}$$

式中，比叶重是指单位叶片干物质含量，单位为mg/cm^2；叶绿素干重含量则按以下公式计算：

$$叶绿素干重含量（\%）= \frac{叶绿素鲜重含量}{1-叶片含水量} \times 100 \tag{3-10}$$

类胡萝卜素的测定方法与叶绿素相似，同样取样并采用丙酮提取（Zavřel等，2015）。在440nm处测量OD值后，利用以下公式计算类胡萝卜素鲜重含量：

$$类胡萝卜鲜重含量（mg/g）= \frac{（4.695 \times D_{440} - 0.268 \times Chl_{ab}）\times 80}{鲜重质量 \times 1000} \tag{3-11}$$

进而可以计算类胡萝卜素密度，计算公式如下：

类胡萝卜素密度（mg/cm^2）=类胡萝卜素鲜重含量×比叶重　　（3-12）

（4）仪器无损测定方法（SPAD测量）。SPAD-502叶绿素计作为一种无损测定方法被广泛应用于叶绿素相对含量值（SPAD值）测定（Markwell等，1995）。此外，也可以根据叶绿素含量标准曲线推算叶绿素含量。通常情况下，在测量前需要空夹一次，当设备值显示为0时，开始正式测量。测量时，分别在叶片的叶尖、中部和叶基部各选取一处进行测量，每处测量3次，共9次测量，并将这9次测量的平均值确定为最终的SPAD值。

尽管实验室测定和SPAD测量方法都可用于叶绿素含量的测定，但各自具有一定的优缺点。前者所得结果相对准确、稳定，但其过程耗时耗力、效率较低，更重要的是具有破坏性；相反，SPAD方法测定快速、便捷，适用于野外实验，然而其结果不够稳定。因此，在实际的叶绿素含量测定中，结合两种方法的优势，可以在保证结果快速获得的同时，确保测定结果的准确性。

3.2.3　无人机多光谱数据采集

小区同步观测实验主要通过配置多光谱传感器的无人机获取。无人机航拍实验在项目实施年份的关键生育期进行。无人机遥感平台为大疆精灵4多光谱无人机，如图3-6所示，相机配备6个1/2.9英寸的CMOS影像传感器，其中，1个彩色相机用于常规可见光成像，5个单色传感器用于包含以下波段的多光谱成像：蓝、绿、红、红边、近红外。无人机传感器主要参数见表3-7。飞行器标配机载D-RTK，配合网络RTK服务或DJI D-RTK2高精度GNSS移动站使用，可实现水平1cm与垂直1.5cm精度的空间定位。遥控器采用新一代OcuSync技术，大幅增强抗干扰能力从而提高图传的流畅性与稳定性（Lu等，2020），无人机起飞重量为1487g，最大上升速度为6m/s，最大下降速度为3m/s，飞行时间约为27分钟，为减少光照影响，无人机遥感作业在天气晴朗、风速较小时进行，飞行时间为11:00—13:00，飞行高度为20m，航向重叠度为80%，旁向重叠度为70%，地面分辨率为1cm。

图3-6　大疆精灵4多光谱无人机

表 3-7　小麦赤霉病发生防治基本情况记载表

传　感　器	波　　段	波长范围/nm	图像格式
彩色相机	RGB	彩色相机	JPEG
多光谱相机	Band 1	450nm ± 16nm	TIFF
	Band 2	560nm ± 16nm	
	Band 3	650nm ± 16nm	
	Band 4	730nm ± 16nm	
	Band 5	840nm ± 26nm	

无人机航线规划决定了数据采集的效率和质量。规划的原则包括覆盖研究区、保证数据重叠度、最小化飞行时间和成本、确保安全性等（Lee等，2021）。这意味着航线需要覆盖整个目标区域，并确保相邻航线和图像之间有适当的重叠，以便后续的数据处理。为了减少飞行时间和成本，需要优化航线布局和飞行参数。如图3-7所示，在规划过程中，使用专门的地面软件，设置航线方向、重叠度、飞行高度、航速和航线间距等参数。一旦规划完成，将航线任务加载到飞行控制软件中。在起飞前，首先需要仔细检查设备状态，包括无人机桨叶是否稳固且完好无损、RTK基站信号强弱、无人机及遥控器电量等，控制手柄如图3-8所示。此外，还要注意飞行环境的气象条件，尤其是光线和风速。确认飞行区域的空域管理情况，避免进入禁飞区或有人员活动的区域。同时，确保预警系统正常工作，以便应对可能出现的飞行异常情况。最后，按照事先制订的飞行计划执行起飞，确保航线布局和飞行参数设置正确无误。通常情况下，航线的旁向重叠率和航向重叠率设置为70%～80%，这样可以保持后续数据拼接的完整性。具体情况还要根据无人机飞行高度、飞行面积、性能以及现场风力而定。起飞后，无人机将按照预先设置的航线自动执行飞行任务，如图3-7所示。起飞前的这些注意事项和准备工作可以确保飞行过程的安全和顺利进行，同时保障遥感数据的质量和可靠性，为后续的农田监测分析和决策提供重要依据。

图3-7彩图

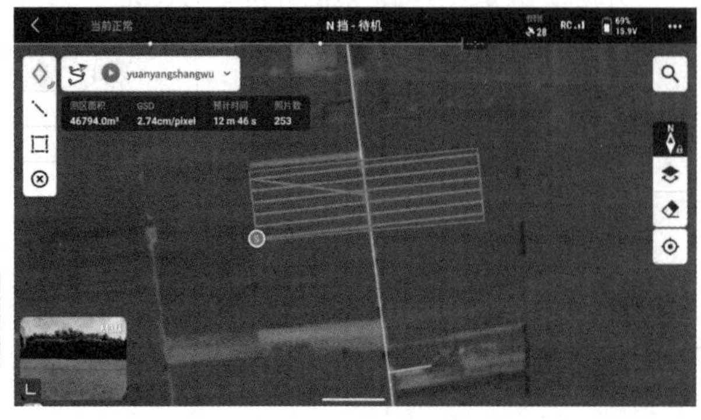

图 3-7　DJI Mavic3M 路径规划

图 3-8　DJI RC Pro 控制手柄

3.3 小麦赤霉病“星-地”实验

相较于传统的人工巡视，多/高光谱卫星遥感技术具有覆盖范围广、成本低等优势，能够为小麦赤霉病的监测与预警提供更为及时和全面的信息支持。本节介绍了小麦赤霉病“星-地”同步观测实验设计方案，将为小麦赤霉病的监测与防控提供科学依据和技术支持。

3.3.1 地面调查方式

地面调查通过直接观察、样本采集等方法，获取小麦种植区域的实时病虫害数据，为后续分析和决策提供可靠的依据。本节将介绍小麦赤霉病地面调查的主要内容和方法，包括直接观察、样本采集和土壤检测，为小麦赤霉病的监测与防控提供实践指导和技术支持。

1. 直接观察

在调查地点，调查人员应进行实地观察，检查小麦植株的健康状况和可能的病征表现。调查人员应记录下植株叶片上出现的异常症状，如黄化、叶斑等。使用目视观察的方法，调查人员可以快速检查大量植株，并及时发现病害症状。

2. 样本采集

在调查地点，调查人员应采集受感染和未感染的小麦样本。采集的样本应具有代表性，覆盖不同程度和类型的病害症状。样本采集时应注意标记样本的来源地点和采集时间，确保后续实验室分析的准确性。在进行样本采集时，以3.1.3小节所阐述的方法和原则开展。

3. 土壤检测

调查人员应采集调查地点的土壤样本，以检测土壤中可能存在的病原体或病害相关的生物指标。可以使用分子生物学技术，以确认小麦赤霉病原体的存在。土壤检测可以帮助了解土壤中病原体的分布情况，以及土壤因子对病害传播的影响。

4. 病害等级记录表

为了更加准确、方便地掌握田间小麦赤霉病的发病情况，参考小麦赤霉病测报技术规范（GB/T 15796—2011）绘制了病害等级记录表，如表3-8所示。

表 3-8　小麦赤霉病病害等级记录表

调查日期	调查地点	类型田	品种	生育期	调查穗数/个	病穗数/个	病穗率/%	各严重度级别穗数/个					病情指数	备注
								0	1	2	3	4		

3.3.2 “星-地”同步数据收集

“星-地”同步观测卫星以Sentinel-2 A/B和Landsat 8/9为主；以原阳县为例，地面野外精度验证实验设计方案如图3-9所示。每一个测量单元对应卫星影像上的像元光谱。以Sentinel-2为例，根据所确定的验证单元位置，分别在单元中心、东北、西北、东南和西南处共5处确定为地面采样位置。测量各采样点小麦冠层光谱和小麦理化参数，并测量验证单元中心位置的GPS坐标位置。病情等级采样按照3.1.2小节所阐述的方法和原则开展采样。

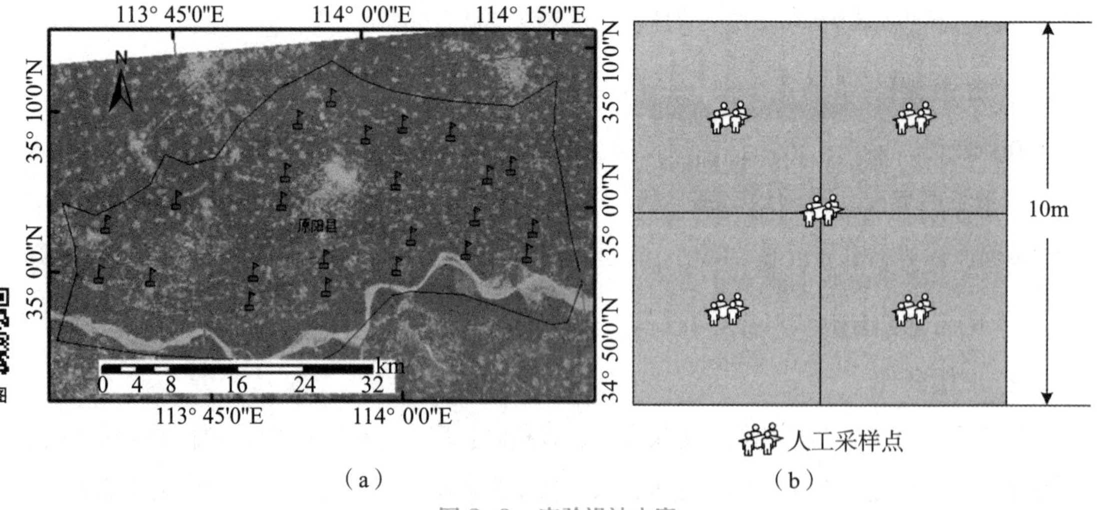

图3-9彩图

图 3-9　实验设计方案

Sentinel-2A/B卫星是“全球环境与安全监测”计划的第二颗卫星，旨在通过卫星遥感技术监测全球的环境和安全状况。Sentinel-2卫星影像具有13个波段，其中包含三个红边波段，由于植被的健康状况与红边波段密切相关，因此Sentinel-2卫星影像在作物病害监测方面具有很高的应用潜力（Segarra等，2020）。Sentinel-2 MSI传感器参数见表3-9。

表 3-9 Sentinel-2 MSI 传感器参数

波段	Sentinel-2A		Sentinel-2B		分辨率/m
	中心波长/nm	带宽/nm	中心波长/nm	带宽/nm	
Band 1	443.9	27	442.3	45	60
Band 2	496.6	98	492.1	98	10
Band 3	560	45	559	46	10
Band 4	664.5	38	665	39	10
Band 5	703.9	19	703.8	20	20
Band 6	740.2	18	739.1	18	20
Band 7	782.5	28	779.7	28	20
Band 8	835.1	145	833	133	10
Band 8a	864.8	33	864	32	20
Band 9	945	26	943.2	27	60
Band 10	1373.5	75	1376.9	76	60
Band 11	1613.7	143	1610.4	141	20
Band 12	2202.4	242	2185.7	238	20

Landsat 8是一颗美国地球观测卫星，于2013年2月11日发射升空。它是Landsat计划中的第八颗卫星，是美国国家航天局和美国地质调查局之间的合作成果。Landsat 8和后续Landsat 9均由可操作陆地成像仪（operational land imager，OLI）和热红外传感器（thermal infrared sensor，TIRS）的相机组成，两者组成星座可以实现8天一次的全球绝大多数区域的重访（Li等，2020）。Landsat 8 OLI传感器参数见表3-10。

表 3-10 Landsat 8 OLI 传感器参数

波段	波长范围/μm	分辨率/m	主 要 应 用
Band 1	0.433～0.453	30	主要用于海岸带观测
Band 2	0.450～0.515	30	用于水体穿透，分辨土壤植被
Band 3	0.525～0.600	30	用于分辨植被
Band 4	0.630～0.680	30	处于叶绿素吸收区，用于观测裸露土壤，植被等
Band 5	0.845～0.885	30	用于估算生物量，分辨潮湿土壤
Band 6	1.560～1.660	30	用于分辨道路，裸露土壤，水，还能在不同植被之间有好的对比度
Band 7	2.100～2.300	30	辨识植被覆盖和湿润土壤
Band 8	0.500～0.680	15	15m分辨率的黑白图像
Band 9	1.360～1.390	30	包含水汽强吸收特征，可用于云检测

3.3.3 农业管理部门数据收集

农业管理部门通过收集气象数据、土壤数据和作物数据，可以及时监测预警小麦赤霉病的发生情况。例如，气象数据可以提供有关温度、湿度等环境条件是否有利于病菌的繁殖和传播的信息，土壤数据可以反映土壤的肥力和水分状况对病害的影响（Congreves等，2015），作物数据可以观察到小麦生长过程中是否出现了赤霉病的症状。通过及时的数据收集和分析，农业管理部门能够对灾情进行预警，并采取相应的防治措施，有效地减少病害对小麦产量和质量的影响。

在赤霉病实验中，农业管理部门收集到的数据有助于科学地制定施药方案。例如，根据气象数据和作物数据可以判断出病害发生的可能性和严重程度，从而确定施药的时机和剂量；土壤数据可以评估土壤的养分水平和水分状况，有助于选择适合的药剂和施药方法，提高施药效果和减少对环境的影响。

通过长期的数据收集和分析，农业管理部门可以积累大量的赤霉病发生规律和防控经验，为病害的研究和防治策略提供科学依据。例如，通过对不同氮素水平、种植密度等因素对赤霉病发生的影响进行分析，可以揭示出影响病害流行的关键因素，为制定针对性的防控措施提供参考；通过比较不同施药方案的效果，可以评估不同药剂和施药方法的优劣，为优化防治策略提供指导。

1. 气象数据

降水量：记录每次降水的量和降水频率，以及降水开始和结束的时间，对小麦生长的水分供应和病害的发生有直接影响。

温度：记录每日不同时间段的空气温度变化，包括最高温度、最低温度等，对小麦生长和生育期的影响显著。

风速和风向：记录风的速度和风向，特别是在开花期和抽穗期，强风可能会导致小麦倒伏，影响产量。

日照：记录日照时长和光照强度，充足的日照是小麦光合作用的必需条件，对小麦生长有重要影响。

空气湿度：记录空气湿度，湿度过高可能导致病害的发生。

2. 温度数据

土壤温度：记录不同深度下土壤的温度变化情况，包括表层、中层和深层，对小麦根系生长和吸收养分有影响。

空气温度：记录不同生育阶段的空气温度，尤其是关键生育期如拔节期、抽穗期等，对小麦的生长和发育具有重要影响。

水温：如有灌溉情况，记录水体温度，尤其是灌溉水的温度对小麦生长有一定影响。

3. 土壤数据

土壤类型：对小麦生长的土壤类型进行调查和记录，了解土壤的透气性、保水性和肥力状况。

土壤肥力：测定土壤的有机质含量、全氮、有效磷、速效钾等养分含量，为施肥提供科学依据。

土壤水分：测量土壤的湿度和水分含量，确保小麦生长期间土壤水分充足且合理。

4. 作物数据

作物品种：记录种植的小麦品种和品系，了解其生长周期、抗病虫性等特性。

播种面积：记录小麦的播种面积和播种密度，以评估小麦的种植规模和密度对产量的影响。

生长状况：定期调查和记录小麦的生长状况，包括植株高度、叶片颜色、生长势等指标，以判断生长情况和是否存在病虫害。

产量：收获时记录小麦的产量和品质，以评估小麦生长效果和农业生产成果。

第4章

多源遥感数据处理方法

本章节介绍了开展遥感农业应用时应当首先完成的几项工作，即辐射定标、大气校正、几何校正、影像增强、图像分类。通过辐射定标、大气校正和几何校正可以获得对应农田地区影像的真实地表反射率数据，通过影像增强可以拉伸农田地区作物与非作物特征，通过图像分类可以将农田地区和非农田地区区分出来，从而获取目标作物准确的种植空间的分布信息。不精准的冬小麦空间分布信息，将会增加冬小麦参数信息提取误差，降低冬小麦参数估算结果的可靠性。

4.1　遥感影像处理方法

农业定量遥感数据处理是将原始的遥感数据转化为可用于定量分析的格式和信息的过程，从而为农业生产管理、资源调查、灾害监测等领域提供准确的信息支持，是农业遥感应用的基础。在遥感成像时，由于各种因素的影响，使得遥感图像存在一定的几何畸变和辐射量失真的现象，这些畸变与失真影响了图像的质量，在应用时必须消除。在定量化遥感研究中，需要将空中遥感器接收到的电磁波信号与地物光谱仪接收到的电磁波信号及地物的理化特征联系起来加以分析研究，这就需要对遥感器进行预处理（Wilkinson等，1996; Tanré等，1988）。

农业定量遥感数据处理是农业定量应用的第一步，旨在确保遥感数据的质量和可信度，为后续分析做准备（梅安新等，2001）。常用的遥感影像预处理过程如下。

1. 辐射校正

消除传感器响应不一致等效应对影像数据的影响，使影像数据更真实地反映地表特征。常用的辐射校正方法包括大气校正、传感器校正和太阳几何校正等。此外，特殊情况下还需对所获取的图像开展去噪，如随机噪声和条纹噪声等，以提高影像质量。

2. 几何校正

校正影像几何畸变，使影像与真实地表位置相匹配。常用的几何校正方法包括图像配准和图像重采样等。

3. 图像增强

遥感影像增强旨在突出影像中感兴趣的特征，以便于后续分析。常用的图像增强方法包括对比度增强、滤波和锐化等。

4. 图像分类

图像分类旨在将影像中的像元分配到预先定义的类别中，为定量分析提供基础。常用的图像分类方法包括监督分类、非监督分类和混合分类等。

5. 作物参数定量分析

作物参数定量分析是农业定量遥感数据处理的最后一步，旨在从分类结果中提取定量的农业信息，例如作物类型、面积、产量等。常用的定量分析涉及作物种植面积提取、作物长势监测、作物胁迫分析、作物产量估算等。

4.1.1 遥感传感器定标

遥感载荷定标是确定载荷输出信号与实际地物辐射值之间定量关系的过程，进而通过连续的链路将遥感载荷与参考辐射基准源相联系，保证载荷生命周期内的数据与产品质量（马灵玲等，2023）。光学遥感载荷辐射定标一般包括发射前定标和发射后在轨定标。发射前定标主要包括地面实验室定标，发射后在轨定标主要包括星上定标和遥感辐射定标场定标。一般来说，遥感数据用户无须关心地面实验室定标和星上定标，卫星研发单位会提供连续的定标参数于数据头文件中以满足遥感数据用户直接使用。遥感辐射定标场定标对于卫星研发单位和遥感数据用户评估光谱数据辐射校正精度都不可或缺（田庆久，1999）。

实验室定标是仪器运行前所接受的对波长位置、辐射精度、空间定位等的定标。按照不同的使用要求或应用目的，可以将辐射定标分为相对定标和绝对定标（王强等，2024；Nicola等，2024）。绝对定标是通过各种标准辐射源，在不同波谱段建立成像光谱仪入瞳处的光谱辐射亮度值（$W \cdot sr^{-1} \cdot m^{-2}$，Radiance，L）与成像光谱仪输出的数字量化值（digital number，DN）之间的定量关系。而相对定标则是确定场景中各像元之间、各探测器之间、各波段之间以及不同时间测得的辐射量的相对值（Dovgilov等，2024；陈胜利等，2024）。虽然发射前实验室定标能够使用已知特性的辐射源在可控环境中进行测试，具有可在载荷上天前探查并解决异常的优势，但掌握载荷特性在发射后的变化对于获取高质量的数据产品更为关键。由于遥感载荷在实际工况下运行并获取遥感数据的过程中，受到发射和飞行过程中的震动、工作环境和气压的改变以及元器件老化等因素影响，诸如长期暴露于紫外线下引起的光学器件衰变等问题会导致载荷的实际性能发生变化，若仍旧沿用发射前测得的定标系数进行数据处理，往往无法保证遥感数据产品的准确度（许殿元和丁树柏，1990）。目前星上定标主要是实现绝对辐射定标，在可见光和近红外波段采用电光源（灯定标）和太阳光（太阳定标）作为高温的标准辐射源，在热红外区采用卫星的标准黑体（黑体定标）作为高温的标准辐射源，以宇宙空间作为低温标准辐射源（李则等，2024；李映潭等，2024；钱鸿鹄，2017）。星上定标系统的光源，一般是一个由硅探测器反馈电路控制稳定的石英卤灯。测量的定标数据包括一个亮信号，一个暗信号和两个光谱信号，这些信号用来监测仪器辐射性能，同时用来对数据进行定标。卫星遥感传感器在轨工作时，会受到大气、传感器自身等因素的影响，导致其观测数据与真实地表反射率存在偏差。遥感辐射定标场是指为卫星遥感传感器进行辐射定标而建立的专用场地。它通常位于自然条件稳定、地表类型均匀、人为干扰较少的地区，并设有专门的测量设施和设备，用于获取地表反射率、大气参数等数据（Liang等，2001, 2002）。遥感辐射定标场为卫星遥感传感器提供辐射校正的基准数据。通过辐射定标场获取的地表反射率数据，可以用于校正卫星遥感影像的辐射误差，使其更真实地反映地表特征。通过定期对辐射定标场进行观测，可以监测卫星遥感传感器的在轨性能变化，及时发现和纠正传感器存在的偏差，确保卫星遥感数据的质量和可靠性。此外，辐射定标场可以为大气辐射传输研究提供平台，获取大气参数数据，用于研究大气对太阳辐射和地表反射辐射的影响规律，完善大气辐射传输模型。遥感辐射定标场在卫星遥感应用中发挥着重要的作用，是卫星遥感数据质量控制和应用的重要环节（何立明等，2005）。辐射定标场应选址在自然条件稳定、地表类型均匀、人为干扰较少的地区，如沙漠、湖泊、草原等。国内有许多著名的遥感辐射定标场，如敦煌辐射定标场和青海湖辐射定标场，为我国多颗卫星遥感传感器的太阳反射辐射定标和红外波段辐射定标提供了基准数据。

4.1.2　大气校正方法

遥感传感器接收到的地面目标物辐射或反射的电磁波能量包含了由大气吸收、大气散射等作用的影响，这是因为在电磁波由太阳-大气-目标-大气-遥感传感器的传播路径中受到了许多影响信号强度的因素影响，如大气散射与吸收。为消除这些由大气影响造成的误差影响，必须做大气校正（atmospheric correction）。大气散射与吸收与电磁波的波长密切相关；如当大气中粒子的直径与辐射的波长相当时，发生的米氏散射的散射强度与电磁波频率的二次方成正比，并且散射在光线向前方向比向后方向更强，方向性比较明显；又如，当粒子尺度远小于入射光波长时（小于波长的十分之一），发生的瑞利散射的散射强度与入射光的波长四次方成反比；当大气中粒子的直径比波长大得多时，发生的无选择性散射特点是散射强度与波长无关（Kaufman, 1988）。

大气校正算法可以分为两大类，即基于图像统计的经验法和大气辐射传输模型法（Adler-Golden等，1999; Berk等，1989）。其中，基于图像统计的经验法包括经验线性法、黑暗像元法（dark object method）、固定目标法等。大气辐射传输模型法包括MODTRAN（moderate resolution atmospheric transmission）、LOWTRAN（low resolution transmission）、6S（second simulation of the satellite signal in the solar spectrum）、ATCOR（atmospheric correction）等（周成虎等，2001；Chavez, 1988；Vermote, 1999）。

1. 经验法

经验线性法假设图像DN值与反射率之间存在线性关系，因此可以利用已知点的地表反射率数值为参考，结合其图像上像元DN值求解线性关系，即增益和偏移，从而进行反射率校正。

黑暗像元法的基本原理是在假设待校正的遥感影像上地表朗伯面反射和大气性质均一，且存在浓密植被或水体等黑暗像元，这些反射率很小（近似0）的黑暗像元由于大气的影响，使得这些像元的反射率相对增加，可以认为这部分增加的反射率是由于大气影响产生的。黑暗像元法将图像像元减去这些黑暗像元的像元值，从而可以用来去除其他波段像元中的大气干扰。

2. 大气辐射传输模型法

经验方法依赖于某种假设或实测数据，其适用性受到了限制。大气辐射传输模型对大气-地表-遥感器之间的辐射传输过程进行模拟，可以模拟出卫星同步的大气参数和地表的真实反射率，常用的包括MODTRAN和6S模型等。

MODTRAN是由美国光谱科技公司（Spectral Sciences, Inc.）和美国空间物理实验室（Air Force Geophysics Laboratory）联合开发，是目前世界上应用最广泛的大气辐射传输模型之一（Matthew等，2000）。MODTRAN模型可以用于计算大气对光辐射的吸收、散射和辐射传输，并可以模拟不同大气条件下光辐射的传输。MODTRAN的基本算法包括透过率计算，多次散射处理和几何路径计算等，该模型适用于各种波段的光辐射，包括可见光、红外光和微波。MODTRAN的基本算法包括透过率计算，多次散射处理和几何路径计算等。需要输入的参数有5类：控制运行参、遥感器的参数、大气参数、观测几何条件、地表参量。MODTRAN有4种计算模式：透过率、热辐射、太阳或月亮的单次散射的辐射率、直射太阳福照度计算。用MODTRAN进行大气纠正的一般步骤是：首先，输入反射率，运行MODTRAN得到大气层顶部（top of Atmosphere，TOA）光谱辐射，解得相关参数；其次，利用这些参数带入公式进行大气纠正。

6S模型是由Vermote和Tanre等人用FORTRAN语言编写的适用于太阳反射波段（0.25～4μm）的大气辐射传输模式（Vermote等，1997），6S描述了大气如何影响辐射在太阳-地表-遥感器之间的几何传输。6S预先设置了50多种波段模型，包括MODIS、AVHRR、TM等常见传感器的可见光近红外波段。除了6S和MODTRAN模型外，广泛使用的大气辐射传输模型还包括LOWTRAN、ATCOR等。

4.1.3 几何校正方法

遥感成像过程中，受多种因素的综合影响，原始图像上地物的几何位置、形状、大小、尺寸、方位等特征与其对应的地面地物的特征发生几何变形。几何校正（geometric correction）是指通过一系列的数学模型来改正和消除遥感影像成像时因摄影材料变形、物镜畸变、大气折光、地球曲率、地球自转、地形起伏等因素导致的原始图像上各地物的几何位置、形状、尺寸、方位等特征与在参照系统中的表达要求不一致时产生的变形。遥感传感器成像过程中变形误差来源主要分为静态误差和动态误差，也可根据误差来源分为内部误差和外部误差两类（Wang等，2023; Jezzard等，1995）。内部畸变主要由传感器自身的性能技术指标偏移标称数值所造成的，包括比例尺畸变、歪斜畸变、中心移动畸变、扫描非线性畸变、辐射状畸变、正交扭曲畸变等；外部畸变主要由传感器以外的各种因素所造成的误差，包括传感器外方位元素变化而引起的误差、地形起伏引起的畸变、因地球曲率引起的畸变、大气折射引起的图像变形、地球自转的影响等（赵英时等，1990）。

1. 几何校正的流程

遥感影像的几何校正主要分两种，即几何粗校正和几何精校正。几何粗校正主要指针对引起畸变（如摄影材料变形、物镜畸变、地球曲率、地球自转）原因而进行的校正；而几何精校正主要指利用控制点和数学校正模型来近似描述遥感影像的几何畸变过程，并进行几何畸变的校正。一般而言，遥感数据接收部门接收遥感数据后，会基于传感器姿态、轨道和位置等测量值开展几何粗校正；当用户取得分发的遥感数据后，还需基于控制点信息开展几何精校正（王卫东等，2023；宣耿亘等，2023）。

2. 影像配准

影像配准是将不同时间、不同传感器或不同条件下获取的两幅或多幅图像进行配准的过程。当开展多时相或多遥感传感器数据相结合开展实际农业遥感应用时，一般会借助一组控制点信息并针对一幅几何精校正过的影像为基础，开展多期遥感影像配准（张永杰，2023；付琨等2023）。

4.2　遥感影像增强技术

遥感影像可以获取地物的空间、光谱、时间等多种信息，但由于传感器、成像条件等因素的限制，往往存在数据信息不完整、空间分辨率低、时间分辨率低等问题。非遥感数据，如地理信息数据、气象数据、社会经济数据等，可以提供遥感影像无法获取的补充信息。影像增强（image enhancement）是遥感影像处理的重要组成部分，旨在通过各种数学方法和变换算法提高遥感影像中目标与非目标的对比度与图像清晰度，以突出人或其他接收系统所感兴趣的部分。遥感影像增强则指用各种数学方法和变换算法提高某灰度区域的反差、对比度与清晰度，从而提高图像显示的信息量，使图像有利于人眼分辨。本书简单介绍广泛应用于农业遥感影像分析的影像增强技术。

4.2.1 影像融合

影像融合（image fusion）是指将不同传感器获得的同一场景图像，或者同一传感器以不同工作模式或在不同成像时间下获得的同一场景图像，运用融合技术合并成一幅综合了之前多幅影像优点、内容更为丰富的影像。遥感影像融合技术的目的是将多源遥感影像中互补的信息融合到单幅融合图像中，以全面表征成像场景，并促进后续的视觉任务。遥感影像融合主要关注将不同传感器（如光学传感器、雷达传感器等）获取的遥感影像融合在一起，可以获得更高分辨率、更全面的地表信息。遥感影像融合把那些在空间或时间上冗余或互补的多源数据，按一定的规则算法进行处理，获得比任何单一数据更精确、更丰富的信息，生成一幅具有新的空间、波谱、时间特征的合成影像。影像融合强调信息的优化，可突出有用的专题信息，消除或抑制无关的信息，增加解译的可靠性、减少模糊性，从而可以改善地物分类效果和目标识别精度。数据融合可以有效地克服单一数据源的不足，提高数据信息量和数据质量，从而为更全面、更准确地分析提供基础（Liang等，2005）。具体来说，数据融合可以实现以下几个。

提高遥感影像的空间分辨率：可以将高分辨率的空间影像（如无人机影像、航空影像）与低分辨率的遥感影像（如Landsat TM/OLI、Sentinel-2 MSI）融合，以获取更高空间分辨率的遥感影像。

提高遥感影像的时间分辨率：可以将不同时间点的遥感影像融合，以获取动态变化信息。

提高遥感影像的综合信息量：可以将遥感影像与非遥感数据融合，以获取更为全面的地物信息。

具体开展遥感影像融合时，需要根据融合目的、数据源类型、特点，选择合适的融合方法。最常用的遥感影像融合方法有HSV变换、主成分变换、Gram-Schmidt变换及K-T变换（穗帽变换）等。这些融合方法都增加了多光谱影像的空间纹理信息，其中，IHS变换和主成分变换为典型方法。K-T变换能够较好的分离土壤和植被，其缺点是依赖于传感器（主要是波段差异），因此其转换系数对每种遥感器是不同的。

1. 图像颜色空间

RGB（red、green、blue）彩色模型是一种用于表示图像颜色的模型，它由红色、绿色、蓝色三个通道组成。以8比特图像为例，每个通道的数值范围通常是0到255，表示该颜色分量的强度。RGB模型的特点是直观易懂，符合人类视觉系统对颜色的感知方式。其优势在于可以表现出丰富多彩的颜色，广泛应用于显示器、摄影、电视等领域。通过调节不同通道的数值，可以混合出各种颜色和色调，从而实现图像的真实、生动展示。RGB模型的简洁性和广泛支持使它成为图像处理和计算机图形学中最常用的颜色空间之一。

HSV（hue、saturation、value）彩色模型是一种用于表示图像颜色的模型，与RGB模型不同，它由色相、饱和度、明度三个参数组成。色调（hue）代表了颜色的种类或者色调，是一个角度值，范围通常为0到360度。色调的变化对应着颜色环上的不同位置，比如红色、绿色、蓝色等。通过调整色调，可以实现图像中颜色的变换和调整，例如将红色变换为橙色或者绿色。饱和度（saturation）表示颜色的纯度或者饱和度，取值范围通常在0到1之间。饱和度为0表示灰度图像，而饱和度为1表示颜色的最大纯度。通过调整饱和度，可以增加或者减少图像中颜色的饱和度，从而改变颜色的鲜艳程度。明度（value）代表了颜色的明暗程度，也常称为亮度。明度的取值范围通常也为0到1，值越大表示颜色越明亮，值越小表示颜色越暗。通过调整明度，可以调整图像中颜色的明暗程度，从而影响图像的整体亮度。HSV模型的特点在于更符合人类对颜色的感知方式，使得调整和选择颜色更加直观。在HSV模型中，色相的改变对应于颜色的变化，饱和度的改变影响颜色的鲜艳度，而明度的改变则影响颜色的明暗程度。这种直观性使得HSV模型在图像处理和计算机图形学中得到广泛应用。HSV模型的优势之一是更容易进行颜色的调整和编辑，因为它将颜色的不同属性分离开来，使得调节更加直观和自然。HSV模型由于能够提供更丰富的颜色信息，帮助区分不同的物体或区域而在颜色识别、图像分割等领域具有重要作用。HSV彩色空间变换影像融合首先将RGB图像分解成亮度I、色调H和饱和度S，然后用高分辨率全色波段影像替换亮度I，并进行反变换。

2. 主成分变换影像融合

主成分分析（principal component analysis，PCA）是一种常用的多变量数据降维技术，也被广泛应用于遥感光谱领域。PCA的基本思想是通过线性变换将原始数据转换为一组新的正交变量，称为主成分，其中每个主成分都是原始数据中特征的线性组合。这些主成分按照方差的大小排列，前几个主成分通常包含了大部分原始数据的信息，因此可以用来表示原始数据的主要特征和结构。PCA可以应用于高光谱数据的预处理和特征提取。高光谱数据通常包含大量的波段，而且波段之间存在相关性，因此，利用PCA可以有效地降低数据的维度，去除冗余信息，并提取出最具代表性的特征。通过PCA，可以将原始高光谱数据转换为一组新的主成分，这些主成分代表了数据中最显著的光谱特征，有利于减少数据的存储空间和计算复杂度，同时保留了数据的主要特征。另外，PCA还可以用于光谱数据的去噪和增强。由于高光谱数据通常受到大气、地表和传感器等多种因素的影响，可能存在较多的噪声和干扰。通过PCA，可以将噪声和干扰部分与信号部分分离开来，从而实现对光谱数据的去噪和增强。通过保留与目标物体相关的主成分，可以有效地提高数据的质量和可用性，有利于后续的数据分析和应用。此外，PCA还可以用于光谱数据的特征选择和目标检测。通过分析不同主成分的贡献率和特征向量，可以确定哪些主成分包含了最具代表性的特征，从而进行特征选择和筛选。利用PCA提取的主成分可以用于目标检测和识别，通过对比不同主成分之间的差异，可以有效地区分不同的地物类型和目标物体，有利于提高遥感图像的分类和识别精度。

主成分变换影像融合的主要步骤包含三步：第一步，先对多光谱数据进行主成分变换。第二步，用高分辨率波段替换第一主成分波段，在此之前，高分辨率波段已被匹配到第一主成分波段，从而避免波谱信息失真。第三步，进行主成分反变换得到融合图像。

3. Gram-Schmidt变换

施密特正交化（Gram-Schmidt，GS）变换是一种正交化方法，用于将不同波段的影像进行线性组合，以产生一组正交影像。其基本原理是通过迭代的方式，将原始向量集合中的每个向量投影到已生成的正交向量空间上，并将投影后的向量减去投影，以确保新生成的向量与已存在的正交向量空间正交。在实际应用中，Gram-Schmidt变换常被用于图像处理和图像分析中，以提高图像分类和目标检测的性能。通过Gram-Schmidt变换，我们可以有效地减少图像中的冗余信息，并提取出最具代表性的特征。这种正交化方法可以显著提高图像分类和目标检测的准确性和鲁棒性，从而在遥感图像分析和应用中发挥着重要作用。除了图像处理方面外，Gram-Schmidt变换还可以用于信号处理、数据压缩和特征提取等领域。通过将原始数据进行正交化处理，可以提高数据的可解释性和处理效率，为数据分析和模型建立提供更可靠的基础。

Gram-Schmidt变换影像融合的主要步骤包含四步：第一步，从低分辨率的波段中复制出一个全色波段。第二步，对复制出的全色波段和多波段进行Gram-Schmidt变换，其中全色波段被作为第一个波段。第三步，用高空间分辨率的全色波段替换Gram-Schmidt变换后的第一个波段。第四步，应用Gram-Schmidt反变换得到融合图像。

4. K-T变换

K-T变换（Kautlr-Thomas transformation）又称穗帽变换，原理是将多光谱遥感影像中的各个波段数据进行线性变换，并将变换后的结果映射到新的3个正交轴上，从而突出地物的光谱特征，其立体形态形似带缨穗的帽子。其3个正交轴分为：①亮度，与地表覆盖类型和植被覆盖度相关；②绿度，与叶绿素含量和植物覆盖相关；③湿度，与土壤类型和水分含量相关。穗帽变换是一种特殊的主成分分析，和主成分分析不同的是其转换系数是固定的，因此它独立于单个图像，不同图像产生的土壤亮度和绿度可以互相比较。穗帽变换高效地突出地物的光谱特征，例如植被的绿度，降低多光谱遥感影像中的数据冗余，简化了图像信息，便于分析和解译。

4.2.2　遥感影像超分辨率

遥感影像地面空间分辨率（ground spatial resolution，GSD）是指遥感影像上能够详细区分的最小单元的尺寸或大小，是用来表征影像分辨地面目标细节的指标。遥感影像空间分辨率通常用像元大小（或视场角）来表示。例如，Landsat TM/OLI的多光谱波段影像分辨率为30m，Sentinel 2 MSI的红绿蓝波段影像分辨率为10m。一般来说，相较于低分辨率图像，高分辨率图像通常包含更大的像素密度、更丰富的纹理细节及更高的可信赖度。但在实际上情况中，受采集设备与环境、网络传输介质与带宽、图像退化模型本身等诸多因素的约束，通常并不能直接得到具有边缘锐化、无成块模糊的理想高分辨率图像。提升图像分辨率的最直接的做法是对采集系统中的光学硬件进行改进，但是由于制造工艺难以大幅改进并且制造成本十分高昂，因此物理上解决图像低分辨率问题往往代价太大。遥感传感器需要在影像幅宽、光谱分辨率和地面空间分辨率等参数上取得平衡。由此，从软件和算法的角度着手，实现图像超分辨率重建的技术成为了图像处理和计算机视觉等多个领域的热点研究课题。1984年，Tsai和Huang提出利用多时相遥感影像重建一幅具有更高分辨率影像的设想，从而催生了一个新的研究领域——影像超分辨率重建技术。超分辨率重建技术指的是将给定的低分辨率图像通过特定的算法恢复成相应的高分辨率图像。具体来说，超分辨率重建技术指的是利用数字图像处理、计算机视觉等领域的相关知识，借由特定的算法和处理流程，从给定的低分辨率图像中重建出高分辨率图像的过程。其旨在克服或补偿由于图像采集系统或采集环境本身的限制，导致的成像图像模糊、质量低下、感兴趣区域不显著等问题。具体来说，遥感影像超分辨率通过硬件或软件的方法提高原有图像的分辨率，通过一系列低分辨率的图像来得到一幅高分辨率的遥感影像（Meng等，2023）。遥感影像超分辨率一般通过以下几个方法来实现。

1. 基于插值的影像超分辨率重建

这类方法利用插值算法来估计低分辨率影像中缺失的像素值。常见的插值算法包括双线性插值、最近邻插值和三次样条插值等。基于插值的影像超分辨率技术操作简单，计算速度快，但重建效果往往不佳，图像可能会出现模糊、失真等现象。

2. 基于时空自适应回归模型的影像超分辨率重建

这类方法根据高分辨率影像和低分辨率影像之间的时空关系进行融合，如STARFM等算法。

3. 基于退化模型的影像超分辨率重建

此类技术从图像的降质退化模型出发，假定高分辨率图像是经过了适当的运动变换、模糊及噪声才得到低分辨率图像。这种方法通过提取低分辨率图像中的关键信息，并结合对未知的超分辨率图像的先验知识来约束超分辨率图像的生成。常见的方法包括迭代反投影法、凸集投影法和最大后验概率法等。

4. 基于稀疏表示的影像超分辨率重建

稀疏表示算法基于图像的稀疏性假设，将低分辨率图像表示为高分辨率图像的稀疏线性组合。常见的稀疏表示算法有基于字典学习的方法，如稀疏编码算法等。这些算法通过学习低分辨率图像与高分辨率图像之间的映射关系，从而实现高分辨率重建。

5. 基于机器学习的影像超分辨率

这类方法利用机器学习算法来学习低分辨率影像与高分辨率影像之间的映射关系，然后利用该映射关系来重建高分辨率影像。基于机器学习的影像超分辨率技术近年来得到了快速发展，可以重建出更加清晰、自然的高分辨率影像，如SRCNN、VDSR、SRGAN等算法。

4.2.3 植被指数和纹理指数

本节提取植被指数和纹理指数两种多光谱图像特征。植被指数通过两个或多个波段光谱反射率的数学运算来拉伸植被某种光谱特征的指数，并成功应用于植被叶绿素含量、含氮量、含水量、叶面积指数等生物物理参量和光合作用等生态功能参量监测。然而，因为众所周知的“饱和”问题，植被指数在植被“中–高”覆盖条件下会丧失对植被参量（如生物量、叶面积指数等）的敏感性。而图像纹理指数被发现相比植被指数拥有更强的抗饱和性，被许多研究应用于作物参数估算研究中。

1. 植被指数

植被的光谱反射率（spectral reflectance）是指植被对不同波长电磁波的反射特性，是研究植被与光谱相互关系的重要基础，也是遥感监测植被的重要依据（李小文等，1995）。植被的光谱反射率特征受到许多因素影响，如色素含量（叶绿素、类胡萝卜素、花青素等）、叶片结构、水分含量、蛋白质含量和木质素含量等（Verhoef等，2003）。

植被光谱在光学波段内（图4-1）有以下特征：在可见光波段（0.4～0.7μm），植被叶片内叶绿素对蓝光和红光的吸收作用强，因此，植被在可见光波段的反射谱曲线呈倒V字形，即绿光反射率最高，红光和蓝光反射率较低；在近红外波段（0.7～1.0μm）植被对电磁波吸收的比例较小，植被对近红外波段光谱的反射率普遍较高；在短波红外波段（1.0～2.5μm），植被的光谱反射率受水分吸收影响较大，水分含量越高，反射率越低。基于上述植被吸收和反射特征，许多植被指数（vegetation index）被提出以定量化提取植被叶片和冠层光谱反射率特征。表4-1展示了多种植被指数和颜色指数的计算方法（田庆久，1998；Pu, R., & Gong, P., 2011）。

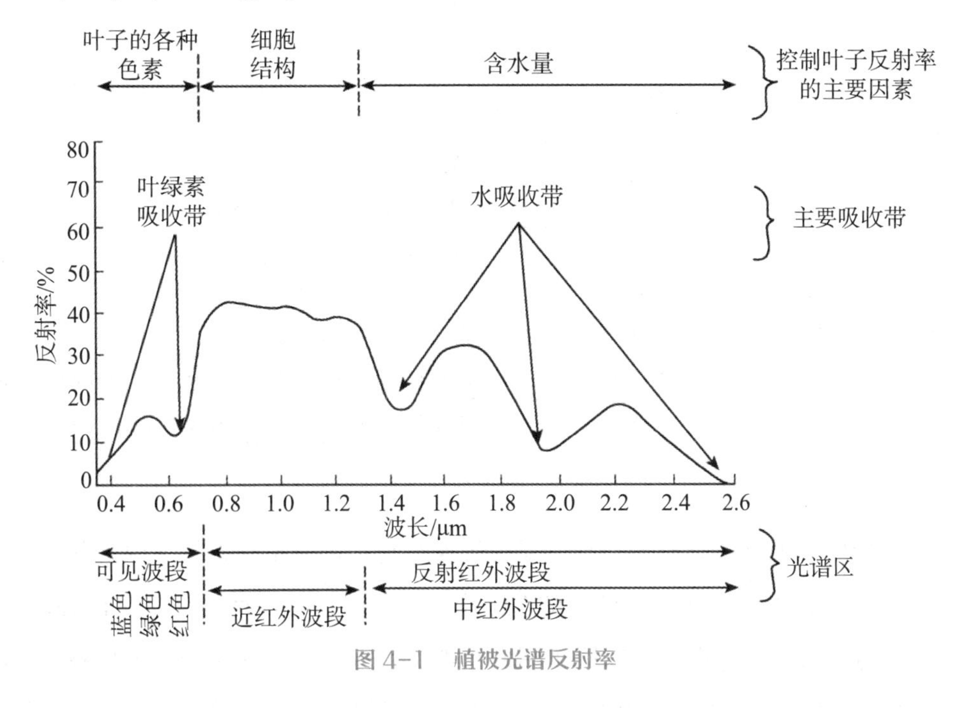

图 4-1　植被光谱反射率

表 4-1　植被指数和颜色指数计算方法

敏感指标类别	指　　标	颜色指数计算方法
通用型	ATSAVI	$a(R_{NIR}-a\times R_R-b)/[a\times R_{NIR}+R_R-a\times b+X(1+a^2)]$, where $X=0.08$, $a=1.22$, $b=0.03$
	EVI	$2.5(R_{NIR}-R_R)/[R_{NIR}+6R_R-7.5R_B+1]$
	EVI2	$2.5(R_{NIR}-R_R)/[R_{NIR}+2.4R_R+1]$
	MSAVI	$0.5\{2R_{NIR}+1-[(2R_{NIR}+1)^2-8(R_{NIR}-R_R)]^{1/2}\}$
	NDVI	$(R_{NIR}-R_R)/(R_{NIR}+R_R)$
	NDRE	$(R_{NIR}-R_{RE})/(R_{NIR}+R_{RE})$
	NIRv	$(R_{NIR}-R_R)/(R_{NIR}+R_R)\ R_{NIR}$
	OSAVI	$1.16(R_{NIR}-R_R)/(R_{NIR}+R_R+0.16)$
	RDVI	$(R_{NIR}-R_R)/(R_{NIR}+R_R)^{1/2}$

续表

敏感指标类别	指　标	颜色指数计算方法
色素类	ARI	$(R_{550})^{-1}-(R_{700})^{-1}$
	BGI	R_{450}/R_{550}
	BRI	R_{450}/R_{690}
	Chl_{green}	$(R_{760-800}/R_{540-560})^{-1}$
	$Chl_{red-edge}$	$(R_{760-800}/R_{690-720})^{-1}$
	LCI	$(R_{850}-R_{710})/(R_{850}+R_{680})$
	MCARI	$[(R_{701}-R_{671})-0.2(R_{701}-R_{549})]/(R_{701}/R_{671})$
	PBI	R_{850}/R_{560}
水分类	NDII	$(R_{819}-R_{1600})/(R_{819}+R_{1600})$
	NDWI	$(R_{860}-R_{1240})/(R_{860}+R_{1240})$ $(R_{SWIR1}-R_{SWIR2})/R_{SWIR1}$
	NSDSI	$(R_{SWIR1}-R_{SWIR2})/R_{SWIR2}$ $(R_{SWIR1}-R_{SWIR2})/(R_{SWIR1}+R_{SWIR2})$
	WI	R_{900}/R_{970}
叶片化学（氮素、蛋白质）	CAI	$0.5(R_{2020}+R_{2220})-R_{2100}$
	PRI	$(R_{532}-R_{570})/(R_{532}+R_{570})$
	NDLI	$[\log(1/R_{1754})-\log(1/R_{1680})]/[\log(1/R_{1754})+\log(1/R_{1680})]$
	NDNI	$[\log(1/R_{1510})-\log(1/R_{1680})]/[\log(1/R_{1510})+\log(1/R_{1680})]$

2. 图像纹理指数

遥感影像的纹理指标是指用于描述遥感影像纹理特征的量化指标。纹理是遥感影像的重要特征之一，可以反映地物表面的粗细度、均匀性、方向性等信息（Haralick等，1973）。遥感影像的纹理指标可以用于图像分类、目标识别、图像融合等任务。近些年来，纹理指标被发现相比植被指数更强的抗饱和性，被许多研究应用于作物参数估算研究中。常用的纹理计算方法包括以下几个。

（1）基于灰度共生矩阵（gray-level co-occurrence matrix，GLCM）的纹理特征。

（2）基于局部二进制模式（local binary patterns，LBP）的纹理特征。

（3）基于小波变换（wavelet transform，WT）的纹理特征。

（4）基于统计特征的纹理特征。

以基于灰度共生矩阵方法的纹理为例，其包含：平均值（mean）、方差（variance）、一致性（homogeneity）、对比度（contrast）、不相似度（dissimilarity）、熵（entropy）、角二阶矩（angular second moment）、相关性（correlation），具体计算公式见表4-2。

表 4-2 基于灰度共生矩阵的纹理指标

纹理特征	计算公式
mean	$\sum_{i=0}^{N-1}\sum_{j=0}^{N-1} p(i,j)\times i$
variance	$\sum_{i=0}^{N-1}\sum_{j=0}^{N-1} p(i,j)\times(i-\text{mean})^2$
homogeneity	$\sum_{i=0}^{N-1}\sum_{j=0}^{N-1} p(i,j)\times\frac{1}{1+(i-j)^2}$
contrast	$\sum_{i=0}^{N-1}\sum_{j=0}^{N-1} p(i,j)\times(i-j)^2$
dissimilarity	$\sum_{i=0}^{N-1}\sum_{j=0}^{N-1} p(i,j)\times\lvert i-j\rvert$
entropy	$\sum_{i=0}^{N-1}\sum_{j=0}^{N-1} p(i,j)\times\log(p(i,j))$
angular second moment	$\sum_{i=0}^{N-1}\sum_{j=0}^{N-1} p(i,j)^2$
correlation	$\sum_{i=0}^{N-1}\sum_{j=0}^{N-1} \frac{(i-\text{mean})(j-\text{mean})\times p(i,j)^2}{\text{variance}}$

4.3 不同平台遥感数据预处理技术

无论是地面便携式地物光谱仪地表光谱反射率数据，还是无人机航拍影像或者是航天获取的遥感图像，都因为遥感传感器自身和成像条件等因素导致图像有很大的辐射误差影响。为了使遥感传感器记录的地物的信号和地面真实目标信息一一对应起来，必须对遥感图像进行预处理，更好地保留数据的特征和细节。

4.3.1 地面便携式地物光谱仪数据预处理

常用的地面便携式地物光谱仪（如ASD FieldSpec系列）高光谱仪一般能在350～2500nm范围内获取地物的反射和透射光谱，即反射率和透射率。由于高光谱仪器获取的高光谱数据光谱分辨率高，其光谱测量结果可能包含数千个波段，因此其能够捕捉地物丰富的光谱信息。植被高光谱数据特征提取是植被遥感的重要环节，其目的是从高光谱数据中提取与植被特性相关的关键信息，为植被分类、估算、监测等应用提供基础（童庆禧等，2006）。

一般来说，高光谱数据开展特征提取前都需要经过一个光谱平滑处理，用于去除数据中的噪声和干扰，以提高数据的质量。光谱平滑的基本原理是通过对数据进行滤波处理，平滑数据曲线，降低数据的波动性，减少由于噪声和干扰引起的误差，从而使数据更加平稳和连续。光谱平滑的方法有很多种，常见的包括移动平均法、加权移动平均法、高斯滤波法等。这些方法在实现过程中采用不同的滤波核函数和滤波算法，但其基本思想都是对数据进行局部区域的平均处理，从而实现对数据曲线的平滑化。移动平均法是一种简单而有效的光谱平滑方法。它通过对每个数据点周围的邻近数据点进行平均处理，得到平滑后的数据曲线。移动平均法的平滑程度取决于滑动窗口的大小，窗口越大，平滑效果越明显，但同时也可能造成数据的平滑度过高，丢失细节信息。加权移动平均法在移动平均法的基础上引入了加权系数，根据数据点的权重进行平均处理。这种方法可以根据实际情况调整不同数据点的权重，从而实现对数据曲线的灵活平滑，更好地保留数据的特征和细节。高斯滤波法是一种基于高斯函数的光谱平滑方法，它利用高斯核函数对数据进行加权平均处理，使得平滑后的数据曲线更加光滑和连续。

近几十年来，高光谱数据处理方法和理论得到了巨大进步；除了植被指数外（表4-1），植被高光谱数据特征提取方法主要有以下几种。

1. 相关性分析技术

相关性分析（correlation analysis）有助于识别和消除数据中的冗余信息，以减少特征维度和提高分类效果。相关性分析通常包括计算特征之间的相关系数或其他相关性指标，以确定它们之间的线性或非线性关系，并进一步筛选出与目标变量相关性较强的特征。首先，对高光谱数据进行相关性分析需要考虑数据的维度和特征的数量。由于高光谱数据通常具有数百甚至数千个波段，因此相关性分析有助于减少数据的维度，提高分类效率。相关性分析的目标是找到与分类目标最相关的特征，以保留最具区分性的信息，同时尽量减少冗余信息。在进行相关性分析时，常用的方法包括皮尔逊相关系数、斯皮尔曼相关系数和互信息等。这些方法可以帮助了解特征之间的线性和非线性关系，进而指导特征的选择和筛选。此外，通过计算相关性指标，可以识别出与分类目标相关性较强的特征，从而降低数据维度并提高分类的准确性。

2. 光谱导数技术

光谱导数（spectral derivative）的基本原理是对光谱曲线进行微分运算，以计算光谱曲线在不同波长处的斜率或变化率，从而突出光谱中的细微变化。光谱微分通常包括一阶微分和二阶微分两种方法。一阶微分是指对光谱曲线进行一次求导运算，计算出光谱曲线在每个波长处的斜率，反映了光谱曲线的变化速率。而二阶微分则是对光谱曲线进行两次求导运算，计算出光谱曲线在每个波长处的曲率，反映了光谱曲线的曲率变化，可以进一步突出光谱中的细微特征，如峰谷等。在实际应用中，光谱微分可以通过不同的数学方法来实现，如差分运算。差分运算是一种简单有效的方法，通过计算相邻波段之间的差值来实现光谱微分。

3. 连续统去除

连续统去除（continuum removal）也称为包络线去除，旨在增强感兴趣的吸收特征。连续统去除通过将光谱曲线的吸收和反射特征归一化到一致的光谱背景上，并突出显示这些吸收特征。通过连续统去除法归一化，高光谱反射率的峰值都被设置为1，而非峰值的点光谱反射率均小于1，从而有助于比较不同光谱曲线之间的特征数值，从而提取特征波段用于分类识别。

4. 小波变换

小波变换（wavelet transform）用于分析和处理高维数据中的时频信息，从而提取数据中的特征并减少数据的维度。小波变换通过将信号分解成不同尺度和频率的小波系数，实现对信号的局部化分析和特征提取，具有较好的时频局部化特性，适用于处理高光谱数据中的局部特征和细节信息。小波变换的基本原理是通过一系列的小波基函数对信号进行分解和重构。在预处理高光谱数据时，常用的小波基函数包括哈尔小波、Daubechies小波、Morlet小波等。通过将高光谱数据与小波基函数进行卷积运算，可以得到不同尺度和频率的小波系数，表示了数据在不同时间尺度和频率上的变化情况。在实际应用中，小波变换通常包括分解和重构两个步骤。首先，对原始高光谱数据进行小波分解，将数据分解成不同尺度和频率的小波系数。分解的过程可以通过多级分解来实现，从而得到更加详细和丰富的时频信息。其次，可以根据应用需求选择保留或丢弃部分小波系数，从而实现数据的降维和特征提取。最后，通过小波重构将经过处理的小波系数重新组合成原始数据，完成预处理过程。小波变换在高光谱数据预处理中具有多种优势。首先，它能够实现对数据的多尺度分析，从而提取不同尺度上的特征信息，有利于发现数据中的局部特征和细节信息。其次，小波变换具有较好的时频局部化特性，能够有效地捕捉信号的时频变化规律，有利于提高数据的表示和分类效果。此外，小波变换还能够实现数据的降维和特征提取，有助于减少数据的维度和复杂度，提高后续分类或目标检测任务的效率和准确性。

4.3.2 无人机航拍影像拼接

无人机航拍影像拼接是指将无人机拍摄的多张图像拼接成完整的高分辨率影像的过程。常用的无人机航拍影像拼接软件包括：Agisoft PhotoScan、Pix4D、PIE-UAV等。无人机数据采集过程已经在第3章介绍，这里不再赘述。无人机航拍影像拼接的一般流程如下。

1. 数据预处理

对原始图像进行预处理，例如去除无效数据、校正图像畸变、去除噪声等。图4-2展示了经过清洗和校正后的照片，并将其导入拼接软件。

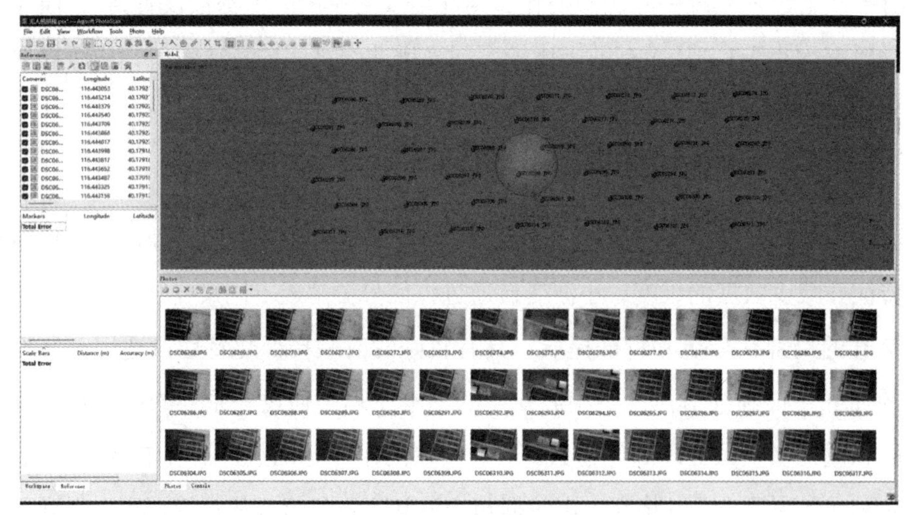

图 4-2 导入无人机航拍照片和 POS 信息

2. 特征提取与特征匹配

在预处理后的图像中提取特征点，利用特征匹配算法找到两幅图像间的对应特征点或对应区域。图4-3展示了基于特征提取与特征匹配后，对齐照片并生成密集点云信息。

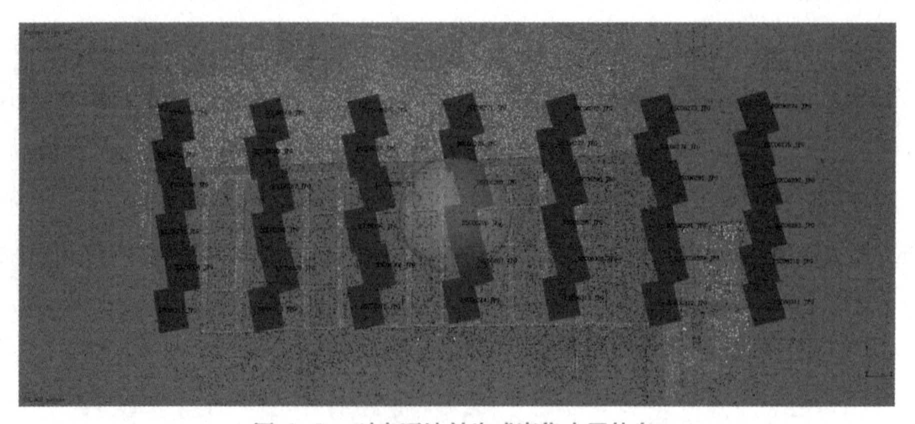

图 4-3 对齐照片并生成密集点云信息

3. 图像拼接

根据对应特征点或对应区域计算图像间的变换关系，并将图像进行配准；将配准后的图像进行融合，消除拼接缝隙。图4-4展示了完成图像配准，并生成纹理信息，消除拼接缝隙。

图 4-4　生成纹理信息

4. 结果评估和优化

定量和定性分析、评价拼接结果，在评价基础之上针对拼接参数开展优化，提高拼接精度；最后，根据拼接结果导出正射影像和三维模型。图4-5展示了拼接完成后的一个冬小麦试验田的三维模型。

图 4-5　冬小麦试验田三维模型

4.3.3　卫星多光谱遥感影像大气校正

卫星传感器最终测得的地面目标的总辐射亮度并不是地表真实特性的反映，其中包含了由大气吸收，尤其是散射作用造成的辐射量误差。大气校正就是消除这些由大气影响所造成的辐射误差，反演地物真实的表面反射率的过程。对某些分类和变化检测而言，大气校正并不是必需的。在农业定量遥感研究中，需要将卫星传感器接收到的电磁波信号与地物光谱仪接收到的电磁波信号及地物的理化特征联系起来加以分析研究，这就需要对遥感器进行预处理。

1. 大气校正流程

大气层内的大气分子、气溶胶等对电磁波的传播有很大的影响，这导致遥感传感器接收到的地面目标物辐射或反射的电磁波能量包含了由大气吸收、大气散射等作用的影响（Philpotet等，1991）。因此，大气校正是卫星遥感影像处理的一项关键步骤，其目标是消除大气吸收和大气散射对卫星遥感影像的影响，使其更真实地反映地表特征，以便于后期准确地定量遥感分析。常用的遥感数据处理软件均可以实现大气校正，如ENVI、PIE等。该过程通常包括以下4个内容。

（1）大气参数的获取。大气传输模型参数：收集用于大气校正的大气传输模型参数，这通常包括大气水汽含量、可视距离等，这些参数可以通过气象站观测、气象模型、气象卫星数据、估测等获取。

（2）大气辐射传输模型的选择。大气辐射传输模型是进行大气校正的核心，常用的模型包括6S、MODTRAN等，选择合适的模型取决于影像的传感器类型、波段、观测时间和地点等因素。

（3）辐射定标和大气校正。利用选定的大气辐射传输模型和获取的大气参数，计算大气对每个波段的影响，并将其从影像数据中去除。

（4）校正结果评估。对校正结果进行评估，以验证大气校正的效果。常用的方法包括目视对比、与地面实测数据对比或其他参考数据比较等。

以ENVI软件、美国Landsat 8 OLI和我国GF-1 WFV传感器图像为例，本节以下部分简单阐述了如何对卫星多光谱遥感影像开展预处理，以获得地表反射率图像和大气层顶表观反射率图像。

大气层顶表观反射率（top of atmosphere reflectance，TOA）是由飞行高度高于地球大气层的天基传感器测量的反射率。辐射亮度简称辐亮度，指辐射源在单位立体角、单位时间内从外表面单位面积上的辐射通量。进行反射率转换时，利用Landsat 8 OLI影像头文件中记录的辐射校正参数，可方便地计算出地物在大气顶部的辐射亮度或反射率ρ。以Landsat 8 OLI多光谱数据为例，其TOA反射率转换和辐亮度计算方式如下：

$$\rho = \frac{\pi L d^2}{E_0 \cos\theta} \tag{4-1}$$

$$L = \text{gain} \times \text{DN} + \text{bias} \tag{4-2}$$

式中，ρ是地物TOA反射率；L是地物对应在传感器入瞳处的辐射亮度；d是日地天文单位距离；E_0是大气顶层的太阳平均光谱辐射；θ是太阳天顶角，每景遥感影像获取时的太阳天顶角也可在头文件中找到；DN是原始影像像元灰度值；gain和bias是传感器对应的增益和偏差值，Landsat 8 OLI传感器每个波段的gain和bias都可从头文件中获取。基于ENVI软件的Landsat 8 OLI多光谱影像TOA反射率和辐亮度计算如图4-6所示。

图4-6 基于ENVI软件的Landsat 8 OLI多光谱影像TOA反射率和辐亮度计算

FLAASH是使用MODTRAN大气辐射传输模型的第一性原理大气校正工具（图4-7），可校正可见光到近红外和短波红外区域的遥感影像（Anderson等，2002）。FLAASH适用于大多数高光谱和多光谱传感器，但只有当图像包含合适的水汽波段时，才有可能进行水蒸气和气溶胶反演。FLAASH工具的输入为辐亮度（0.1倍）数据，输出为地表反射率

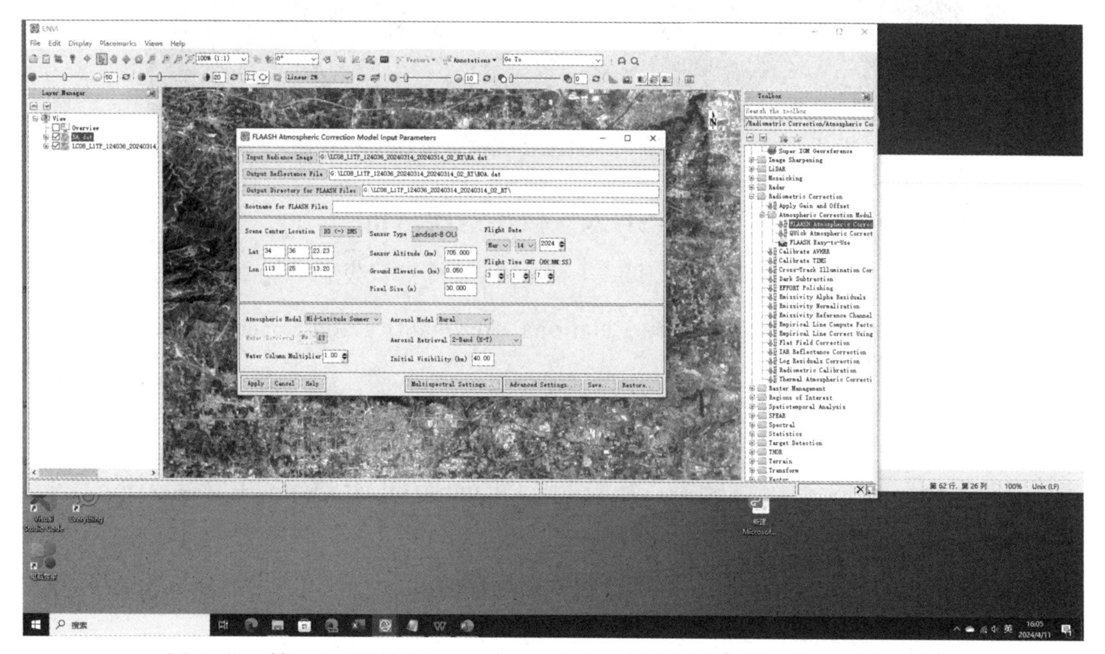

图4-7 基于ENVI软件的Landsat 8 OLI多光谱影像FLAASH大气校正

（10000倍）数据。FLAASH可以校正以垂直或倾斜观测收集的遥感影像。FLAASH采用了MODTRAN辐射传输代码，可以选择任何标准MODTRAN模型大气和气溶胶类型来描述校正场景，为遥感影像大气校正提供MODTRAN解决方案。

QUAC（quick atmospheric correction）是一种近似的经验大气校正工具，适用于可见光和近红外到短波红外波长范围。QUAC的特点是不需要元数据，需要校正包括应用光谱增益和偏置。QUAC快速大气校正适用于遥感多光谱或者高光谱图像，其输入数据可以是辐射度、表观反射率或原始/未校准单位，但输入文件必须至少有3个波段和有效波长。QUAC适合于包含各种地表（如水、土壤、植被和人造结构）场景，但不适合海洋或包含大型水体的地表场景。图4-8展示了基于ENVI软件的GF-1 WFV多光谱影像QUAC快速大气校正界面。

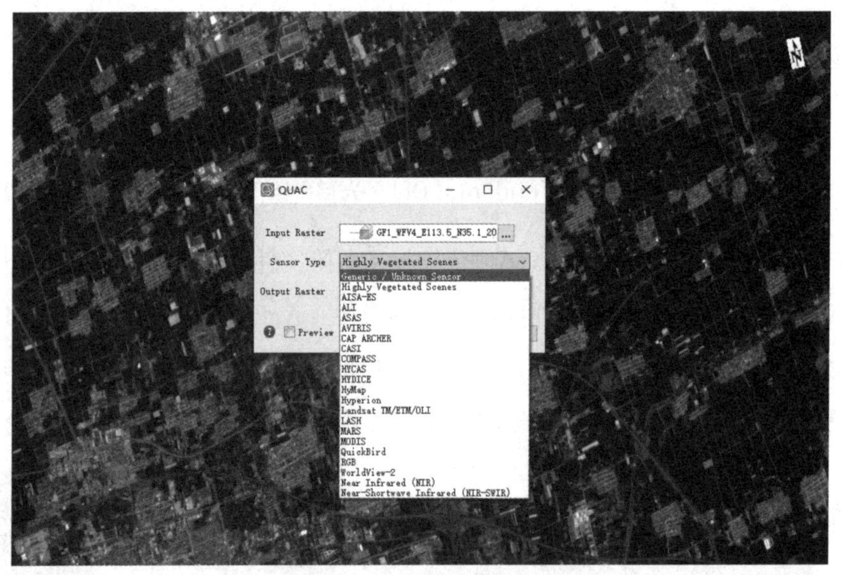

图 4-8　基于 ENVI 软件的 GF-1 WFV 多光谱影像 QUAC 快速大气校正界面

2. Landsat OLI影像FLAASH大气校正对比分析

Landsat 8是一颗美国地球观测卫星，于2013年2月11日发射升空。它是Landsat计划中的第八颗卫星，是美国航空航天局（National Aeronautics and Space Administration，NASA）和美国地质调查局（United States Geological Survey，USGS）之间的合作成果。Landsat 8和后续Landsat 9均由可操作陆地成像仪和热红外传感器的相机组成，两者组成星座可以实现8天一次的全球绝大多数区域的重访。Landsat OLI传感器的主要参数如下。

（1）空间分辨率：30m。

（2）波段：coastal aerosol（海岸波段，0.43～0.45μm）、blue（蓝波段，0.45～0.51μm）、green（绿波段，0.53～0.59μm）、red（红波段，0.64～0.67μm）、near-infrared

（近红外波段，0.85～0.88μm）、short-wave infrared 1（短波红外1，1.57～1.65μm）、shortwave infrared 2（短波红外2，2.11～2.29μm）、pan（全色波段，0.50～0.38μm，15m）、cirrus（卷云波段，1.36～1.38μm）。

（3）幅宽：185km。

（4）成像模式：推扫式。

（5）数据格式：TIFF。

图4-9为河南省新乡市原阳县地区2024年3月14日Landsat OLI多光谱影像。研究结果表明TOA反射率影像在coastal aerosol（0.43～0.45μm）和blue（0.45～0.51μm）波段因为大气影响拥有较高的反射率，TOA反射率彩色合成影像整体偏亮，这会导致基于TOA反射率影像开展定性分类或者定量参数估算时存在较大误差（Diner等，1985）。相反，经过FLAASH大气校正的多光谱图像拥有更加自然的彩色景观，且农田地区小麦反射率呈现出正常的绿色植被反射率特征。与此同时，研究也表明大气对TOA反射率的影响主要在可见光波段，近红外波段和短波红外波段受大气影响相对较小（图4-9）。

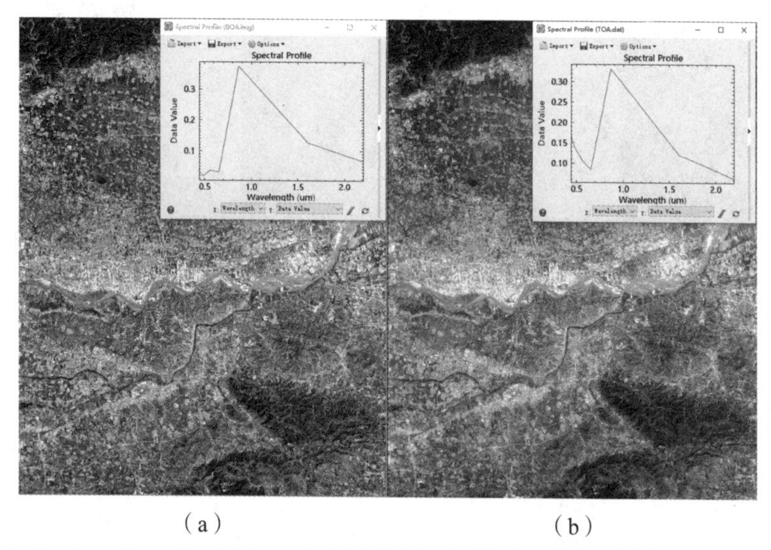

（a）　　　　　　　　　　（b）

图 4-9　Landsat OLI FLAASH 大气校正彩色影像和 TOA 反射率合成彩色影像

3. GF-1 WFV影像QUAC快速大气校正结果对比分析

高分一号卫星（GF-1）是中国高分辨率对地观测系统的第一颗卫星，于2013年4月26日成功发射，由中国空间技术研究院负责研制。该卫星主要面向国土资源、农业、林业、水利、环保、海洋等领域的用户，GF-1 WFV传感器可为用户提供16m分辨率的多光谱遥感数据。高分一号卫星装载了四台WFV相机，每台相机都具有16m分辨率的多光谱彩色图像（蓝、绿、红、近红外4个波段）。4台相机的成像幅宽可达800km左右，同时获取的图像可以进行拼接，以获得更大范围的地表信息。高分一号WFV传感器的数据已经广泛应用于土地利用、农林业、水利、环保和海洋等监测领域。高分一号WFV传感器的主要参数如下。

（1）空间分辨率：16m。

（2）波段：blue（蓝波段，0.45～0.52μm）、green（绿波段，0.52～0.59μm）、red（红波段，0.63～0.69μm）、near-infrared（近红外波段，0.77～0.89μm）。

（3）幅宽：800km（WFV1、WFV2、WFV3和WFV4同时成像）。

（4）成像模式：推扫式。

（5）数据格式：TIFF。

图4-10为河南省新乡市原阳县地区2024年4月7日GF-1 WFV多光谱影像QUAC校正反射率blue波段图像（图4-10（a））和TOA反射率blue波段图像（图4-10（b））。从图像上可以看出，研究区左下角被云层覆盖，地物模糊不清，由于受到云的干扰，地物TOA反射率的blue波段整体偏高，而QUAC校正反射率blue波段图像受到大气和云层影响更小。因此，经过QUAC大气校正的多光谱图像拥有准确的地表反射率（图4-10）。

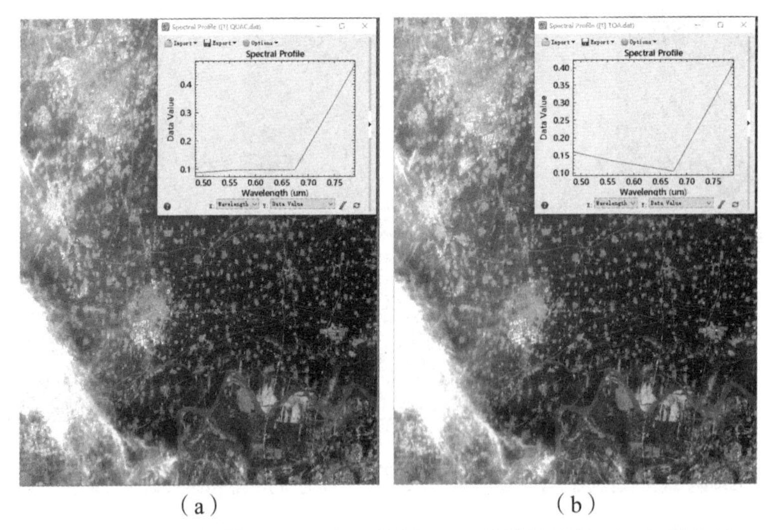

（a）　　（b）

图4-10　GF-1 WFV多光谱影像QUAC校正反射率blue波段图像和TOA反射率blue波段图像

4.4　冬小麦遥感图像分类技术

冬小麦遥感影像分类需要综合考虑多方面因素，包括影像光谱反射特征、形态和空间分布特征、地物上下文信息以及地物光谱间的差异性。首先，冬小麦在可见光和近红外波段的反射率通常较高，而在短波红外波段反射率相对较低。由多个光谱波段数学运算组成的植被指数可以更有效地反映地物之间的区别，如归一化植被指数NDVI和归一化水体指数NDWI可以更有效地区分植被和水体。其次，冬小麦田通常具有特定的形态和空间分布特征，如田块通常具有相对连续的矩形或条状分布。

当开展冬小麦分类时，需要考虑误差问题。首先，“同物异谱”和“同谱异物”问题造成冬小麦分类误差，即其他植被或农田地物可能具有与冬小麦相似的光谱响应，小麦在不同地理位置或时间上也会存在光谱差异。其次，混合像元问题也会造成冬小麦分类误差，即冬小麦田与其他地物相邻或交错分布时，混合像元问题使得一个像元可能包含多种地物，进而导致分类的混淆和错误。另外，分类算法本身的偏差可能导致冬小麦分类误差，即冬小麦分类实践时，应当综合对比多种分类算法。这些误差来源需要综合考虑，以提高冬小麦分类结果的准确性和可靠性。综上所述，冬小麦分类需要综合考虑其在遥感影像中的光谱、形态和空间分布特征的差异性，并结合适当的分类算法和技术手段，以实现有效进行冬小麦与其他地物的分类（Melgani等，2004；Pal等，2005；Cheng等，2017）。

4.4.1　遥感图像分类的概念

遥感图像分类是一种对遥感技术获取的图像数据进行分析和归类的过程。在这一过程中，通过评估遥感图像中像素的反射率、辐射特性或其他相关特征，将其分配到不同的地物类别中，以实现对图像中地物类型（如植被、水体、建筑、道路等）的识别和提取。通过遥感技术开展冬小麦参数（如叶面积指数、地上生物量、叶片叶绿素）估算之前，准确获取冬小麦种植空间的分布信息至关重要。不精准的冬小麦空间信息，将会增加冬小麦参数估算误差，降低冬小麦参数估算结果的可靠性。

4.4.2　遥感图像分类的步骤

遥感图像分类一般按以下顺序进行（图4-11），数据预处理：包括图像大气校正、地理配准、图像融合等，以确保图像数据质量符合分类需求；确定分类类别和特征选择：根据遥感图像的实际地物类别确定分类类别，根据所确定的类别选择图像特征；提取训练和验证数据：根据所标记的图像训练和验证样本，提取训练和验证数据，并将图像转换为特征向量，为分类器的训练和分类提供数据支持；分类：使用标记好的样本数据对分类算法模型进行训练，使其能够根

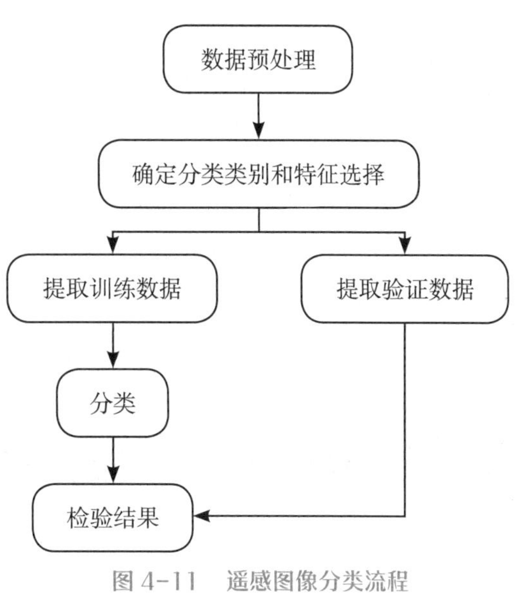

图 4-11　遥感图像分类流程

据提取的特征将图像中的像素或对象划分到不同的类别中。此过程中，为使分类算法发挥最佳性能需要进行参数调整。常见的调参方法包括，网格搜索、随机搜索、贝叶斯优化、遗传算法等；检验结果：通过使用独立的验证数据集验证分类器的性能，并进行系统评估分类结果的质量和可靠性。

遥感图像分类的关键点包含以下两个。

1. 特征提取

特征提取的目的是将图像数据转换为具有判别能力的特征向量，为后续的分类过程提供必要的数据支持。常用的特征包括光谱特征、纹理特征、形态特征等。在遥感图像中，像素的光谱反射率是最基本的特征之一，不同波段上的反射率相组合能够帮助区分不同地物。此外，纹理特征描述了图像中像素之间的空间关系，形态特征则描述了地物的形状和大小。值得注意的是，不同特征对地物分类的敏感度不同，当单一特征不能较好地进行分类时，可以尝试组合光谱特征、纹理特征、形态特征等以加强特征描述地物的能力，从而提高分类准确度。

2. 确定分类算法

不同分类算法有各自的优势，实际遥感影像分类中应该根据样本数量、地物特征、研究目的等因素综合选择合适的分类算法。目前已有很多用于遥感图像分类的算法，例如基于统计学习方法的最大似然法、贝叶斯分类、支持向量机等；基于决策树的随机森林、梯度提升决策树、CatBoost等；基于人工神经网络的多层感知器、卷积神经网络、卷积神经网络、循环神经网络等算法等；基于聚类分析的K均值聚类、层次聚类算法。

遥感图像分类的精度评估指标有很多，混淆矩阵（表4-3）与Kappa系数是最广泛使用的指标体系。在混淆矩阵中，“正例”代表着研究中较为关注的一种类别，例如，当开展冬小麦种植区提取时，冬小麦种植区为“正例”，非冬小麦种植区为“负例”。基于混淆矩阵产生的评价指标有很多，本案例选择了3个指标：总体精度（overall accuracy，OA）、生产者精度（producer accuracy，PA）和用户精度（user accuracy，UA）来评价冬小麦种植区提取的准确性，计算公式如下。

表 4-3 混淆矩阵

真 实 值	预 测 值	
	正	负
正	TP	FN
负	FP	TN

$$OA = \frac{TP + TN}{TP + TN + FP + FN} \tag{4-3}$$

$$PA = \frac{TP}{TP + FN} \tag{4-4}$$

$$UA = \frac{TP}{TP + FP} \tag{4-5}$$

式中，TP为真实值为冬小麦田像元，预测值也是冬小麦田像元真“正例”；TN为真实值非冬小麦田像元，预测值也为非冬小麦田像元的真“负例”；FP为真实值为非冬小麦田像元，预测值为冬小麦田像元的假“正例”，FN为真实值为冬小麦田像元，预测值为非冬小麦田像元的假“负例”。

4.4.3　遥感图像分类的基本算法

遥感图像分类（image classification）技术发展时至今日，分类算法已十分丰富。在遥感图像分类中，按照是否有已知训练样本，分类方法可为两大类：非监督分类（unsupervised classification）和监督分类（supervised classification）（Maxwell等，2018；Yuan等，2005）。

1. 非监督分类算法

非监督分类是一种无先验知识的图像分类方法，它依赖于数据本身的特征进行聚类分析。在非监督分类中，计算机不需要事先的人工提供训练样本或先验知识，而是通过自动搜索和定义多光谱图像中的自然相似光谱集群来进行分类。这个过程基于遥感影像中地物的光谱特征，以及像元之间的空间关系。通常，非监督分类仅需要极少的人工初始输入，算法会根据预设的规则自动地将像元按照光谱或空间特征组成集群。算法随后可以将这些集群与参考数据进行比较，从而将它们划分到适当的类别中。这一过程帮助识别遥感图像中的地物类型，为地表覆盖和土地利用等研究提供了重要支持。非监督分类的主要优势在于不需要事先准备大量的训练样本，算法能够自动发现图像中的潜在特征和模式。

（1）聚类法。聚类法（clustering method）是一类常用的遥感图像非监督分类算法，其基本思想是将图像中具有相似光谱特征的像元划分为同一类别，从而实现对地物的自动分类。在聚类法中，首先需要确定分类的类别数量，然后通过计算像元之间的相似性，将它们聚集成若干个簇。常用的相似性度量包括欧氏距离、马氏距离等。聚类过程中，通常采用的算法包括K-means算法、fuzzy clustering means算法等。K-means算法是一种迭代优化算法，通过不断更新聚类中心来最小化各像元到所属聚类中心的距离。而fuzzy clustering means算法则是基于模糊理论的聚类算法，它允许像元属于多个聚类，而不是硬性地划分到某一类别中。聚类法的优势在于能够自动发现图像中的地物类别，并且不需要事先准备训练样本，适用于未知地物类型的分类和识别。然而，聚类法也存在一些挑战，例如对初始聚类中心的选择敏感，以及在图像中存在噪声时容易产生不理想的分类结果。因此，在应用聚类法进行图像分类时，需要结合实际情况选择合适的算法和参数，以获得准确的分类结果。

（2）ISODATA算法。ISODATA算法（iterative self-organizing data analysis techniques algorithm）是一种迭代自组织数据分析技术，它是在K-means聚类算法的基础上增加了对聚类结果的“合并”和“分裂”两个操作，并设定了算法运行控制参数的一种聚类算法。具体地，当两类聚类中心小于某个阈值时，将它们合并为一类。当某类的标准差大于某一阈值或其样本数目超过某一阈值时，将其分裂为两类。在某类样本数目小于某一阈值时，将其取消。

2. 监督分类算法

在遥感图像分类中，监督分类算法利用已知的训练样本和相应的类别标签来训练模型，然后对图像中的像元进行分类。这些算法能够根据训练样本的特征学习不同地物类别的模式，并将这些模式应用到整个图像中进行分类（Hu等，2015；Kussul等，2017）。监督分类算法通常具有较高的分类准确度，适用于已知地物类别的分类和识别。常见的监督分类算法包括最大似然分类、随机森林分类、支持向量机分类以及人工神经网络分类等。这些算法在处理不同类型的遥感图像时各有优劣，选择合适的算法对于获取准确的分类结果至关重要（Melgani等，2004；Pal等，2005）。

（1）最大似然分类法技术。最大似然分类（maximum likelihood classification）是遥感图像处理中常用的监督分类技术之一。最大似然分类法假设每个类别的像元光谱服从特定的概率分布，通常假设为多元正态分布。在分类过程中，首先需要根据训练样本计算每个类别的概率密度函数，然后根据贝叶斯决策规则将待分类的像元分配到最可能的类别中。最大似然分类法在处理高维数据和多类别分类问题时具有一定优势，并且可以灵活地适应不同类型的遥感图像。然而，最大似然分类对训练样本质量和数量要求较高，样本的选择会直接影响分类结果的准确性。此外，最大似然分类对于类别间光谱重叠情况的处理能力有限，这可能导致分类结果的模糊性和不确定性。因此，在应用最大似然分类进行遥感图像分类时，需要综合考虑数据特性和分类需求，选择合适的参数和模型，以获得准确的分类结果。同时，结合其他分类方法和技术，如特征选择、数据融合等，可以进一步提高分类的准确性和可靠性。

（2）随机森林分类技术。随机森林分类（random forest classification）基于集成学习的思想，通过随机抽样和随机特征选择来构建多个决策树，最终根据多个决策树的投票结果确定最终的分类结果。每棵决策树都是通过不同的随机样本和特征构建的，从而使每棵树都具有一定的差异性。通过集成大量个体决策树，随机森林降低了单一模型过拟合的风险，提高了模型的泛化能力。随机森林对数据规模和特征维度不敏感，适用于处理遥感图像的大数据量和多波段光谱特征。随机森林能够处理含有缺失值的数据，并且通过集成多个决策树，能够捕捉到复杂非线性的地物光谱关系。然而，随机森林模型可能因过于复杂而难以解释，且在处理高度不平衡的遥感数据集时，可能偏向于多数类。对此，可以通过调整样本权重、限制决策树深度、设置最小叶子节点样本数等方式进行优化。

（3）支持向量机分类技术。支持向量机分类（support vector machine classification）基于结构风险最小化原则，旨在寻找一个最优超平面以最大化样本点与之的距离，即最大化间隔，从而实现不同类别间的有效分离。在基于像元的遥感图像分类场景下，每个像素点被视为一个样本，其多波段光谱值构成特征向量。支持向量机分类通过构建非线性映射，将这些高维特征向量映射到一个更高维的特征空间，在此空间中寻找最优超平面进行分类。具体实施过程中，首先需对已知类别标签的训练集进行预处理，包括数据标准化、缺失值填充等步骤，确保数据质量。其次，选择合适的核函数，如线性核、多项式核、径向基函数等；核函数的选择直接影响着分类效果，通常根据遥感图像特点和实际需求进行选择。最后，利用训练集对支持向量机分类模型进行训练，优化参数如惩罚参数c、核函数参数γ等，使得模型能够在保持泛化能力的同时，尽可能准确地区分各类别。在模型训练完成后，即可对未知类别的测试集或待分类的遥感图像进行分类预测。每个像素点经过支持向量机分类模型计算，被赋予最可能的类别标签。此外，支持向量机分类还具备良好的边界决策能力，对于复杂地物边缘或类别间混淆区域，能够生成清晰的决策边界，提高分类精度。然而，支持向量机分类也存在计算复杂度较高、对大规模数据集处理效率较低以及参数选择敏感等局限性。针对这些问题，研究者们提出了一系列改进策略，如使用序列最小优化算法加速训练过程，采用交叉验证或网格搜索等方法优化参数选择，以及结合集成学习、深度学习等机器学习技术等提升分类性能。

（4）人工神经网络分类技术。人工神经网络分类（artificial neural network classification）是基于人工神经网络模型的监督分类方法，该技术模拟了生物神经系统的结构和功能，通过多层次的神经元网络进行信息处理和分类。人工神经网络是由大量的人工神经元组成的网络，每个神经元都有多个输入和一个输出，通过连接权重进行信息传递和处理。该分类技术的基本原理是通过训练网络，使其能够从输入数据中学习特征和模式，并根据学习到的知识对新的数据进行分类。通过训练网络，可以使网络学习到不同地物类别之间的特征差异，从而实现对地物的准确分类。相比传统的分类方法，它能够自动学习图像中的特征和模式，减少了人工干预的成本和误差，同时也能处理非线性关系，适用于复杂的地物分类任务。然而，人工神经网络分类技术也面临着一些挑战。首先，网络结构的设计对分类结果有重要影响，需要合理选择网络结构和参数设置。其次，准确的数据标注和大量的训练样本是训练网络的关键，而获取和标注这些数据是一项具有挑战性的任务。为了克服这些挑战，研究人员提出了许多改进和优化方法，如采用深度学习方法设计更深层次的神经网络、利用迁移学习和数据增强等技术扩充训练样本、结合其他遥感数据和地理信息数据来提高分类的精度和鲁棒性。

此外，监督分类法还包括光谱角度制图法、最小距离分类法、专家系统分类法等，在此不再一一详述。

4.4.4 冬小麦种植区域提取

植物叶及冠层的形状、大小以及与群体结构都会对冠层光谱反射率产生很大影响，并随着作物的种类、生长阶段等的变化而改变。不同作物类型、不同长势、不同胁迫情况下的植被虽具有相似的光谱变化趋势，但是其光谱反射率存在差异的。因此，作物在不同生长发育阶段表现出不同的光谱特性，并且这种季相节律在不同植物类型之间又存在差异。遥感影像是对某一时刻地物种类及组合方式的反映，地物光谱信息的相似性和相互干扰是影响地物遥感识别和分类的主要因素。因此，根据作物物候及典型地物波谱特点，选择波谱差异最大的时相，将有利于遥感目标的实现。

1. 研究区和数据

研究区位于山东省聊城市冠县，其地理坐标范围为东经115° 16′～115° 47′、北纬36° 22′～36° 42′。该县处于两条Sentinel-2过境路线的重叠区域，因此可获得2～3天间隔的卫星数据。冠县地理位置属于暖温带季风区域，内年平均气温为13.1℃，多年降水量平均值为576.4mm，海拔高程一般为35～42m，呈现大陆性半干旱气候，四季分明，光照充足，无霜期较长。本研究采集了2022年（3月8日至6月11日）和2023年（3月8日至6月11日）冬小麦拔节期至收获期的Sentinel-2影像。Sentinel-2卫星系统是由欧洲空间局（European Space Agency，ESA）发起的一项地球观测项目，旨在为全球用户提供高空间分辨率和多光谱观测的卫星数据。Sentinel-2搭载先进的多光谱传感器，能够捕捉包括可见光、近红外等多个波段的地表信息，其空间分辨率为10～60m。

2. 冬小麦物候特征分析和分类

冠县位于黄淮海麦区，当地冬小麦一般10月中下旬播种，次年6月上旬收割。研究首先针对所选的多期影像开展植被指数图构建，随后进行时间序列分析以深入挖掘冬小麦种植区域的时序植被指数变化与生长阶段之间的内在联系。研究选取了多个反映叶片叶绿素、植被覆盖度和叶片含水量等指标的植被指数（表4-4）用于分析冬小麦生育期特征。

表4-4　用于分析冬小麦时间序列特征的植被指数

名　称	计 算 公 式
NDVI	(NIR–R)/(NIR+R)
NDRE	(NIR–RE1)/(NIR+RE1)
NREI	(RE1–R)/(RE1+R)
GLI	(2G–R–B)/(2G+R+B)
GNDVI	(NIR–G)/(NIR+G)
NIRv	NDVI × NIR
OSAVI	(1+0.16) × (NIR–R)/(NIR+R+0.16)
REDv	NDVI × R
NGRDI	(R–G)/(R+G)
MGRRI	R(R–G)/(R+G)
NDII1	(NIR–SWIR1)/(NIR+SWIR1)
NDII2	(NIR–SWIR2)/(NIR+SWIR2)

研究结果表明，在整个生长阶段内，大多数选择的植被指数（除NGRDI和MGRRI之外）呈现先上升后下降的趋势，与冬小麦初期生长和发育过程相一致。在生长初期，冬小麦植物叶面积和叶片叶绿素含量逐渐增加，光合能力提高，绿度增加，可反映在NDVI、GLI等植被指数的时间序列变化上。此外，冬小麦生长初期根系开始扩展以吸收土壤水分，使得NDII1、NDII2等冠层水分指数在前期逐渐上升（图4-12）。进入中高覆盖阶段后，NDVI等植被指数趋于饱和；与NDVI的饱和现象不同，NDII1、NDII2等冠层水分指数在此阶段仍会适当的增加，这可能是由于冬小麦含水率的升高引起的。此外，研究表明NDVI和NDRE的峰值略有不同，这表明两个指数对于植被状态变化具有不同的敏感性，即NDVI主要关注整体的生长状态，而NDRE则更专注于叶绿素含量的变化。生长后期，冬小麦趋于成熟并进入老化和衰退阶段；此时小麦叶片逐渐凋落，光合作用减弱，叶绿素降低；具体表现为NDVI、NDRE、GLI、NREI、NIRV、OSAVI的下降；同时，成熟小麦冠层叶子失水，导致NDII1、NDII2降低。在6月6日（对应DOY为248），冬小麦完全成熟，6月8日（对应DOY为250）部分被收割。值得注意的是，受冬小麦G波段反射率相对较低、R波段反射率相对较高的影响，NGRDI、MGRRI和其他植被指数表现存在差异。本研究结果表明2022年和2023年的植被指数整体趋势一致。

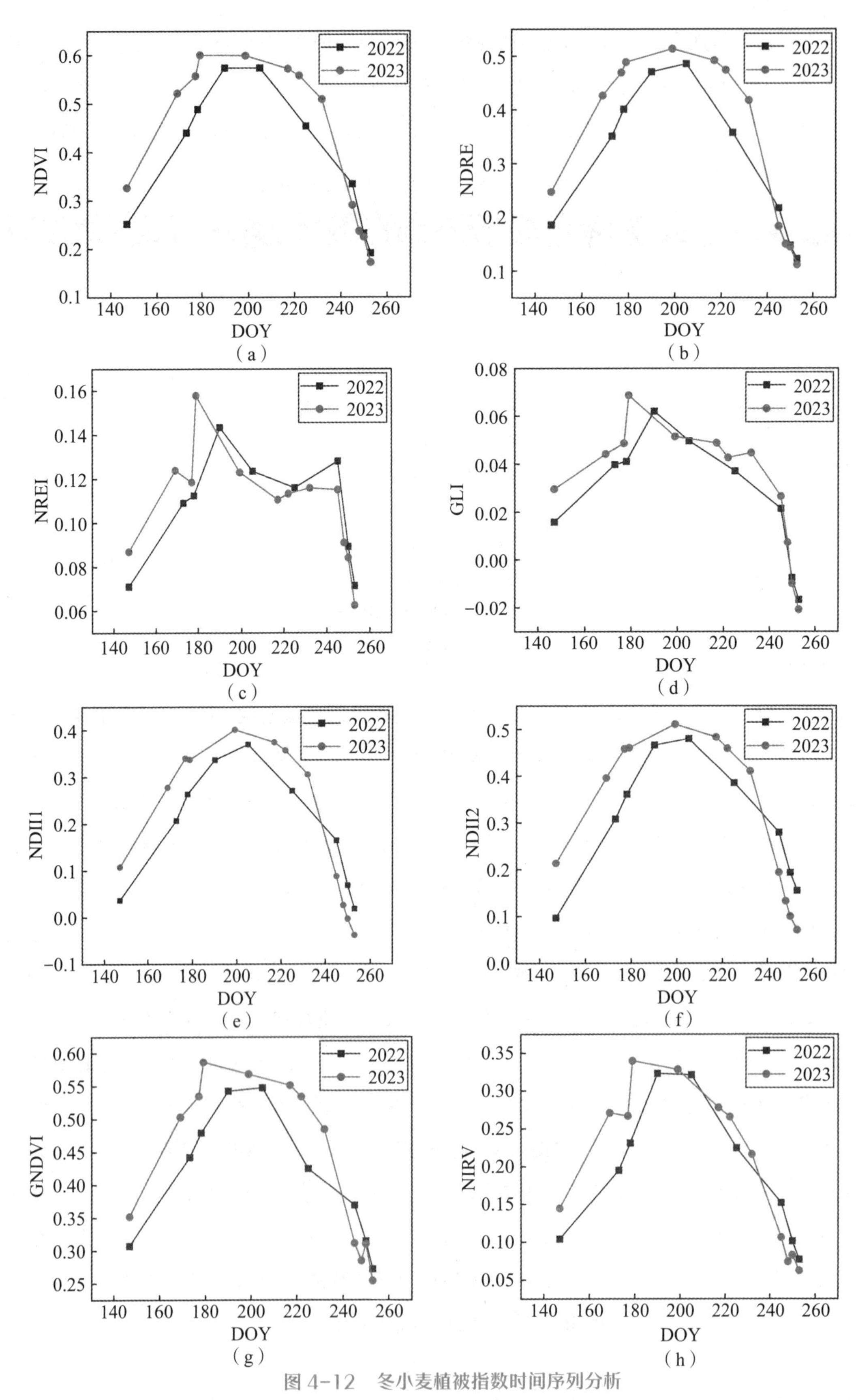

图 4-12 冬小麦植被指数时间序列分析

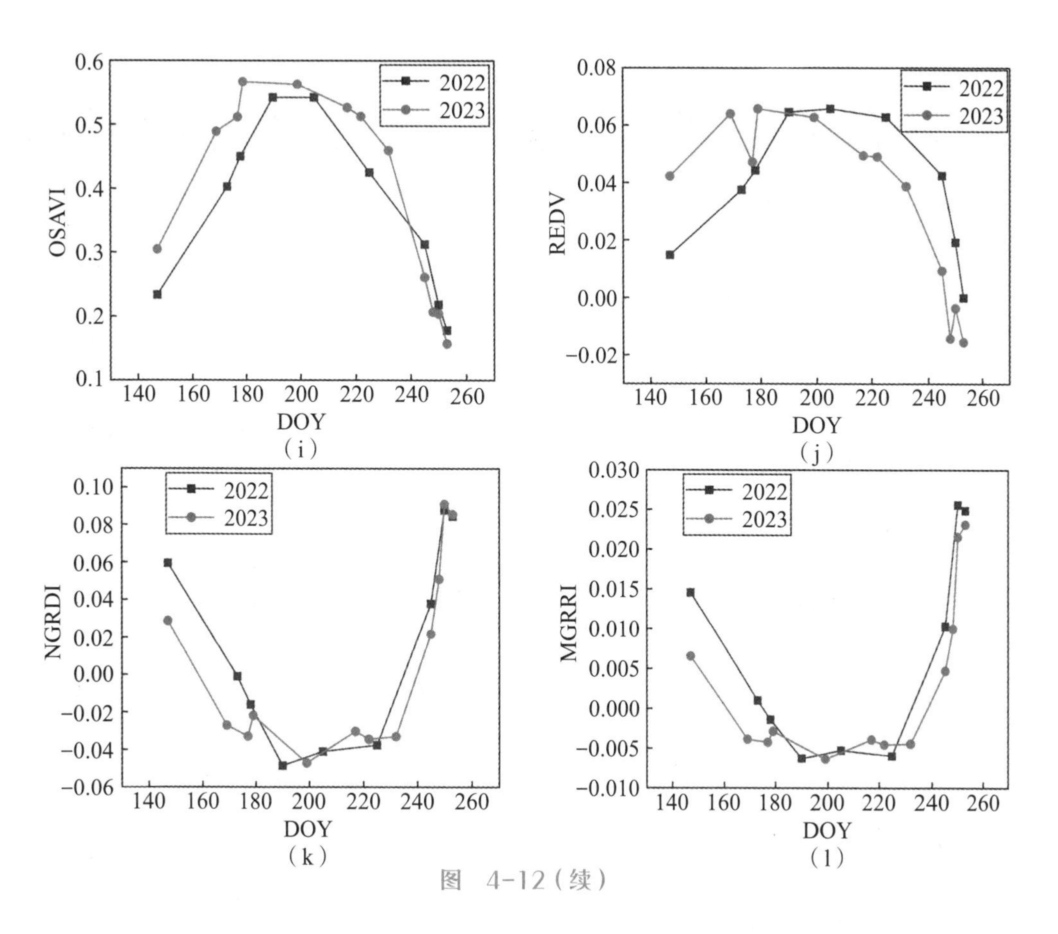

图　4-12（续）

本研究基于上述植被指数中选择了R、G、B波段反射率、NDWI和NDVI指数开展不同监督学习分类算法、不同特征输入组合开展冬小麦分类对比分析。NDVI可用以区分绿色植被和非植被区域，而NDWI是基于绿波段与近红外波段的归一化比值指数，被用以区分水体等信息，也能够反映植被的绿度信息。所选择的3个监督学习分类器分别为随机森林分类器、支持向量机分类器和朴素贝叶斯分类器。研究随机于整个县域内随机选择了200个样点以用于训练和验证数据，按照7：3划分训练集与验证集。分类结果表明（表4-5），在相同的分类模型下，增加特征数量会明显提高分类精度。以RF模型为例，观察到在特征组合的情况下，OA的变化趋势为：NDVI < NDWI < RGB < RGB + NDWI < RGB+NDVI < RGB+NDVI+NDWI。值得注意的是，当采用RGB+NDVI+NDWI作为输入特征时，分类性能达到最佳水平（OA：0.995；PA：0.993；UA：0.997）。研究显示了采用多特征组合对提升冬小麦分类效果具有积极作用，尤其是RGB+NDVI+NDWI的组合，该组合在冬小麦种植区分类中具有较高的精度。相较而言，朴素贝叶斯算法在利用冬小麦物候特征开展分类时精度相对较低，RGB+NDVI+NDWI作为输入特征时分类准确度仅为0.920。此外，本研究基于最优模型和最优特征组合对区域冬小麦分类结果进行制图对比（图4-13），分类效果与实际小麦分布保持一致。

表 4-5　冬小麦种植区提取结果精度

模型名称	特　征	OA	PA	UA
	RGB	0.990	0.981	1.000
	NDVI	0.956	0.980	0.931
随机森林	NDWI	0.964	0.972	0.954
	RGB+NDVI	0.993	0.987	0.998
	RGB+NDWI	0.991	0.983	1.000
	RGB+NDVI+NDWI	0.995	0.993	0.997
	RGB	0.947	0.999	0.898
	NDVI	0.957	0.992	0.924
支持向量机	NDWI	0.965	0.974	0.955
	RGB+NDVI	0.970	0.999	0.943
	RGB+NDWI	0.992	0.987	0.996
	RGB+NDVI+NDWI	0.993	0.991	0.995
	RGB	0.893	0.988	0.813
	NDVI	0.904	1.000	0.834
朴素贝叶斯	NDWI	0.908	0.996	0.839
	RGB+NDVI	0.916	0.992	0.851
	RGB+NDWI	0.916	0.997	0.851
	RGB+NDVI+NDWI	0.920	1.000	0.859

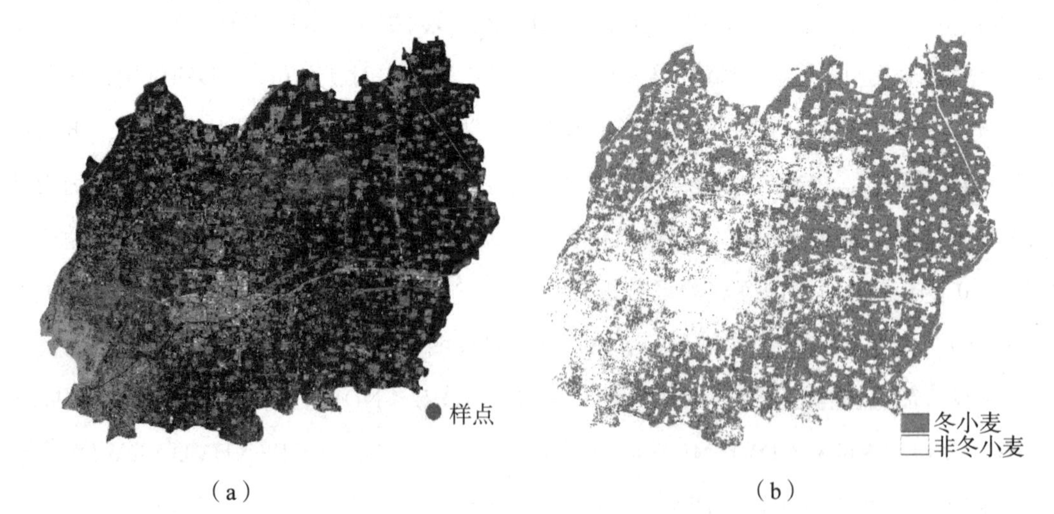

图 4-13　冬小麦种植区域提取结果

第5章

遥感作物病害监测理论和模型

本章介绍了遥感作物病害监测的理论和模型。首先，探讨了作物病害敏感参数遥感估算。其次，介绍了作物病害图像分类技术，包括传统方法和基于计算机视觉的自动化分类方法。再次，介绍了语义分割和实例分割算法。最后，探讨了深度学习目标检测技术原理和应用。综合而言，遥感技术与深度学习算法为作物病害监测提供了新的途径，对农业生产效率具有重要意义。

5.1 作物病害分类技术

在农业生产中，作物病害的准确检测和分类对于保障农产品质量、提高农业生产效率至关重要。传统的作物病害检测方法通常依赖于人工目测或专业人士的经验判断，效率低、主观性强、受环境因素限制大。随着计算机分类技术的不断发展，作物病害光谱和图像分类分级逐渐成为病虫害研究的热点之一。

5.1.1 作物病害敏感参数遥感估算

作物病害敏感参数的遥感估算是利用遥感技术对作物病害进行监测和评估的重要手段之一。通过对遥感数据中作物反射率、植被指数等参数的分析，可以实现对作物病害的快速检测和定量评估，为农业生产提供及时的决策支持。

1. 健康作物的光谱特征

健康作物拥有典型的植被光谱特征，如图5-1所示，植被冠层光谱特征是由其独特的生物物理化学成分决定的，这些特征受色素、水分和叶片结构等综合影响（王飞等，2016）。健康植物的反射光谱特征包含可见光波段的540nm附近有一个小反射峰，以及在近红外波段的800～1300nm形成的高反射率峰。这些特征与植被的发育、健康状况以及生长条件密切相关。根据不同波长，健康植被的光谱特征可以分为以下几个主要区域。

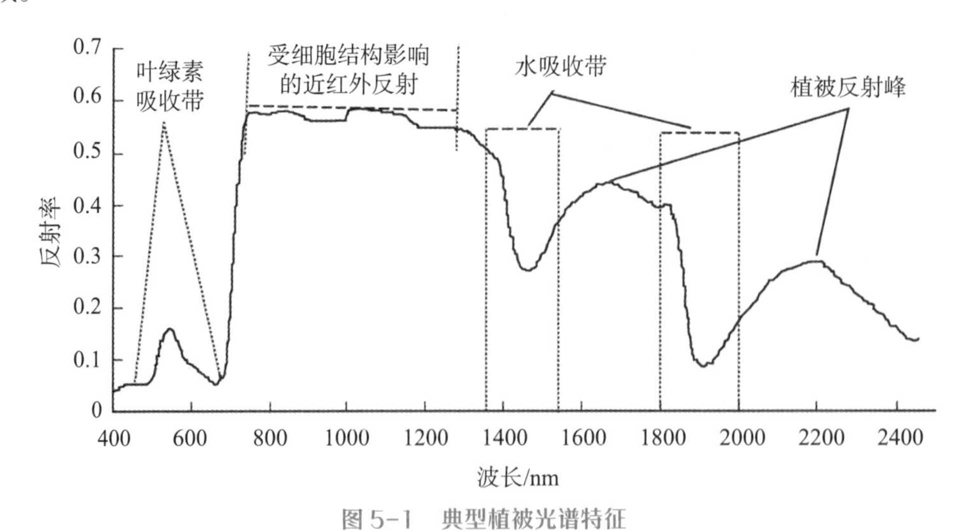

图 5-1 典型植被光谱特征

（1）可见光波段。该波段有一个小的反射峰，位于540nm（绿色）附近，两侧在450nm（蓝色）和670nm（红色）有两个吸收带。这是因为叶绿素对蓝光和红光的吸收作用较强，类胡萝卜素和花青素的吸收区域也在可见光波段。

（2）近红外波段。受植被叶细胞结构的影响，形成了800～1300nm附近的高反射率。

（3）红边波段。红边波段是电磁波谱中的一个特定波段，位于可见光和近红外波段之间的760nm附近。在这个区间，健康植被的反射率会快速变化，形成一个明显的"红边"。当植被生长茂盛时，红边会发生红移现象。

（4）短波红外波段。于1300～2500nm的波段受到绿色植物水分吸收的影响，水分含量越高则反射率越低，特别是1400nm、1900nm和2700nm附近的水吸收带。

2. 病害作物的光谱特征

病害作物的生理生化参数会发生显著变化，进一步影响了植被光谱特征（廖娟等，2023）。植被的光谱特性由其组织结构、生物化学成分和形态学特征决定。不同类型、不同营养状态作物的光谱反射率有差异，正是这种细微的差异使得遥感技术在农作物病虫害以及作物长势等方面的监测成为可能。例如，病虫害胁迫发生，水分亏缺会导致短波红外区域光谱反射率上升；此外，水分亏缺会限制蒸腾作用，叶片表面蒸腾水分减少会限制冷却作用，从而使叶片温度上升。又如，病原体引起的植被细胞结构内部的变化，导致叶绿素等色素的浓度或含量下降，叶绿素在蓝、红波段的吸收减少，反射增强，特别是红光反射率升高，绿色视觉效果就会减弱，导致植物转为黄色（绿色+红色=黄色），改变叶片颜色。昆虫和疾病都可通过摄取或分离植被器官而改变植被的形态特征，最终改变植物的光谱曲线形状（图5-2）。可以根据感染引起的病变光谱或图像开展作物理化参数（如叶片叶绿素、覆盖度、冠层温度，叶面积指数等）的回归估算（周丽娜等，2017；李卫国等，2017；王敬湧等，2023），并分析病虫害对作物的损伤程度。

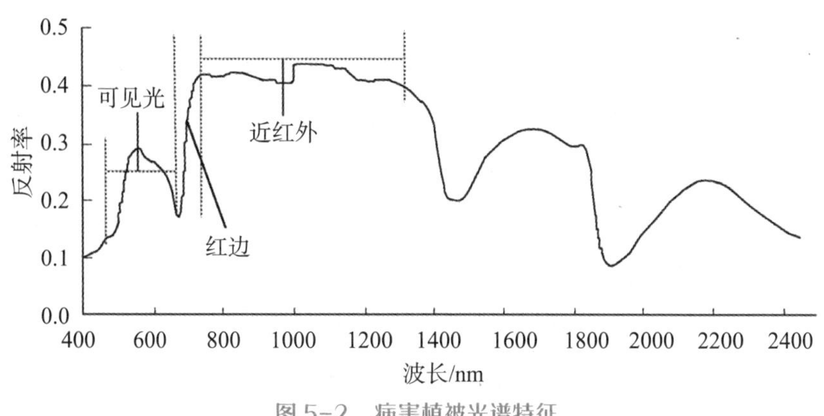

图5-2　病害植被光谱特征

3. 作物病害敏感参数遥感估算模型

在病虫害引起的症状和生理变化中，遥感可监测的作物损害有叶片失色、植株失水枯萎、叶面积和生物量减少、感染引起的病变。

目前，常用的作物参数估算技术有以下几种。

（1）线性回归。线性回归是统计学和机器学习中常用的一种回归分析方法，用于建立自变量（特征）与因变量（目标）之间的线性关系模型（周志华，2016）。在线性回归中，假设自变量和因变量之间存在着线性关系，即因变量可以通过自变量的线性组合来进行预测或估计。下面是常见的几种线性回归。

简单线性回归（simple liner regression）是一种基本的统计方法，用于建立自变量和因变量之间的线性关系模型（Isobe等，2008）。其核心原理是通过拟合一条直线（或超平面）来描述自变量和因变量之间的线性关系，以预测或解释因变量的变化趋势。其简单易懂、计算效率高，适用于连续型数据和线性关系较为明显的情况。线性回归具有良好的解释性，能够提供模型参数的具体含义，有助于理解自变量对因变量的影响程度。然而，线性回归也有其局限性，例如对非线性关系的拟合效果较差，容易受到异常值的影响，需要进行数据预处理和异常值处理。因此，在实际应用中，需要根据数据的特点和问题的要求选择合适的模型，并进行适当的验证和调整，以确保模型的准确性和可靠性。

多元线性回归（multiple linear regression）是一种统计学方法，用于建立多个自变量与一个因变量之间的线性关系模型（Tranmer等，2008）。其原理是通过拟合一个多元线性方程来描述自变量和因变量之间的线性关系，以预测或解释因变量的变化。其可以同时考虑多个自变量对因变量的影响，满足实际复杂问题的需求。多元线性回归的优点在于提供了更全面的数据分析和预测能力，能够探究多个自变量对因变量的复合影响，具有较高的解释性。此外，多元线性回归还能够识别自变量之间的相互作用，有助于理解变量之间的复杂关系。然而，多元线性回归也存在一些缺点，例如容易受到多重共线性的影响，即自变量之间存在高度相关性时会导致模型不稳定和系数估计得不准确。此外，多元线性回归要求自变量与因变量之间的关系是线性的，对非线性关系的拟合效果较差。在实际应用中，需要谨慎选择自变量、检验模型的拟合优度，并对数据进行适当的预处理和异常值处理，以提高模型的准确性和可靠性。

岭回归（ridge regression）是一种正则化线性回归方法，用于解决多重共线性和过拟合问题（Friedman等，2010）。其原理是在最小化残差平方和的基础上，通过引入一个正则化项限制模型参数的大小，从而降低模型的方差。岭回归的特点在于能够有效地提高模型的稳定性和泛化能力，对高维数据和共线性较强的情况有较好的表现。岭回归通过控制模型的复杂度，可以在保持模型解释性的同时，降低模型的方差，提高模型的泛化能力。然而，岭回归也存在一些缺点，例如需要手动调节正则化参数，对参数的选择比较敏感；

此外，岭回归要求特征之间的关系是线性的，对非线性关系的拟合效果较差。在实际应用中，需要根据数据的特点和问题的需求选择合适的正则化参数，并进行适当的模型验证和调优，以提高模型的预测准确性和稳定性。

LASSO（least absolute shrinkage and selection operator）回归是一种正则化线性回归方法，用于解决多重共线性和特征选择问题（Efron等，2004）。其原理是在最小化残差平方和的基础上，引入L1范数作为正则化项，通过控制模型系数的绝对值之和，实现对模型参数的稀疏化，即将一些不重要的特征的系数缩减为零，从而实现特征选择。LASSO回归的特点在于可以有效地解决高维数据和共线性较强的问题，同时具有较好的解释性和泛化能力。LASSO回归通过对模型参数进行稀疏化，可以自动选择最重要的特征，并且能够更好地适应非线性关系。然而，LASSO回归也存在一些缺点，例如对于具有高度相关性的特征，可能会随机选择其中之一，导致模型不稳定。此外，对于样本量小于特征数量的情况，LASSO回归的性能可能会下降。在实际应用中，需要根据数据的特点和问题的需求选择合适的正则化参数，并进行适当的模型验证和调优，以提高模型的预测准确性和稳定性。

（2）非线性回归。非线性回归是一种统计建模方法，用于描述自变量和因变量之间非线性关系的模型（王黎明等，2008）。其原理是基于非线性函数拟合数据，通过选择适当的非线性函数形式，开展数据拟合，以预测因变量的取值。非线性回归的特点在于能够捕捉数据中复杂的非线性关系，因此在实际应用中具有广泛的适用性。其优点是够提供对数据的更准确描述和更精确的预测，适用于各种不规则数据形式。然而，非线性回归模型通常更复杂，参数估计和模型诊断更具挑战性，容易陷入过拟合的风险。此外，需要事先确定非线性函数的形式，选择不当可能导致模型拟合不佳。因此，非线性回归在实践中需要谨慎选择合适的模型形式，并进行充分的模型评估和诊断。下面是常见的几种非线性回归。

多项式回归（polynomial regression）是一种回归分析方法，通过拟合一个多项式函数来描述自变量和因变量之间的关系（Edwards等，2002）。其原理是基于多项式函数开展数据拟合，从而预测因变量的取值。多项式回归的特点在于能够捕捉数据中复杂的非线性关系，因此在实际应用中具有广泛的适用性。其优点是灵活度高、易于理解和实现，能够适应各种形式的数据，并且可以通过增加多项式的次数来提高拟合精度。然而，多项式回归也存在一些缺点，包括容易过拟合、模型复杂度高、对异常值敏感等。另外，选择合适的多项式次数也是一个挑战，过高的次数可能导致模型过于灵活，造成过拟合；而过低的次数可能无法捕捉数据中的复杂关系。因此，在实践中需要根据数据的特点和预测的要求，谨慎选择合适的多项式次数，并进行适当的模型评估和验证。

决策树回归（decision tree regression）是一种基于树结构的监督学习算法，用于预测连续型因变量的取值（Elith等，2008）。其原理是通过逐步将数据集分割成不同的子集，并在每个子集上拟合一个简单的模型，然后将这些模型组合起来形成决策树，从而实现对因变量的预测。决策树回归的特点在于模型易于理解和解释，能够处理非线性关系和交互作用。其优点是对数据的预处理要求较低、能够处理非线性关系、易于可视化和解释。然而，决策树回归也存在一些缺点，包括容易过拟合、对数据的噪声敏感、稳定性较差等。决策树容易生成过于复杂的模型，导致在训练集上表现良好但在测试集上泛化能力较差。因此，在实践中需要通过剪枝、限制树的深度或使用集成方法（如随机森林）等技术来改善决策树模型的性能，并进行适当的模型评估和调优。

支持向量机（support vector machines，SVM）回归是一种基于监督学习的机器学习算法，用于预测连续型因变量的取值（Hearst等，1998）。SVM通过找到一个最优的超平面来将数据分割成不同的区域，使得每个区域内的数据点与超平面的距离（即间隔）最大化。对于回归问题，SVM的目标是找到一个超平面，使得样本点到该超平面的距离尽可能小。SVM回归的特点在于能够处理高维空间中的非线性关系，对于小样本数据具有较好的泛化能力，且在优化问题上有着良好的数学理论支持。其优点是对于复杂数据结构的拟合能力强、在高维空间有效、可以通过选择不同的核函数来适应不同的数据结构。然而，SVM回归也存在一些缺点，包括对大规模数据集的计算开销较大、对超参数的敏感性较高、模型的解释性较差等。此外，在面对噪声较多的数据或数据集不平衡的情况下，SVM回归的性能可能会受到影响。因此，在实际应用中需要根据数据的特点和问题的需求，谨慎选择合适的核函数和参数，并进行适当的模型评估和调优。

随机森林（random forest，RF）回归是一种基于集成学习的机器学习算法，通过构建多棵决策树并结合它们的预测结果来进行回归分析（Svetnik等，2008）。其原理是通过随机选择数据的子集和特征的子集来训练多个决策树，然后通过对每棵树的预测结果进行平均或投票来得到最终的预测值。随机森林回归的特点在于能够处理高维数据和大规模数据集，在训练过程中具有较低的过拟合风险，并且可以捕捉数据中的非线性关系和交互作用。优点包括模型泛化能力强、对于缺失数据和噪声具有较好的鲁棒性、不需要过多的数据预处理等。然而，随机森林回归也存在一些缺点，如模型的可解释性较差、对于高维稀疏数据的处理能力较弱、在某些情况下可能会出现过拟合等。此外，随机森林的训练过程相对较慢，因为需要构建多个决策树并进行集成，而且模型在预测阶段也可能会消耗较多的计算资源。因此，在实际应用中需要综合考虑数据的特点、问题的需求和计算资源的限制，选择合适的模型，并进行适当的参数调优和模型评估。

5.1.2 作物病害图像分类算法

作物病害的分类对于农业生产的管理和保障农产品质量至关重要。传统的人工检测方法存在着效率低、主观性强等问题，而随着计算机视觉和图像处理技术的进步，利用作物病害图像进行自动化分类成为一种更为高效和准确的替代方案。

1. 小麦赤霉病图像

小麦赤霉病一般在小麦灌浆期开始出现症状，后蔓延至穗轴和相邻的小穗（McMullen等，1997）。初期，发病小穗多在基部近穗轴的颖壳上出现淡褐色斑，湿度大时呈水渍状，以后整个小穗黄枯，并在颖壳合缝处出现粉红色黏性霉状物。由于发病小穗上的病菌一旦扩及穗轴，就会导致上部所有小穗黄枯，造成籽粒不实或干瘪，所以发病越早，受害部位越往下，损失越大。小麦赤霉病穗部和冠层图像数据集如图5-3和图5-4所示。

图 5-3 小麦赤霉病单穗图像

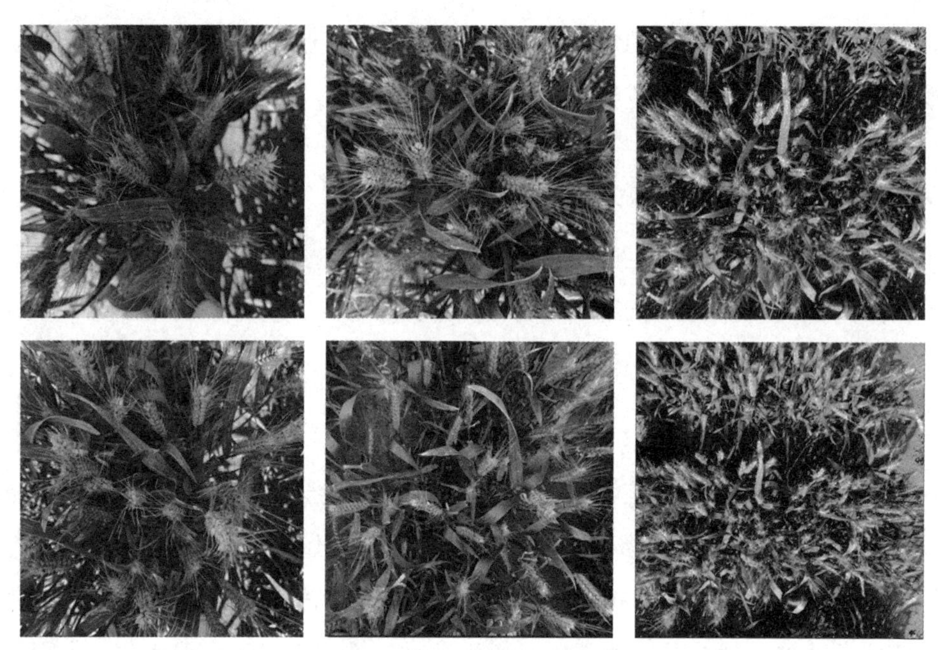

图 5-4　小麦赤霉病冠层图像

2. 作物病害图像分类

（1）非监督分类（unsupervised classification）。非监督分类是一种不依赖于已知标签数据的分类方法，其目的是发现图像数据中的潜在结构和模式，而不需要先验地了解图像的类别信息（Duda等，2002）。非监督分类更侧重于探索图像本身的内在特征，而不是根据外部标签进行预测或分类。非监督分类的主要目标是将图像样本划分为不同的群组或簇，使得每个簇内的图像样本之间具有较高的相似性，而不同簇之间的图像样本具有较大的差异性。非监督分类两个主要任务是聚类和降维。在聚类任务中，图像样本被分组到不同的簇中，使得同一簇内的图像样本彼此相似，而不同簇之间的图像样本尽可能地不同。这种方法可以帮助理解图像数据中的群组结构，发现其中隐藏的模式和趋势。在降维任务中，图像样本的维度被减少到更低的维度，同时尽可能地保留原始数据中的信息。通过降维，可以将高维图像数据转换为更容易理解和可视化的形式，从而更好地理解图像的内在结构和特点。非监督分类方法的优点在于不需要事先标记好的数据，能够自动发现数据中的潜在结构和模式，从而提供新的数据理解和处理方式。然而，非监督分类也存在一些缺点。例如，对于聚类数量的选择，非监督分类方法较为敏感，需要预先设定簇的数量。而在很多情况下，数据的真实簇数量是未知的，选择不合适的簇数量，可能会导致错误的聚类结果。此外，非监督分类算法通常包含多个参数，需要根据具体的数据集进行调整，找到最佳参数组合的过程可能既耗时又复杂，尤其是在处理大规模或高维数据时。同时，非监督分类算法通常对数据中的噪声和异常值比较敏感，噪声和异常值可能会扭曲数据的内在结构，导致算法产生不准确的聚类结果，因此在使用非监督分类之前，可能需要对数据进行预处理，如去噪和异常值检测，以减少这些因素的影响。

（2）监督分类（supervised classification）。监督分类是一种通过使用已经标记好的图像数据集训练模型以学习图像的特征和属性，从而对未知图像进行准确的分类或识别的分类方法（Silva等，2017）。在监督分类中，每个图像都有一个对应的标签或类别，这些标签提供了关于图像内容的有用信息，指导模型进行学习和预测。监督分类的过程可以分为训练阶段和测试阶段。在训练阶段，模型使用带有标签的图像数据样本来学习图像的特征和类别。通过观察和分析已知类别的图像，模型不断调整自己的参数，使得其能够准确地将输入图像映射到相应的类别。这个阶段的目标是使模型在训练数据上的预测误差最小化，使模型能够对未见过的图像进行准确的分类。在测试阶段，模型被用来对未知图像进行分类或识别。模型接收到没有标签的图像样本，根据在训练阶段学到的知识，对这些图像进行分类或识别其所属的类别。然后，通过与真实标签进行比较，评估模型在未知数据上的性能表现。监督分类的目标是建立一个能够泛化到新图像的模型，即使在面对与训练数据不同但同样是该类别的图像时，也能做出准确的预测。监督分类方法的优点在于能够利用已知标签的数据进行训练，从而学习数据的特征和属性，并对未知数据进行准确的分类或预测。然而，监督分类也存在一些缺点，如对标签数据的依赖性较强，需要大量标记好的数据进行训练，同时对模型的泛化能力和过拟合问题需要进行有效的处理。

5.1.3 卷积神经网络发展

卷积神经网络（convolutional neural networks，CNN）作为一种强大的深度学习模型，在图像分类、目标检测和语义分割等领域取得了巨大成功。其在图像处理任务中的高效特征提取和分类能力使其成为作物病害图像分类领域的研究热点之一。

1. 人工神经网络发展

人工神经网络（artificial neural networks，ANN）是深度学习算法的核心，它的灵感来源于人脑内部的神经元，模仿生物神经元之间相互传递信号的方式，从而达到学习经验的目的。1943年，神经生理学家Warren McCulloch和数学家Walter Pitts（1943）最早提出了神经网络，其模型比较简单，只能完成简单的逻辑判定。1958年，心理学家 Frank Rosenblatt（1958）提出了感知机（perceptron）模型，这是第一个可以自动学习权重的神经网络，使得其可以完成一些简单的图像识别任务。然而，感知机只具有单层神经网络，其学习能力十分有限。1986年，David Rumelhart（1986）等提出的反向传播算法可以对多层神经网络进行训练，使得神经网络的学习能力大幅提升。尽管已展现出巨大的潜力，但由于神经网络模型的训练时间较长，且缺乏大型数据集，导致其预测结果往往不如其他的一些相对简单的算法，因此其发展又一次陷入停顿。2006年，Geoffrey Hinton（2006）等提出了逐层预训练的方法，解决了第二层网络的更新问题，让更深层神经网络可以得到有效的训练，并首次提出了深度学习的概念。之后，随着计算机硬件的快速发展和数据集的不断完善，深度神经网络在图像识别、汽车智能驾驶等新领域得到了广泛应用，也发展成了目前主流的人工智能算法。

2. 多层感知机网络

多层感知机（multilayer perceptron，MLP）是一种基于人工神经网络的监督学习算法，它包含一个或多个隐藏层（中间层）和一个输出层（Ruck等，1990）。MLP通常用于解决分类和回归问题，特别是在处理复杂的非线性关系和高维数据时表现出色。从结构上看，MLP由输入层、隐藏层和输出层组成。输入层接收原始数据特征作为输入，隐藏层对输入数据进行特征提取和转换，输出层则根据提取后的特征进行分类或回归预测。每个隐藏层包含多个神经元（也称为节点），每个神经元接收来自上一层的输入，并通过权重和激活函数进行加权求和，然后经过非线性转换将结果传递给下一层。隐藏层之间的连接称为权重，它决定了神经元之间的信号传递强度。MLP结构如图5-5所示。

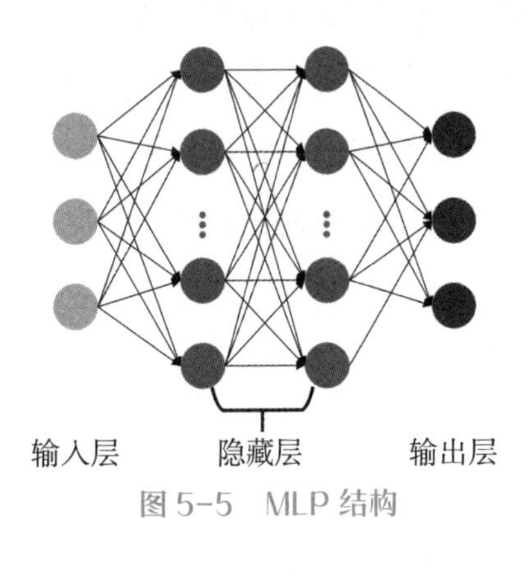

图 5-5　MLP 结构

从原理上看，MLP的工作原理基于前向传播和反向传播算法。在前向传播过程中，输入数据从输入层传递到隐藏层，通过一系列的线性加权和非线性激活函数进行转换，最终得到输出结果。在反向传播过程中，通过计算输出结果与实际标签之间的误差，并利用梯度下降法来调整网络参数（权重和偏置），使误差逐步减小，直到收敛于最优解。在训练过程中，MLP通过反复迭代的方式不断更新网络参数，使其能够逐渐学习到输入数据之间的复杂关系和模式。一旦模型训练完成，就可以将新的输入数据通过前向传播过程，得到相应的输出结果。

从优劣势上看，MLP的优点是通过组合多个隐藏层，能够有效地处理非线性关系和复杂的数据分布，具有较强的表达能力。它能够根据数据自动学习特征和模式，无须人为设定特定的特征提取规则，适用于各种类型的数据和问题。经过充分训练的MLP模型能够很好地泛化到新的数据集，对于未见过的样本也能做出准确的预测或分类。此外，MLP中的神经元之间的计算是并行进行的，可以利用并行计算的优势加速模型训练和推理过程。MLP的缺点是训练过程需要大量的计算资源和时间，特别是在处理大规模数据和深层网络时，训练时间会显著增加。由于MLP模型具有较强的拟合能力，容易在训练集上过拟合，导致在测试集上表现不佳，需要通过正则化技术和交叉验证等方法来避免过拟合问题。另外，MLP模型具有大量的参数（权重和偏置），需要进行有效的参数调节和优化，才能达到最佳的性能。此外，MLP需要大量标记好的数据进行训练，且对数据的质量和分布敏感，需要进行有效的数据预处理和特征工程。

总的来说，多层感知机是一种强大的监督学习算法，具有良好的特征提取能力和分类性能，在处理复杂的非线性问题和大规模数据时表现出色。然而，也需要注意其训练时间长、过拟合风险和参数调节困难等问题，需要综合考虑各种因素来选择合适的模型和参数设置。

3. 图像卷积

图像卷积是一种基于局部感受野的参数共享技术，它在图像处理和计算机视觉任务中发挥着重要作用。在卷积神经网络中，图像卷积技术得到了广泛应用，并成为CNN的核心结构之一（Bouvrie等，2006）。

具体来说，图像卷积通过在图像上滑动卷积核（也称为滤波器）并执行卷积操作来实现（Xu等，2014）。卷积核是一个小的矩阵，包含了一组可学习的权重参数。在卷积过程中，卷积核与图像的局部区域进行逐元素相乘，并将结果相加得到输出特征图的一个单个值。通过在整个图像上以固定的步幅进行滑动，并在每个位置执行卷积操作，CNN能够提取图像的局部特征。

卷积操作的参数共享是图像卷积的一个重要特性。在卷积过程中，卷积核的参数在整个图像上共享使用，这意味着无论图像的哪个位置，相同的卷积核都会执行相同的卷积操作。这种参数共享不仅大大减少了模型的参数数量，还增强了模型对于平移不变性的学习能力，使得模型更加稳健和高效（Jain等，2008）。

除了卷积层之外，CNN还包括池化层和全连接层等结构。池化层对卷积层的输出进行下采样，减少特征图的尺寸和参数数量，同时保留主要特征信息。全连接层则将池化层的输出展平，并连接到神经网络的输出层，用于执行最终的分类或回归任务。

总的来说，图像卷积技术通过提取图像的局部特征，实现了对图像数据的高效处理和识别，为计算机视觉领域的发展带来了重大影响。

5.1.4 图像分类算法

基于深度卷积网络的图像分类算法是计算机视觉领域中常用的技术之一（Rawa等，2017）。这些算法利用深度卷积神经网络来提取图像的高级特征，从而实现对图像内容的理解和分类。深度卷积网络通过卷积层和池化层，自动学习图像的层次化表示，这使得它们在图像分类任务中表现出色（Simonyan等，2013）。

深层卷积网络主要结构一般包含以下几种。

（1）卷积层。卷积层是CNN的核心组件，它们通过滑动窗口的方式在输入图像上应用多个卷积核（或过滤器），以提取图像的不同特征，如边缘、纹理和形状。

（2）池化层。池化层通常跟随在卷积层之后，用于减少数据的维度，同时保留重要信息。最常见的池化操作是最大池化和平均池化。

（3）激活函数。如ReLU（rectified linear unit），用于引入非线性，帮助网络学习更复杂的特征。

（4）全连接层。在网络的最后几层，通常会有全连接层，它们将卷积层和池化层提取的特征进行整合，并输出最终的分类结果。

深度卷积网络模型，如LeNet、AlexNet、VGGNet、GoogLeNet、ResNet和DenseNet等，都在图像分类任务中取得了显著的成功。这些模型在大型图像数据集，如ImageNet上进行了训练和验证，能够在包含成千上万类别的图像中实现高精度的分类。深度卷积网络在图像分类中的应用不仅限于标准的分类任务，还包括细粒度图像分类、多标签图像分类和零样本学习等更复杂的场景。这些算法的成功在很大程度上得益于深度学习技术的发展，以及大规模标注图像数据集的可用性。随着研究的不断进展，深度卷积网络在图像分类和其他计算机视觉任务中的应用将继续扩展和深化。

1. LeNet网络

LeNet是由Yann LeCun等（1998）在1998年提出的一种CNN架构，是深度学习领域中最早的神经网络之一，被广泛应用于手写数字识别等图像分类任务。LeNet网络的设计灵感来自人类视觉皮层的组织结构，具有一系列卷积层和池化层交替排列的结构。LeNet采用了卷积层和池化层两个全新的神经网络组件，接收灰度图像，并输出其中包含的手写数字，在手写字符识别任务上取得了瞩目的准确率。

LeNet网络主要由两个部分组成，特征提取器（feature extractor）和分类器（classifier）。特征提取器由多个卷积层和池化层交替排列组成，用于从输入图像中提取特征；而分类器由全连接层组成，用于对提取的特征进行分类。具体来说，LeNet是一个7层的神经网络，包含2个卷积层，2个池化层，3个全连接层。其中所有卷积层的卷积核都为5 × 5，步长等于1，激活函数为Sigmoid，网络结构如图5-6所示。

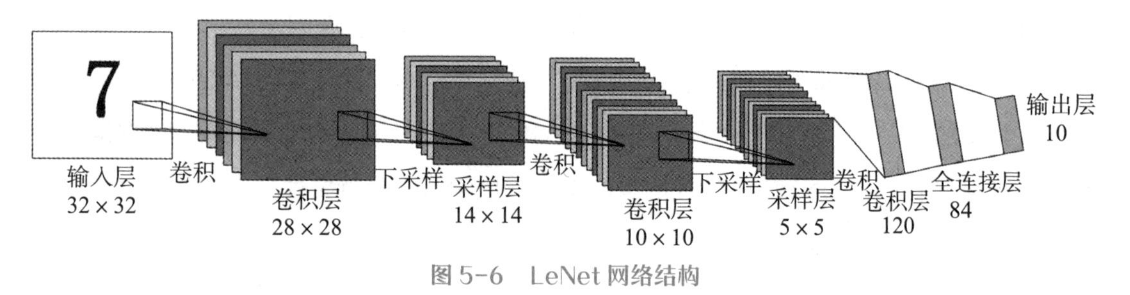

图 5-6　LeNet 网络结构

LeNet网络最初被应用于手写数字识别任务，如美国邮政服务的邮政编码识别和支票数字化处理等。随着深度学习的发展，LeNet网络的结构和思想也被应用于更广泛的图像分类、目标检测和图像分割等任务中，如人脸识别、车牌识别和医学图像分析等。

总体而言，LeNet网络是深度学习领域中最早的卷积神经网络之一，其简单而有效的结构为后续深度学习模型的设计和应用奠定了基础。虽然在现代深度学习中已被更复杂的模型所取代，但LeNet网络仍然具有重要的历史意义和实际应用价值。

2. AlexNet网络

AlexNet是由Alex Krizhevsky等人（2012）在2012年ImageNet图像分类竞赛中提出的一种经典的卷积神经网络。当时，AlexNet在ImageNet大规模视觉识别竞赛中取得了优异的成绩，把深度学习模型在比赛中的正确率提升到一个前所未有的高度。该网络结构包含多个卷积层和池化层，以及全连接层，能够学习到图像的高级特征。

AlexNet输入为RGB三通道的224像素 × 224像素 × 3像素大小的图像。AlexNet共包含5个卷积层（包含3个池化层）和3个全连接层。其中，每个卷积层都包含卷积核、偏置项、ReLU激活函数和局部响应归一化（local response normalization，LRN）模块。最后将网络输出转化为概率值，用于预测图像的类别。精简版本的AlexNet网络结构如图5-7所示。

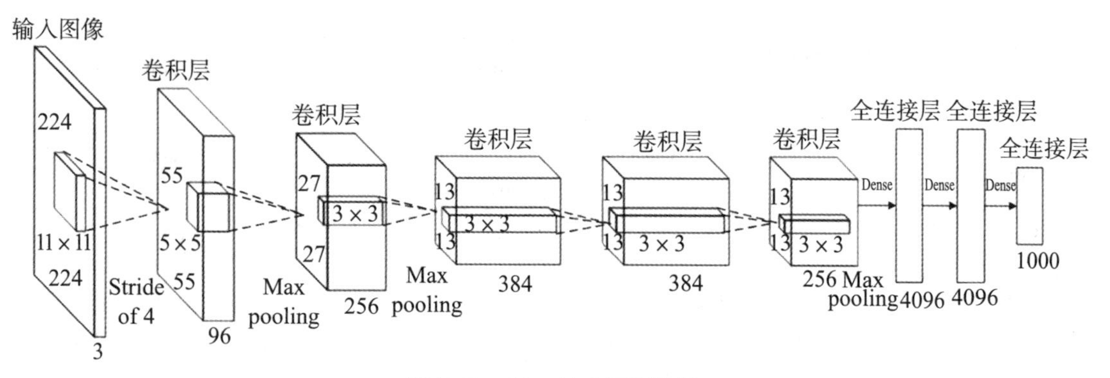

图 5-7　AlexNet 网络结构

通过增加网络深度，AlexNet 能够更好地学习数据集的特征，从而提高了图像分类的精度，这使得它能够从大规模数据集中学习到更复杂的特征。此外，AlexNet引入了一些新的技术，如ReLU激活函数和Dropout，以加速训练并减轻过拟合问题。

另一个AlexNet的重要贡献是引入了GPU加速计算。由于深度学习模型的训练计算量巨大，传统的CPU计算速度无法满足需求，而GPU的并行计算能力能够大幅加速深度学习模型的训练过程。AlexNet的成功证明了GPU在深度学习中的重要性，也为之后更深层次的神经网络的发展奠定了基础。

3. VGG网络

VGG是2014年Oxford的Visual Geometry Group提出的，其在2014年的ImageNet大规模视觉识别挑战中获得了亚军（Simonyan等，2014）。VGG网络是作者参加ILSVRC 2014比赛上的作者所做的，VGG网络的主要特点是其深度和简单性，和之前的模型（如AlexNet、LeNet）相比，网络更深，并且更加统一和对称。VGG网络采用了连续的3×3卷积层和池化层的堆叠，通过多次使用较小的卷积核来增加网络的深度，这样可以使得网络更具表达能力，同时减少参数数量。

VGG网络以下6种不同结构，卷积层全部为3×3的卷积核，用conv3-×××来表示，×××表示通道数。论文作者一共实验了6种网络结构，其中VGG16和VGG19分类效果最好（16、19层隐藏层），证明了增加网络深度能在一定程度上影响最终的性能。两者没有本质的区别，只是网络的深度不一样。VGG网络结构如表5-1所示。

表 5-1　VGG 网络结构

convNet 结构					
A	A-LRN	B	C	D	E
11 weight layers	11 weight layers	13 weight layers	16 weight layers	16 weight layers	19 weight layers
输入（224×224 RGB image）					
conv3-64	conv3-64 LRN	conv3-64 conv3-64	conv3-64 conv3-64	conv3-64 conv3-64	conv3-64 conv3-64
最大池化					
conv3-128	conv3-128	conv3-128 conv3-128	conv3-128 conv3-128	conv3-128 conv3-128	conv3-128 conv3-128
最大池化					
conv3-256 conv3-256	conv3-256 conv3-256	conv3-256 conv3-256	conv3-256 conv3-256 conv1-256	conv3-256 conv3-256 conv3-256	conv3-256 conv3-256 conv3-256 conv3-256

续表

最大池化					
conv3-512 conv3-512	conv3-512 conv3-512	conv3-512 conv3-512	conv3-512 conv3-512 conv1-512	conv3-512 conv3-512 conv1-512	conv3-512 conv3-512 conv3-512 conv3-512
最大池化					
conv3-512 conv3-512	conv3-512 conv3-512	conv3-512 conv3-512	conv3-512 conv3-512 conv1-512	conv3-512 conv3-512 conv1-512	conv3-512 conv3-512 conv3-512 conv3-512
最大池化					
FC-4096					
FC-4096					
FC-1000					
softmax					

VGG网络采用连续的小卷积核（3×3）和池化层构建深度神经网络，网络深度可以达到16层或19层，其中VGG16最为著名，有16个卷积层。VGG16的输入是224×224的RGB 彩色图像，经过多个卷积和池化后，通过全连接层得到的一维向量，输入softmax激活函数得到预测结果。VGG16网络结构如图5-8所示。

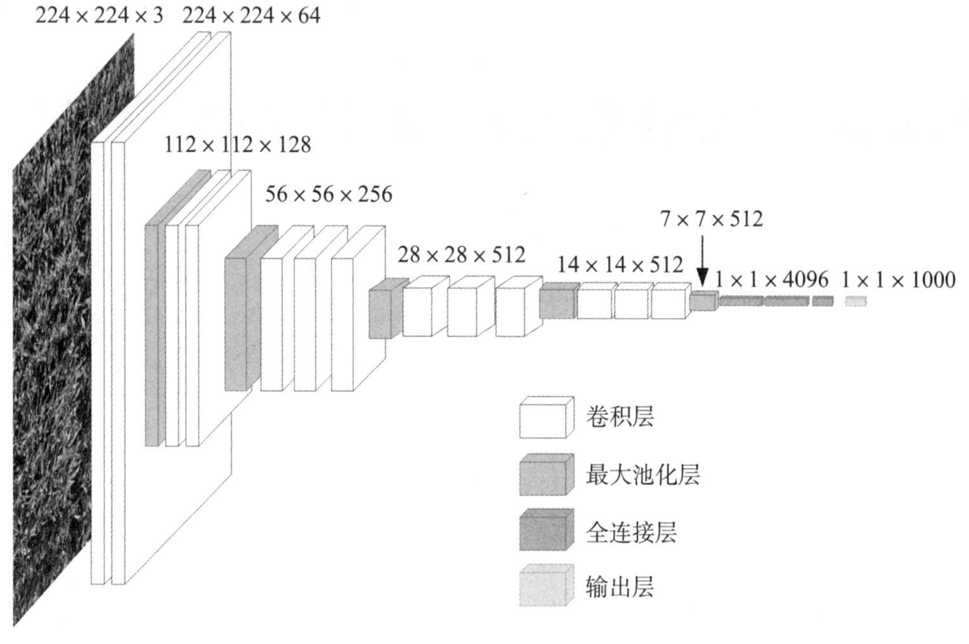

图5-8　VGG16 网络结构

VGG作为深度学习领域的经典模型之一，对于推动深度学习在计算机视觉领域的发展产生了深远的影响。其简洁的模型架构、优异的性能表现以及对迁移学习和更深层次网络设计的启发，使其成为深度学习领域的重要里程碑之一。

4. ResNet网络

残差神经网络（Residual Network，ResNet）是由微软研究院的何恺明、张祥雨、任少卿、孙剑等人提出的（He等，2016）。ResNet在2015 年的ILSVRC中取得了冠军。残差神经网络的主要贡献是发现了“退化现象（degradation）”，并针对退化现象发明了“快捷连接（shortcut connection）”，极大地消除了深度过大的神经网络训练困难问题。按照这个思路，ResNet团队分别构建了带有“快捷连接”的残差学习单元，如图5-9所示。神经网络的“深度”首次突破了100层、最大的神经网络甚至超过了1000层。

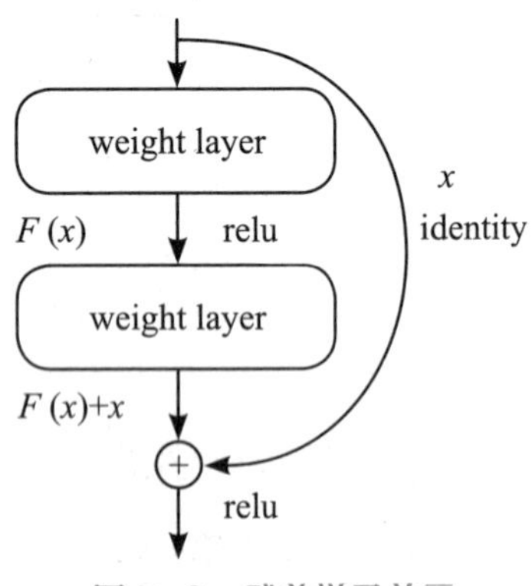

图 5-9　残差学习单元

ResNet网络参考了VGG19网络，并在其基础上进行了修改，并通过短路机制加入了残差单元。变化主要体现在ResNet直接使用stride=2的卷积做下采样，并且用全局平均池化层（global average pool）层替换了全连接层。ResNet的一个重要设计原则是：当特征图大小降低一半时，特征图的数量增加一倍，保持了网络层的复杂度。ResNet网络结构如表5-2所示。

表 5-2　ResNet 网络结构

层名	输出大小	18 层	34 层	50 层	101 层	152 层
conv1	112 × 112	7 × 7，64，步幅 2				
conv2.x	56 × 56	3 × 3，最大池化，步幅 2				
		$\begin{bmatrix}3\times3,64\\3\times3,64\end{bmatrix}\times2$	$\begin{bmatrix}3\times3,64\\3\times3,64\end{bmatrix}\times3$	$\begin{bmatrix}1\times1, 64\\3\times3, 64\\1\times1,256\end{bmatrix}\times3$	$\begin{bmatrix}1\times1, 64\\3\times3, 64\\1\times1,256\end{bmatrix}\times3$	$\begin{bmatrix}1\times1, 64\\3\times3, 64\\1\times1,256\end{bmatrix}\times3$
conv3.x	28 × 28	$\begin{bmatrix}3\times3,128\\3\times3,128\end{bmatrix}\times2$	$\begin{bmatrix}3\times3,128\\3\times3,128\end{bmatrix}\times4$	$\begin{bmatrix}1\times1,128\\3\times3,128\\1\times1,512\end{bmatrix}\times4$	$\begin{bmatrix}1\times1,128\\3\times3,128\\1\times1,512\end{bmatrix}\times4$	$\begin{bmatrix}1\times1,128\\3\times3,128\\1\times1,512\end{bmatrix}\times8$
conv4.x	14 × 14	$\begin{bmatrix}3\times3,256\\3\times3,256\end{bmatrix}\times2$	$\begin{bmatrix}3\times3,256\\3\times3,256\end{bmatrix}\times6$	$\begin{bmatrix}1\times1, 256\\3\times3, 256\\1\times1,1024\end{bmatrix}\times6$	$\begin{bmatrix}1\times1, 256\\3\times3, 256\\1\times1,1024\end{bmatrix}\times23$	$\begin{bmatrix}1\times1, 256\\3\times3, 256\\1\times1,1024\end{bmatrix}\times36$
conv5.x	7 × 7	$\begin{bmatrix}3\times3,512\\3\times3,512\end{bmatrix}\times2$	$\begin{bmatrix}3\times3, 512\\3\times3,1512\end{bmatrix}\times3$	$\begin{bmatrix}1\times1, 512\\3\times3, 512\\1\times1,2048\end{bmatrix}\times3$	$\begin{bmatrix}1\times1, 512\\3\times3, 512\\1\times1,2048\end{bmatrix}\times3$	$\begin{bmatrix}1\times1, 512\\3\times3, 512\\1\times1,2048\end{bmatrix}\times3$
	1 × 1	平均池化，1000-d 全链接，softmax				
FLOPs		1.8×10^9	3.6×10^9	3.8×10^9	7.6×10^9	11.3×10^9

ResNet的提出对深度学习领域产生了深远影响。其引入了残差连接和残差学习的概念，解决了深度神经网络训练过程中的梯度消失和梯度爆炸问题，使得可以训练更深的网络结构，大幅提升了模型的性能和泛化能力，同时也启发了后续深度学习模型的设计和优化。

5. DenseNet网络

DenseNet（Dense convolutional Network）模型由Huang等人（2016）提出，它的基本思路与ResNet一致，但是它建立的是前面所有层与后面层的密集连接，它的名称也是由此而来，图5-10所示为DenseNet网络的密集连接机制。DenseNet的另一大特色是通过特征在通道上的连接来实现特征重用。这些特点让DenseNet在参数和计算成本更少的情形下实现比ResNet更优的性能。

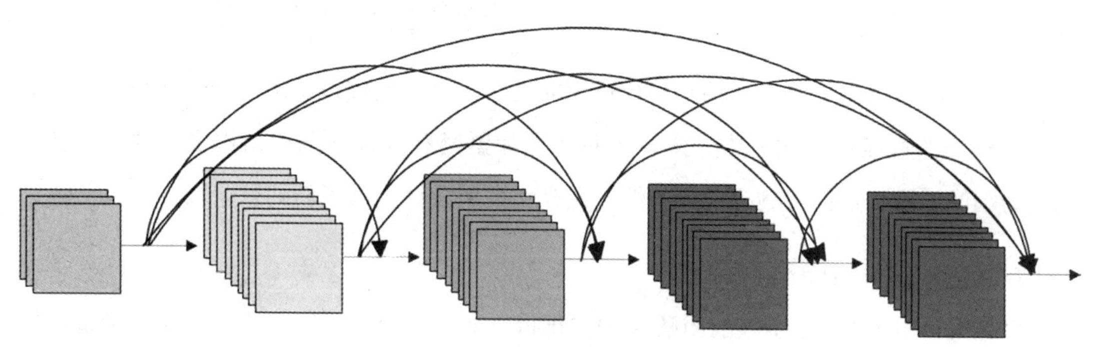

图 5-10 DenseNet 网络的密集连接机制

相比ResNet，DenseNet提出了一个更激进的密集连接机制：即互相连接所有的层，具体来说就是每个层都会接受其前面所有层作为其额外的输入。对于一个L层的网络，DenseNet共包含$L(L+1)/2$个连接，相比ResNet，这是一种密集连接。而且DenseNet是直接连接来自不同层的特征图，这可以实现特征重用，提升效率，这一特点是DenseNet与ResNet最主要的区别。表5-3所示为DenseNet网络结构。

表 5-3 DenseNet 网络结构

网络层	输出大小	DenseNet-121	DenseNet-169	DenseNet-201	DenseNet-264
conv	112 × 112	7 × 7 conv，步幅 2			
Pooling	56 × 56	3 × 3，最大池化，步幅 2			
Dense Block (1)	56 × 56	$\begin{bmatrix}1\times1 & \text{conv}\\3\times3 & \text{conv}\end{bmatrix}\times6$	$\begin{bmatrix}1\times1 & \text{conv}\\3\times3 & \text{conv}\end{bmatrix}\times6$	$\begin{bmatrix}1\times1 & \text{conv}\\3\times3 & \text{conv}\end{bmatrix}\times6$	$\begin{bmatrix}1\times1 & \text{conv}\\3\times3 & \text{conv}\end{bmatrix}\times6$
Transition Layer (1)	56 × 56	1 × 1 conv			
	28 × 28	2 × 2，平均池化，步幅 2			
Dense Block (2)	28 × 28	$\begin{bmatrix}1\times1 & \text{conv}\\3\times3 & \text{conv}\end{bmatrix}\times12$	$\begin{bmatrix}1\times1 & \text{conv}\\3\times3 & \text{conv}\end{bmatrix}\times12$	$\begin{bmatrix}1\times1 & \text{conv}\\3\times3 & \text{conv}\end{bmatrix}\times12$	$\begin{bmatrix}1\times1 & \text{conv}\\3\times3 & \text{conv}\end{bmatrix}\times12$

续表

网络层	输出大小	DenseNet-121	DenseNet-169	DenseNet-201	DenseNet-264
Transition Layer (2)	28×28	1 × 1 conv			
	14×14	2×2，平均池化，步幅 2			
Dense Block (3)	14×14	$\begin{bmatrix}1\times1 & \text{conv}\\ 3\times3 & \text{conv}\end{bmatrix}\times24$	$\begin{bmatrix}1\times1 & \text{conv}\\ 3\times3 & \text{conv}\end{bmatrix}\times32$	$\begin{bmatrix}1\times1 & \text{conv}\\ 3\times3 & \text{conv}\end{bmatrix}\times48$	$\begin{bmatrix}1\times1 & \text{conv}\\ 3\times3 & \text{conv}\end{bmatrix}\times64$
Transition Layer (3)	14×14	1 × 1 conv			
	7×7	2×2，平均池化，步幅 2			
Dense Block (4)	7×7	$\begin{bmatrix}1\times1 & \text{conv}\\ 3\times3 & \text{conv}\end{bmatrix}\times16$	$\begin{bmatrix}1\times1 & \text{conv}\\ 3\times3 & \text{conv}\end{bmatrix}\times32$	$\begin{bmatrix}1\times1 & \text{conv}\\ 3\times3 & \text{conv}\end{bmatrix}\times32$	$\begin{bmatrix}1\times1 & \text{conv}\\ 3\times3 & \text{conv}\end{bmatrix}\times48$
Classification Layer	1×1	7×7 全层平均池化			
		1000d 全连接，softmax			

DenseNet通过引入密集连接和特征重用的机制，极大地促进了信息流动和特征传递，提升了网络的性能和泛化能力，激发了对于更加紧密和高效的网络结构设计的研究和探索，为图像识别、目标检测等任务的性能提升和模型设计提供了新的思路和方法。

6. MobileNet网络

MobileNet网络是由Google团队在2017年提出的，是专注于移动端或嵌入式设备的轻量级CNN网络（Howard等，2017）。相比传统卷积神经网络，在准确率小幅降低的前提下大大减少模型参数与运算量（相比VGG16准确率减少了0.9%，但模型参数只有VGG的1/32）。

MobileNet要创新点是将普通卷积换成了深度可分离卷积（depth wise separable convolution），并引入了两个超参数使得可以根据资源来更加灵活地控制自己模型的大小。深度可分离卷积就是将普通卷积拆分成为一个深度卷积和一个逐点卷积。将卷积核拆分成为单通道形式，在不改变输入特征图像的深度的情况下，对每一通道进行卷积操作，这样就得到了和输入特征图通道数一致的输出特征图深度卷积。逐点卷积就是1×1卷积。主要作用就是对特征图进行升维和降维。MobileNet网络结构如表5-4所示，深度可分离卷积结构如图5-11所示。

表 5-4　MobileNet 网络结构

类型 / 步幅	滤波器形状	输入大小
conv / s2	3×3×3×32	224×224×3
conv dw / s1	3×3×32 dw	112×112×32
conv / s1	1×1×32×64	112×112×32

续表

类型 / 步幅	滤波器形状	输入大小
conv dw / s2	3 × 3 × 64 dw	112 × 112 × 64
conv / s1	1 × 1 × 64 × 128	56 × 56 × 64
conv dw / s1	3 × 3 × 128 dw	56 × 56 × 128
conv / s1	1 × 1 × 128 × 128	56 × 56 × 128
conv dw / s2	3 × 3 × 128 dw	56 × 56 × 128
conv / s1	1 × 1 × 128 × 256	28 × 28 × 128
conv dw / s1	3 × 3 × 256 dw	28 × 28 × 256
conv / s1	1 × 1 × 256 × 256	28 × 28 × 256
conv dw / s2	3 × 3 × 256 dw	28 × 28 × 256
conv / s1	1 × 1 × 256 × 512	14 × 14 × 256
5 × conv dw / s1 conv / s1	3 × 3 × 512 dw 1 × 1 × 512 × 512	14 × 14 × 512 14 × 14 × 512
conv dw / s2	3 × 3 × 512 dw	14 × 14 × 512
conv / s1	1 × 1 × 512 × 1024	7 × 7 × 512
conv dw / s2	3 × 3 × 1024 dw	7 × 7 × 1024
conv / s1	1 × 1 × 1024 × 1024	7 × 7 × 1024
Avg Pool / s1	Pool 7 × 7	7 × 7 × 1024
FC / s1	1024 × 1000	1 × 1 × 1024
softmax / s1	Classifier	1 × 1 × 1000

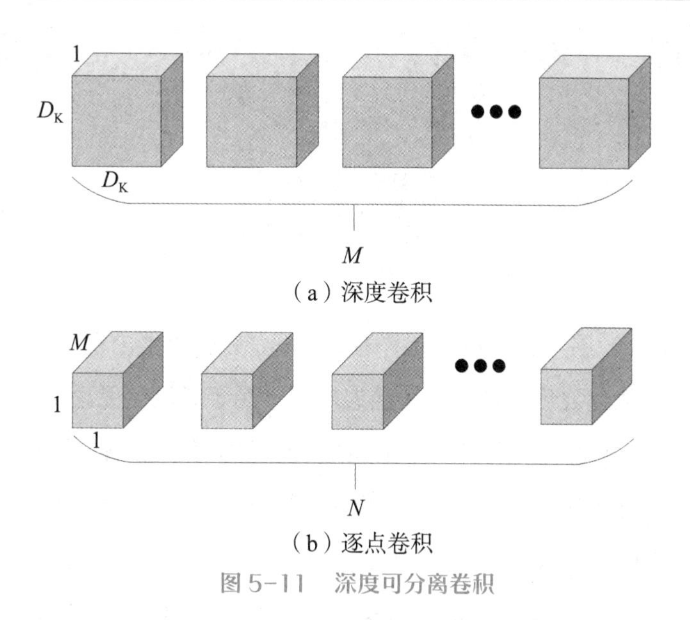

图 5-11　深度可分离卷积

MobileNet专注于设计轻量级和高效率的神经网络结构，使得在资源受限的移动设备上也能进行高效的图像识别和处理，推动了移动端深度学习应用的发展，并激发了对模型轻量化和高性能的研究和探索。MobileNet的设计思想和技术手段为嵌入式设备、移动应用和边缘计算等领域的深度学习应用提供了重要的参考和借鉴。

7. GoogleNet网络

GoogleNet，也称为Inception网络，是由Google提出的深度卷积神经网络模型，其特点是引入了多尺度卷积和并行结构，以及稀疏连接的设计（Szegedy等，2015）。在网络架构中引入了Inception单元，从而进一步提升模型整体的性能。虽然深度达到了22层，但大小却比AlexNet和VGG小很多，GoogleNet参数为5M，VGG16参数是138M，是GoogleNet的27倍多，而VGG16参数量则是AlexNet的两倍多。

Inception最初提出的版本主要思想是利用不同大小的卷积核实现不同尺度的感知。Inception 模块基本组成结构有4个成分：1×1卷积、3×3卷积、5×5卷积、3×3最大池化。最后对4个成分运算结果进行通道上组合，这就是Naive Inception的核心思想：利用不同大小的卷积核实现不同尺度的感知，最后进行融合，可以得到图像更好的表征。Inception网络结构图如图5-12所示。

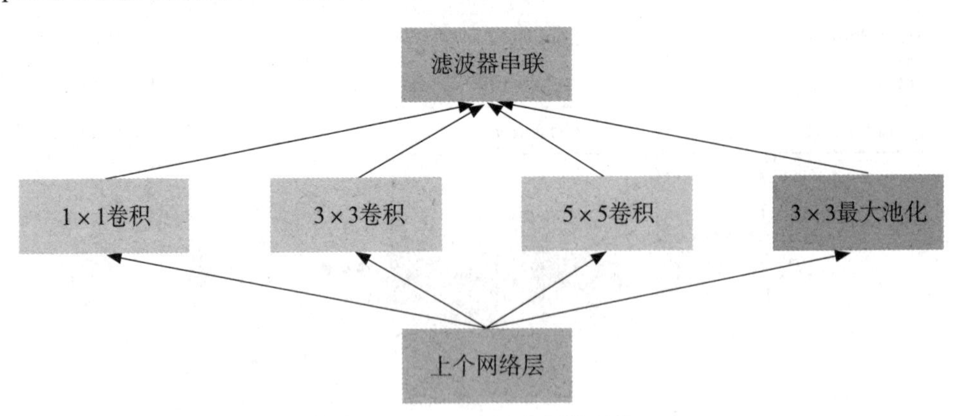

图5-12 Inception 网络结构

GoogleNet网络有22层（包括池化层，有27层），在分类器之前，用平均池化来代替全连接层，并在平均池化之后添加了一个全连接层，用于微调。无论是VGG还是LeNet、AlexNet，在输出层方面均是采用连续3个全连接层，全连接层的输入是前面卷积层的输出经过重新改变大小得到。GoogleNet将全连接层用平均池化层代替后，top-1 accuracy提高了大约0.6%；然而即使在去除了全连接层后，依然必须使用dropout层。由于全连接网络参数多，计算量大，容易过拟合，所以GoogleNet没有采用VGG、LeNet、AlexNet三层全连接结构，直接在Inception模块之后使用平均池化和dropout方法，不仅起到降维作用，还在一定程度上防止过拟合。

在dropout层之前添加了一个7 × 7的平均池化层，一方面是降维，另一方面也是对低层特征的组合。如果希望网络在高层可以抽象出图像全局的特征，那么应该在网络的高层增加卷积核的大小或者增加池化区域的大小，GoogleNet将这种操作放到了最后的池化过程，前面的Inception模块中卷积核大小都是固定的，而且比较小，主要是为了卷积时的计算方便。GoogleNet的网络结构如表5-5所示。

表5-5　GoogleNet 的网络结构

类　别	块大小 / 步长	输出大小	深度	1 × 1 卷积层数	减少特征图通道数	3 × 3 卷积层数	减少特征图通道数	5 × 5 卷积层数	池化投影操作	参数	操作
卷积层	7 × 7/2	112 × 112 × 64	1							2.7K	34M
最大池化	3 × 3/2	56 × 56 × 64	0								
卷积层	3 × 3/1	56 × 56 × 192	2		64	192				112K	360M
最大池化	3 × 3/2	28 × 28 × 192	0								
Inception 结构（3a）		28 × 28 × 256	2	64	96	128	16	32	32	159K	128M
Inception 结构（3b）		28 × 28 × 480	2	128	128	192	32	96	64	380K	304M
最大池化	3 × 3/2	14 × 14 × 480	0								
Inception 结构（4a）		14 × 14 × 512	2	192	96	208	16	48	64	364K	73M
Inception 结构（4b）		14 × 14 × 512	2	160	112	224	24	64	64	437K	88M
Inception 结构（4c）		14 × 14 × 512	2	128	128	256	24	64	64	463K	100M
Inception 结构（4d）		14 × 14 × 528	2	112	144	288	32	64	64	580K	119M
Inception 结构（4e）		14 × 14 × 832	2	256	160	320	32	128	128	840K	170M
最大池化	3 × 3/2	7 × 7 × 832	0								
Inception 结构（5a）		7 × 7 × 832	2	256	160	320	32	128	128	1072K	54M
Inception 结构（5b）		7 × 7 × 1024	2	384	192	384	48	128	128	1388K	71M
平均池化	7 × 7/1	1 × 1 × 1024	0								
随机失活（40%）		1 × 1 × 1024	0								
线性		1 × 1 × 1000	1							1000K	1M
归一化指数函数层		1 × 1 × 1000	0								

GoogleNet通过引入了称为Inception模块的创新性设计，成功地探索了极深的神经网络结构。这个模块允许网络在同一层次上同时考虑多种尺度和层次的特征，从而提高了网络的效率和性能。GoogleNet在ImageNet图像分类挑战赛上取得了较好的成绩，证明了其在图像分类任务中的有效性。此外，GoogleNet的结构也为对象检测任务提供了一种有效的基础，后续的模型如SSD和Faster R-CNN受到了它的启发。GoogleNet的成功和影响激

发了对更高效、更深层次的神经网络结构研究的探索，同时也推动了轻量化神经网络的发展，以适应嵌入式和移动设备等资源受限的应用场景。

5.1.5 语义分割和实例分割算法

图像分割的历史始于基于简单阈值和边缘检测的方法。首先，基于阈值分割将图像根据灰度值进行二值化，适用于简单的背景与前景分离。边缘检测则着眼于捕获图像中灰度变化剧烈的地方，以此作为分割的线索。这些方法在一定程度上提供了图像分割的基础，但往往难以应对复杂的场景和对象。

随着深度学习技术的兴起，图像分割领域迎来了革命性的变革。随着卷积神经网络的出现，图像分割任务得以从像素级别理解升级到了语义级别。语义分割不仅可以实现对图像中不同物体的像素级别分类，而且能够对每个像素赋予语义标签，从而实现对图像的深层次理解。在语义分割的基础上，实例分割进一步提升了分割的精度和细节。实例分割不仅能够识别出图像中的不同物体类别，还能够区分出每个物体的不同实例，从而实现了对图像中各个物体的准确标定。这种方法对于需要精细分割的任务尤为重要，如目标检测、自动驾驶等应用场景。

1. FCN网络

全卷积网络（fully convolutional networks，FCN）由Jonathan Long等人（2015）于2015年提出的用于图像语义分割的一种框架，是深度学习用于语义分割领域的开山之作。FCN在传统CNN的结构基础之上保留了模型前面的卷积层，但是将最后的3个全连接层换成了卷积层，因此实现端到端的输入和输出。卷积层与全连接层的区别在于卷积是对局部区域的运算，可以处理不同大小的图像，而全连接层是对所有输入进行了完全的连接，只能处理固定大小的图像。

FCN的一个重要特性是跳跃连接，它允许网络从不同层次的特征图中提取语义信息。通过在不同层次的特征图之间建立直接的连接，FCN能够融合多尺度的语义信息，从而提高图像分割的准确性和鲁棒性。这种设计使得FCN能够同时保留图像的空间信息和语义信息，从而在图像分割任务中取得优异的性能。同时，为解决卷积和池化导致图像尺寸的变小，使用上采样方式对图像尺寸进行恢复。其输出一张已经标记好的图，而不是一个概率值，这样的全卷积神经网络可以用于图像语义分割。图像语义分割要对每个像素的所属类别进行预测分类，在得到最终的特征图后，可以以此对像素来分类，找到像素所属的类别，从而实现像素级别的图像分割。FCN可以基于若干种结构，如VGGNet、AlexNet等。

总的来说，FCN以其简单而有效的架构为图像分割领域带来了一场革命性的变革。其灵活性和高性能使其成为各种图像分割任务的首选模型，并在计算机视觉领域产生了深远的影响。随着深度学习技术的不断发展，FCN及其衍生模型将继续推动图像分割技术的进步，为实际应用带来更多的可能性。

2. U-Net网络

U-Net是一种用于图像分割任务的深度学习架构，由Ronneberger等人（2015）于2015年提出。U-Net是一种用于图像分割任务的深度学习模型，其架构被广泛应用于医学图像分析、地块分割、自然图像分割等领域。U-Net的名字源自其U形的网络结构，该结构特点是有对称的编码器（下采样路径）和解码器（上采样路径）部分，以及跳跃连接。

U-Net的编码器部分类似于CNN，其通过多个卷积层和池化层逐渐减小特征图的大小和提取高层次的语义信息。在解码器部分，U-Net使用转置卷积层（或上采样）和卷积层来逐步恢复特征图的分辨率，同时利用跳跃连接将编码器中相应层次的特征图与解码器中的特征图相结合。这种设计允许网络在进行上采样的同时保留更多的细节信息和语义信息，从而提高了分割结果的准确性。跳跃连接是U-Net架构的关键特性之一，它允许网络在解码器阶段将编码器中不同层次的语义信息与相应分辨率的特征图结合起来。这种设计使得U-Net能够同时利用局部细节信息和全局语义信息进行分割，从而产生更加准确的分割结果。

U-Net网络组成包含3部分：①特征提取部分，利用主干部分获得特征层，U-Net的主干特征提取部分与VGG相似，为卷积层和最大池化层的堆叠。利用主干特征提取部分可以获得五个初步有效特征层。②加强特征提取部分，利用主干部分获取到的五个初步有效特征层进行上采样，并且进行特征融合，获得一个最终的，融合了所有特征的有效特征层。③预测部分，利用最终获得的最后一个有效特征层对每一个特征点进行分类，相当于对每一个像素点进行分类。U-Net的主干特征提取部分由卷积层和最大池化层组成，整体结构与VGG类似。U-Net网络结构如图5-13所示。

U-Net的另一个优点是其适用于不同大小的输入图像，这使得它在实际应用中更具有灵活性。此外，U-Net的结构相对简单，易于训练和理解，这使它成为图像分割任务中的研究热点之一。出现了很多基于U-Net的后续改进模型，如U-Net++、TransU-Net和MaskU-Net等，它们继承了U-Net的灵活性和简单性，并进一步提升了其性能和适用性。

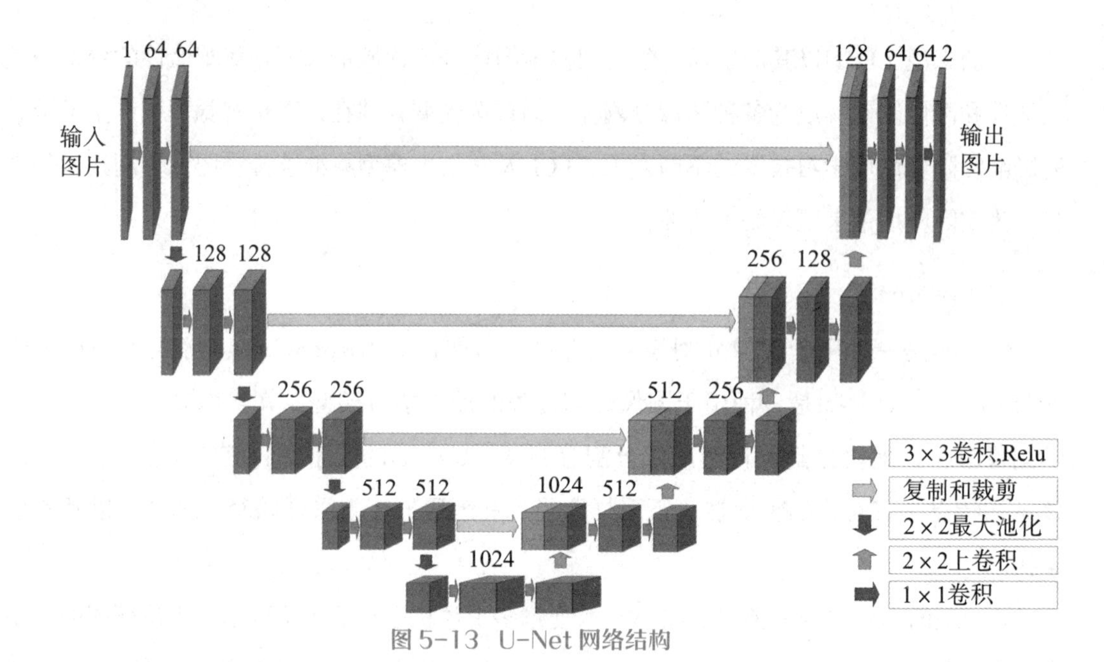

图 5-13 U-Net 网络结构

3. SegNet网络

SegNet是一种用于图像语义分割的深度学习模型，其在图像分割领域的贡献主要是提出了一种轻量级而高效的结构，使得它在实际应用中具有很高的可用性（Badrinarayanan等，2017）。SegNet的架构由编码器（下采样路径）和解码器（上采样路径）组成，类似于其他一些流行的分割模型如U-Net。然而，SegNet相对于其他模型来说，更注重网络的轻量化和内存效率。其编码器部分由多个卷积层和池化层组成，用于提取图像的高层次特征。而解码器部分则使用了转置卷积层（或上采样）和卷积层来逐步恢复分割结果的分辨率。

SegNet的独特之处在于其解码器部分采用了与编码器相对应的最大池化层的索引（pooling indices），这些索引用于在解码器中进行上采样时选择正确的特征进行复原。这种设计使得SegNet能够在进行上采样时精确地还原图像的细节信息，从而产生更加准确的分割结果。另一个SegNet的优点是其轻量化的设计，使得它适用于移动端和嵌入式系统等资源受限的环境。SegNet通过精心设计的网络结构和参数配置，有效地降低了模型的复杂度和内存消耗，同时保持了良好的分割性能。SegNet网络结构如图5-14所示。

图5-14彩图

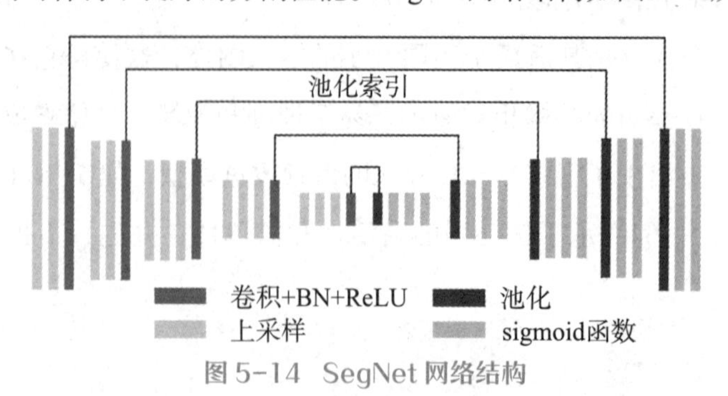

图 5-14 SegNet 网络结构

总的来说，SegNet以其轻量化的设计和高效的分割性能为图像分割领域做出了重要贡献。其简单而有效的架构使得它在实际应用中具有很高的可用性，特别是在资源受限的环境下。SegNet的出现丰富了图像分割模型的选择，为不同场景和需求提供了更多的解决方案。

4. DeepLab网络

DeepLab是一种流行的深度学习模型，用于图像语义分割任务（Chen等，2014；Chen等，2017; Chen等，2018）。它由Google开发，采用了深度卷积神经网络结构，并在图像分割领域取得了显著的成果。DeepLab的关键特点之一是采用了空洞卷积（atrous convolution）技术，这种卷积操作在保持感受野大小的同时，减少了参数数量，提高了计算效率。通过多尺度空洞卷积（multi-scale atrous convolution）的使用，DeepLab能够捕捉不同尺度的语义信息，从而提高了分割结果的准确性。

此外，DeepLab还采用了空间金字塔池化（spatial pyramid pooling）模块，用于对输入图像进行多尺度特征提取。这种模块允许网络在不同尺度下捕获图像的语义信息，从而增强了网络的泛化能力和鲁棒性。另一个DeepLab的重要特点是引入了解码器模块（decoder module），用于对特征图进行上采样和恢复分辨率。这种模块通过转置卷积层和跳跃连接来融合不同层次的特征，使得网络能够更好地捕捉图像的细节信息，提高了分割结果的精度。DeepLab的一系列版本不断引入新的技术和改进，其中最重要的是DeepLabV3和DeepLabV3+。DeepLabV3网络结构如图5-15所示。

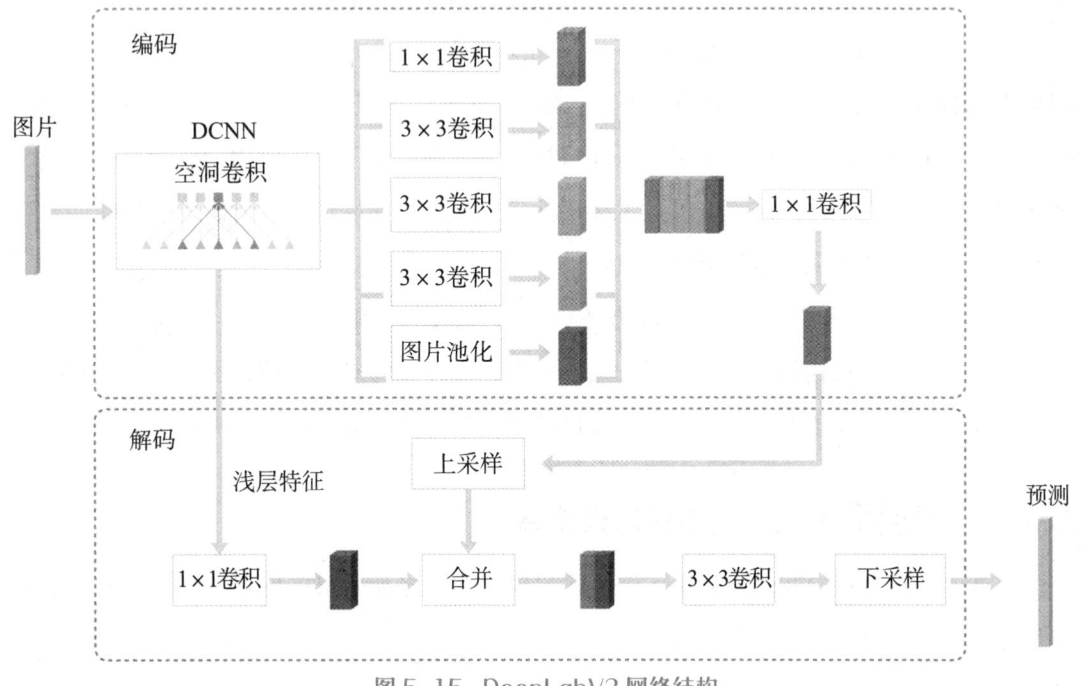

图5-15　DeepLabV3网络结构

5.2 作物病害深度学习目标检测技术

作物病害的快速检测和精确定位对于农业生产的管理和农产品质量的保障至关重要。传统的人工检测方式虽然经验丰富，但往往效率低下且受主观因素影响大。随着深度学习技术的迅速发展，基于深度学习的目标检测技术为作物病害检测带来了全新的解决方案。

5.2.1 图像目标检测原理

图像目标检测是计算机视觉领域的重要技术，其主要任务是从图像或视频中准确识别和定位一个或多个对象（张晨然，2023）。早期的目标检测方法主要依赖于手工设计的特征提取器，如SIFT（尺度不变特征变换）（Lowe, 1999）和HOG（方向梯度直方图）（Dalal等，2005）。SIFT算法在图像处理领域中被广泛应用，它通过在不同尺度空间中检测图像的关键点，并提取这些关键点的局部特征描述子。这些描述子具有尺度、旋转和光照不变性，使得SIFT在目标检测中表现出色。HOG算法则利用局部区域的梯度方向直方图来描述图像的外观和形状信息，对于捕捉物体的边缘和形状特征具有较好的效果。这些手工设计的特征描述子能够在一定程度上克服图像的几何变形和光照变化，从而提高目标检测的鲁棒性。除了SIFT和HOG，早期的目标检测算法还包括Haar-like特征（Viola等，2001）和LBP（局部二值模式）（Ojala等，2002）等，它们在一定程度上帮助提高了目标检测的性能。然而，随着深度学习技术的兴起，特别是深度卷积神经网络的发展，目标检测领域发生了革命性的变化（LeCun等，2015）。深度学习方法通过端到端的学习方式，可以自动地从原始数据中学习到适合任务的特征表示，避免了手工设计特征的烦琐过程（Guo等，2002）。因此，深度学习方法在目标检测领域取得了巨大成功，成为目前主流的技术路线。深度卷积神经网络能够通过多层次的卷积和池化操作，逐渐提取图像的抽象特征，并通过分类器实现目标的定位和识别。

总的来说，尽管早期的目标检测方法如SIFT、HOG等在一定程度上提高了目标检测的性能和鲁棒性，但相较于深度学习方法，它们的表现相对有限。随着深度学习技术的不断发展和完善，可以预见，深度学习方法将继续引领目标检测领域的发展方向。

5.2.2 深度学习目标检测技术发展

深度学习在目标检测领域取得了令人瞩目的进步。最初的目标检测方法主要依赖于手工设计的特征和复杂的数据处理流程，如基于滑动窗口的方法（Voulodimos等，2018）。然而，随着深度学习的兴起，基于神经网络的目标检测技术逐渐成为主流（Zhao等，

2019）。其中，基于区域提议的方法（如R-CNN系列）通过候选区域的生成和分类来实现目标检测，为该领域的研究带来了巨大的突破。

随着深度学习模型的不断演进和硬件计算能力的提升，出现了更加高效和快速的目标检测算法。单阶段检测器通过直接回归边界框和类别概率来实现端到端的目标检测，大大简化了检测流程并提高了检测速度。此外，一些基于Transformer（Vaswani等，2017）架构的方法也在目标检测中展现出了潜力，为模型的性能和泛化能力带来了新的可能性。

随着数据集规模的增大和训练技巧的改进，目标检测模型的性能和鲁棒性不断提升。数据增强、迁移学习（Zhuang等，2020）、跨领域训练等技术的应用使得模型在更加复杂的场景下表现出色。此外，针对特定任务和挑战，如小目标检测、遮挡目标检测等，研究者们也提出了一系列创新性的方法，为目标检测技术的进一步发展开辟了新的道路。

目前，越来越多的研究者开始关注目标检测领域的未来发展方向。一些前沿研究聚焦于提升目标检测算法在复杂场景下的鲁棒性，如不良天气条件下的目标检测、夜间或低光条件下的目标检测等。另一些研究则着眼于推动目标检测技术在实际应用中的落地，包括在自动驾驶、智能监控、工业生产等领域的应用。

5.2.3　目标检测算法

基于深度卷积网络的目标检测算法的原理基于深度学习技术。它通过构建深度卷积神经网络来自动学习图像中的特征，然后利用这些学习到的特征进行目标的识别和定位（Zhang等，2018）。典型的深度卷积网络结构包括卷积层、池化层、激活函数和全连接层等，其中卷积层用于提取图像的特征，池化层用于降低特征图的尺寸，激活函数用于引入非线性，全连接层用于输出目标类别的概率。

基于深度卷积网络的目标检测算法的发展可以追溯到2012年，当时AlexNet在ImageNet图像分类挑战赛上取得了巨大成功，这标志着深度学习在计算机视觉领域的崭露头角。随后，许多深度卷积网络模型如VGG、GoogLeNet、ResNet等相继提出，不断提升了图像识别的准确性和鲁棒性。同时，针对目标识别任务的特点，出现了一系列针对性的算法和网络结构，如Faster R-CNN、YOLO、SSD等，进一步提高了目标识别的速度和效率。

技术特点：①自动特征学习：基于深度卷积网络的目标识别算法能够自动学习图像中的特征，不再需要手动设计特征，大大提高了算法的适用性和泛化能力。②多尺度特征提取：深度卷积网络能够在不同层次上提取图像的多尺度特征，使得算法能够更好地适应不同尺度的目标物体。③端到端训练：深度卷积网络采用端到端的训练方式，直接从原始图像到最终的目标识别结果，简化了算法的流程并提高了效率。

1. R-CNN目标检测算法

R-CNN（region-based convolutional neural networks）是由Ross Girshick等人（2014）于2014年发表的题为*Rich Feature Hierarchies for Accurate Object Detection and Semantic Segmentation*（准确的物体检测和语义分割的丰富特征层级）论文中提出的一种基于深度学习的目标检测算法。该算法在当时取得了显著的突破，为目标检测领域的研究带来了重要的影响。在R-CNN之前，目标检测通常基于手工设计的特征和传统的机器学习算法。这些方法在复杂的场景中往往无法提供准确的检测结果。R-CNN通过引入CNN，利用其强大的特征学习能力，极大地改进了目标检测的准确性和性能。

R-CNN的创新之处在于将深度学习引入目标检测的各个阶段。通过使用CNN提取特征，R-CNN能够学习到更具有判别性的特征表示，从而提高了目标检测的准确性。此外，R-CNN还引入了候选区域的生成机制，避免了对整个图像进行密集的滑动窗口搜索，从而大大提高了算法的效率。R-CNN的成功标志着深度学习在目标检测领域的广泛应用。

R-CNN首先利用Selective Search等算法从图像中提取大量的候选区域，这些候选区域覆盖了可能包含目标的各种位置和尺度。然后针对每个候选区域，R-CNN将其输入预训练的卷积神经网络（如AlexNet、VGG等）中，以提取丰富的特征表示。这些特征被用于训练一个支持向量机分类器，对每个候选区域进行目标分类。R-CNN框架如图5-16所示。R-CNN的优势在于其能够准确地定位目标，并且在一定程度上能够处理目标的尺度和姿态变化，从而具有较高的识别准确度。

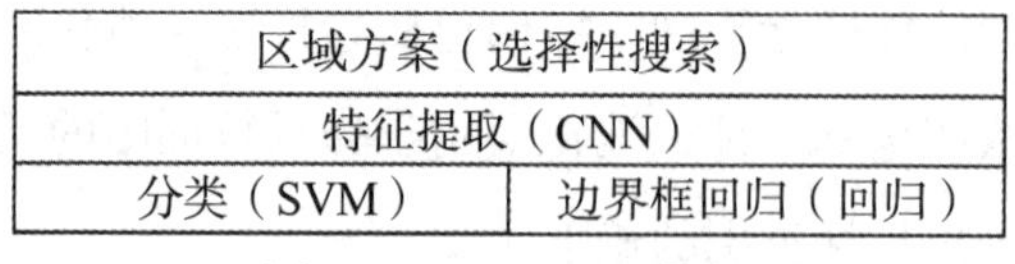

图5-16 R-CNN框架

R-CNN基于Selective Search方法在一张图片生成大约2000个候选区域然后每个候选区域被调整大小成固定大小（227像素×227像素）并送入一个CNN模型中，最后得到一个4096维的特征向量。然后这个特征向量被送入一个多类别SVM分类器中，进而预测出候选区域中所含物体的属于每个类的概率值。每个类别训练一个SVM分类器，从特征向量中推断其属于该类别的概率大小。为了提升定位准确性，R-CNN最后又训练了一个边界框回归模型。在做预测时，反向求出预测框的修正位置。R-CNN对每个类别都训练了单独的回归器，采用最小均方差损失函数进行训练。具体步骤如下。

（1）Selective Search。R-CNN采用的是Selective Search，采取过分割手段，将图像分割成小区域，再通过颜色直方图、梯度直方图相近等规则进行合并，最后在R-CNN的候选区域中选择。依据建议提取的目标图像进行归一化作为卷积神经网络的标准输入。一张图像大约得到2000个候选框，然而人工标注只标注了一个正确的Bounding box，因此，在CNN阶段需要用IoU为2000个Bounding box打标签，如果用selective search方法挑选出来的候选框与人工标注矩形框的重叠区域的IoU大于0.5，就把这个候选框标注成物体类别（正样本），否则就把它当作背景类别（负样本）。

（2）卷积神经网络进行特征获取。依据输入进行卷积与池化操作，获得特定分辨率的结果（224像素 × 224像素），并且R-CNN通过使用权值共享和低维输入，因此速度得到极大提升。

（3）分类操作与边界回归。具体操作为，首先按照特征训练时所用的分类器把获取的张量分类，之后利用Bounding-box Regression获取准确的目标框。

（4）位置精确修正。使用回归器精细修正候选框位置。

R-CNN也存在着一些明显的缺点，其中最主要的是速度较慢。由于对每个候选区域都要进行单独的前向传播和特征提取，这导致了计算成本的大幅增加。这种计算负担不仅使得模型训练时间较长，而且限制了其在实时应用中的应用范围。另外，R-CNN需要大量的存储空间来保存提取的候选区域和相应的特征表示，也增加了算法的复杂度和资源消耗。

尽管R-CNN存在这些缺点，但它作为深度学习目标检测领域的开创性工作，为后续的目标检测算法提供了重要的启示。后续的一系列算法如Fast R-CNN、Faster R-CNN和Mask R-CNN等都是在R-CNN的基础上做出了改进，旨在解决其速度慢和计算成本高的问题，从而实现更快速和高效的目标检测。因此，尽管R-CNN在速度和效率方面存在挑战，但它对深度学习目标检测技术的发展起到了重要的推动作用。

2. Fast R-CNN目标检测算法

Fast R-CNN是由Ross Girshick于2015提出的一种快速而精确的目标检测方法，是R-CNN系列的进一步发展。这篇论文旨在解决目标检测领域中的一些问题，特别是传统目标检测方法中存在的速度和准确性之间的矛盾，提出了一种基于快速区域的卷积网络方法来处理目标检测。与以往的工作相比，Fast R-CNN采用了一些创新，以提高训练和测试速度，同时也提高了检测的准确性。Fast R-CNN框架如图5-17所示。

区域方案（选择性搜索）
特征提取 分类 边界框回归 （CNN）

图5-17　Fast R-CNN 框架

Fast R-CNN算法流程如下。

（1）输入图像。

（2）通过深度网络中的卷积层对图像进行特征提取，得到图片的特征图。

（3）通过Selective Search算法得到图像的感兴趣区域（通常取2000个）。

（4）对得到的感兴趣区域进行ROI pooling（感兴趣区域池化）：即通过坐标投影的方法，在特征图上得到输入图像中的感兴趣区域对应的特征区域，并对该区域进行最大值池化，这样就得到了感兴趣区域的特征，并且统一了特征大小。

（5）将ROI pooling层的输出作为每个感兴趣区域的特征向量。

（6）将感兴趣区域的特征向量与全连接层相连，并定义了多任务损失函数，分别与softmax分类器和box bounding回归器相连，分别得到当前感兴趣区域的类别及box bounding。

（7）对所有得到的box bounding进行非极大值抑制，得到最终的检测结果。

Fast R-CNN相比于R-CNN改进在于Fast R-CNN仍然使用selective search选取2000个建议框，但不是将这么多建议框都输入卷积网络中，而是将原始图片输入卷积网络中得到特征图，再使用建议框对特征图提取特征框。这样做的好处是，原来建议框重合部分非常多，卷积重复计算严重，而这里每个位置都只计算了一次卷积，大大减少了计算量。由于建议框大小不一，得到的特征框需要转化为相同大小，这一步是通过ROI池化层来实现的。Fast R-CNN里没有SVM分类器和回归器，分类和预测框的位置大小通过卷积神经网络输出。为了提高计算速度，网络最后使用奇异值分解方法压缩全连接层。

3. SSD目标检测算法

SSD（single shot multibox detector）是作者Liu在ECCV 2016上发表的一篇论文提出的。对于输入尺寸300像素×300像素的SSD网络使用Nvidia Titan X在VOC 2007测试集上达到74.3% mAP以及59FPS（每秒可以检测59张图片）；对于输入512像素×512像素的SSD网络超越了当时最强的Faster R-CNN，达到真正的实时检测。SSD的基本思想在于对生成的不同尺寸的特征图执行固定尺寸的卷积生成目标物体的边界框，从而预测边界框的类别分数和偏移量。

SSD核心组成（图5-18）可归纳如下。

（1）用于目标特征提取的基础网络部分也称主干网络，该部分大多采用迁移学习的方法，利用在ImageNet数据集上已训练好的分类网络模型作为预训练模型，然后去掉网络模型中用于输出分类结果的全连接层，将其作为特征提取的主干网络。

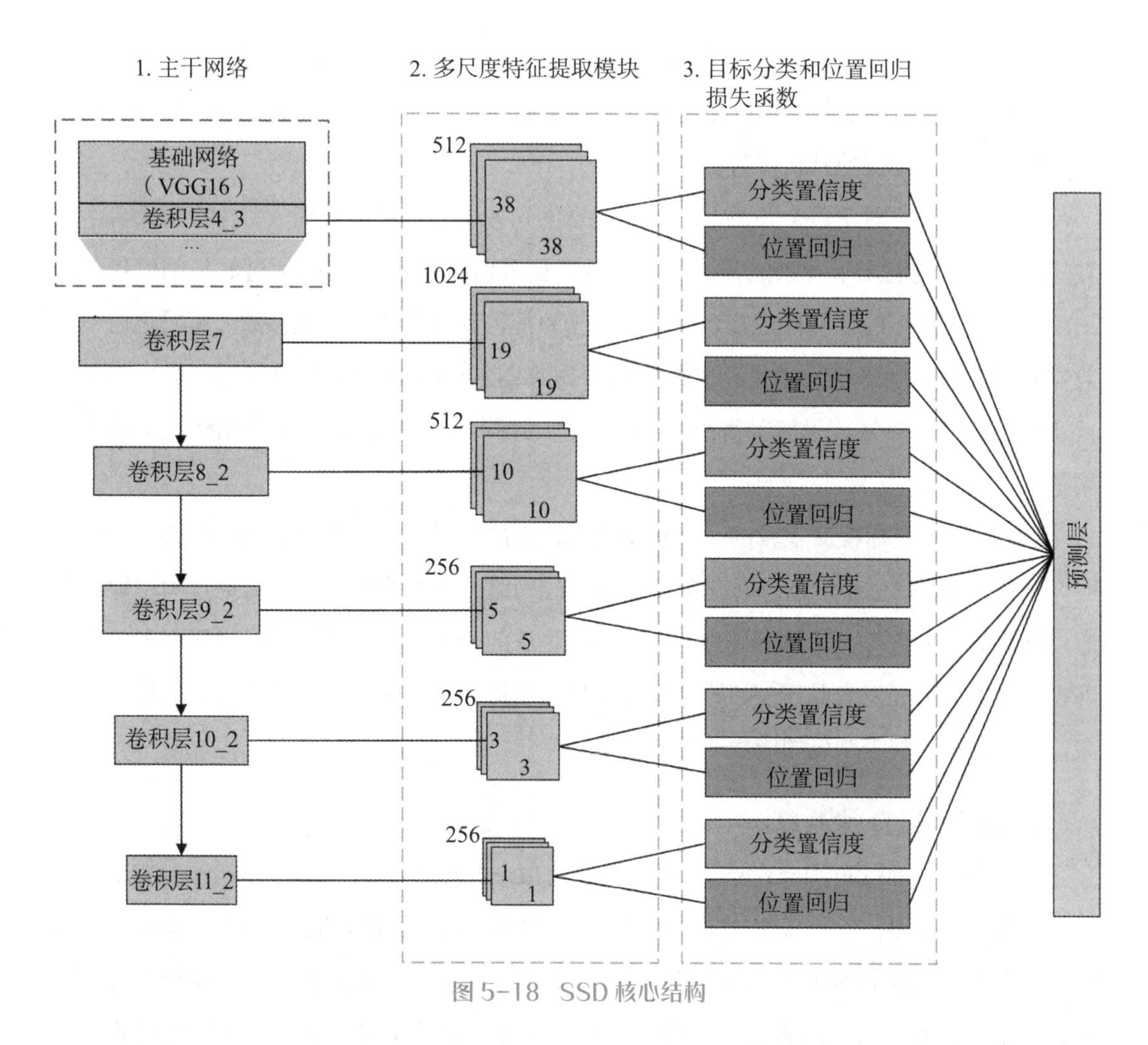

图 5-18　SSD 核心结构

（2）多尺度特征提取网络部分，该部分采用一系列级联的不同尺度的卷积层，并对主干网络进行不同尺度的特征提取，然后用于目标检测的输出。

（3）计算目标检测输出的前向损失，该部分的损失函数一般由用于预测目标分类结果的softmax损失函数和用于预测目标位置框回归结果的Smooth L1损失函数共同组成。

SSD算法采用了锚点机制，在不同层的特征图上设置默认框，即在每个特征图栅格上有一系列固定大小的框。在SSD300网络结构中，通常在conv43、conv102和conv112上设置4个默认框，其他层则设置6个默认框。其中每个特征图还设置了两个长宽比为1但大小不同的正方形先验框。在预测阶段，SSD算法直接预测每个默认框的偏移以及对每个类别相应的得分，然后通过非极大抑制的方法得到最终结果。

在训练阶段，SSD算法先将这些默认框与真实框进行匹配，同一个真实框可能匹配到多个默认框。当匹配成功时，默认框为正样本，反之为负样本。因此，负样本的数目远远大于正样本。SSD算法通常在训练时，将负样本按照置信损失进行排序，选择排名靠前的负样本作为训练集。确保负样本和正样本的比例保持在3∶1左右，同时在实际训练中，SSD算法并没有将每个特征图栅格所对应的所有默认框进行训练，而是选取一定数量的默认框数，并将预测层的默认框数目求和。

在预测阶段，对于每个预测框，首先根据类别置信度确定其类别（置信度最大者）与置信度值，并过滤属于背景的预测框。然后根据置信度阈值（如0.5）过滤掉阈值较低的预测框。对于留下的预测框进行解码，根据先验框得到其真实的位置参数。解码之后，一般需要根据置信度进行降序排列，然后仅保留靠前的n（如400）个预测框。最后就是进行非极大值抑制算法，过滤掉那些重叠度较大的预测框。最后剩余的预测框就是检测结果了。

SSD算法是目标检测领域的一项重要成果，它的出现极大地推动了目标检测技术的发展。SSD算法将目标检测任务转化为单一的神经网络，使得在单个前向传播过程中即可完成目标检测，大大提高了检测速度。而且SSD算法的开源实现促进了广泛的研究和应用，许多研究人员和开发者基于SSD算法进行了自己的探索和改进，推动了实时目标检测在视频监控、自动驾驶等领域的应用。

4. YOLO目标检测算法

YOLOv1（you only look once，YOLO）由Joseph Redmon等人于2016年在CVPR上发表的一篇论文提出。它首次提出了一种实时端到端的目标检测方法。YOLOv1能够通过网络的单次传递完成检测任务，而不像以前的方法那样需要滑动窗口后跟随分类器对每个图像运行数百或数千次，或者更高级的方法将任务分成两个步骤，第一步检测可能的带有对象的区域或区域提议，第二步对提议上的分类器运行。此外，YOLOv1使用更直接的输出，仅基于回归来预测检测结果，而不像Fast R-CNN那样使用两个单独的输出，一个用于概率的分类，另一个用于框的坐标回归。

YOLOv1统一了目标检测步骤，通过同时检测所有边界框来实现这一目标。为了实现这一点，YOLOv1将输入图像划分为一个$S \times S$的网格，并对每个网格元素预测B个相同类别的边界框，以及每个网格元素对C个不同类别的置信度。每个边界框的预测包括五个值P_{c}、b_{a}、b_{y}、b_{h}、b_{w}，其中P_{c}是盒子的置信度分数，反映了模型对该盒子包含对象的自信程度和盒子的准确性。b_{a}和b_{u}坐标是相对于网格单元的盒子中心，而b_{h}和b_{w}是相对于完整图像的盒子高度和宽度。YOLOv1的输出是一个$S \times S \times (B \times 5 + C)$的张量，可选择性地跟随非极大值抑制以删除重复检测。

YOLOv1架构包括24个卷积层，结合了3×3的卷积和1×1的卷积以减少通道。输出是一个全连接层，生成一个7×7的网格，每个网格单元有30个值，以容纳十个边界框坐标（2个框）和20个类别。YOLOv1网络结构如表5-6所示。

表5-6　YOLOv1 网络结构

网络层类型		卷积核数量	大小 / 步幅	输出
conv		64	7×7/2	224×224
max pool			2×2/2	112×112
conv		192	3×3/1	112×112
max pool			2×2/2	56×56
conv		128	1×1/1	56×56
conv		256	3×3/1	56×56
conv		256	1×1/1	56×56
conv		512	3×3/1	56×56
max pool			2×2/2	28×28
重复 4 次	conv	256	1×1/1	28×28
	conv	512	3×3/1	28×28
conv		512	1×1/1	28×28
conv		1024	3×3/1	28×28
max pool			2×2/2	14×14
重复 2 次	conv	512	1×1/1	14×14
	conv	1024	3×3/1	14×14
conv		1024	3×3/1	14×14
conv		1024	3×3/2	7×7
conv		1024	3×3/1	7×7
conv		1024	3×3/1	7×7
FC			4096	4096
dropout 0.5				4096
FC			7×7×30	7×7×30

注：YOLOv1网络结构由一系列连续的卷积层（conv）、最大池化层（max pool）和全连接层（FC）构成，其中重复4次和重复2次代表对应的多个卷积层采用了相同的卷积参数，整体连续出现了4次和2次。YOLOv1网络总共有24个卷积层、4个最大池化层和2个全连接层。

在原始的YOLOv1论文中，作者使用了包含20个类别（$C=20$）的PASCAL VOC数据集；网格大小为7×7（S=7），每个网格元素最多包含2个类别（$B=2$），因此输出预测的维度为7×7×30。图5-19所示为一个简化的输出向量，考虑了一个三乘三的网格、三个类别以及每个网格一个类别，共计八个值。在这个简化的情况下，YOLOv1的输出将为3×3×8。

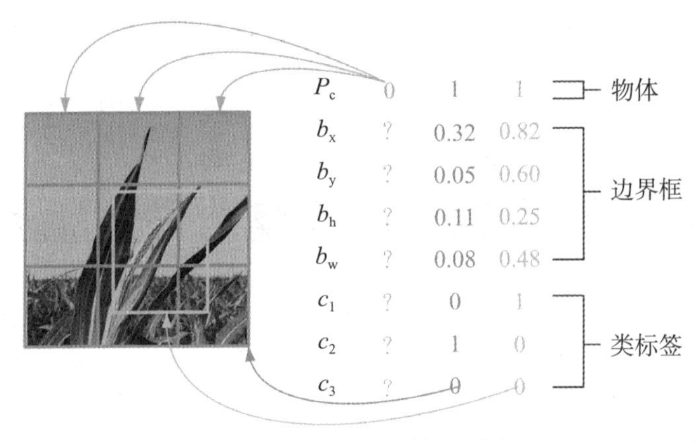

图 5-19 YOLOv1 输出预测

YOLOv1的简单架构，以及其新颖的全图像单次回归，使其比现有的目标检测器快得多，从而实现实时性能。然而，虽然YOLOv1的性能比任何物体检测器都快，但与Fast R-CNN等其他的方法相比，定位误差更大。在各种物体检测算法中，YOLO框架因其在速度和准确性方面的出色平衡而脱颖而出，能够快速可靠地识别图像中的物体。自提出以来，YOLO系列经历了多次迭代，每次迭代都建立在以前的版本之上，以解决限制并增强性能，版本更新时间线如图5-20所示。

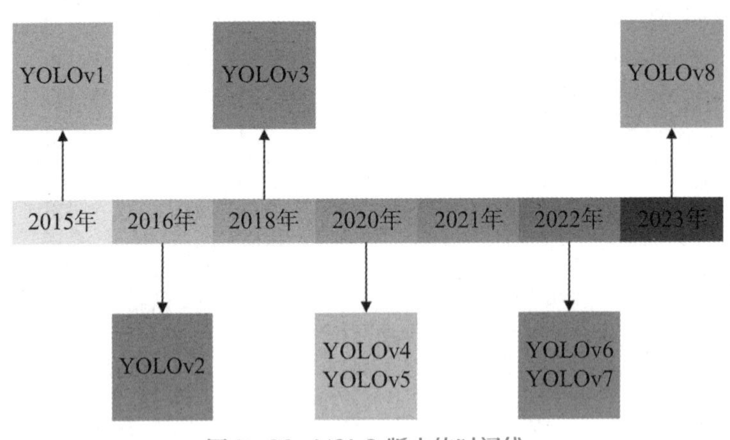

图 5-20 YOLO 版本的时间线

（1）YOLOv2（2016）。YOLOv2在其前身YOLOv1的基础上进行了重大改进，主要包括采用了Darknet-19网络架构和更多的卷积层，引入了Batch Normalization和Anchor Boxes等技术（Redmon等，2017）。这些改进使得模型能够更好地学习特征并提高了检测精度，同时还大幅度提升了运行速度。引入Anchor Boxes的技术使得YOLOv2能够更好地处理不同尺度的目标，而使用更高分辨率的分类器则有助于提高检测精度。此外，YOLOv2还通过对网络结构的优化，如采用更小的滤波器尺寸和更多的卷积层，进一步提升了模型性能。

（2）YOLOv3（2018）。YOLOv3在YOLOv2的基础上引入了三种不同尺度的检测层，以处理不同大小的目标（Redmon等，2018）。此外，YOLOv3采用了更深的Darknet-53网络结构，并引入了残差连接，提高了特征提取的效果。这些改进使得YOLOv3在保持了原有速度的同时，进一步提高了检测精度，能够更好地应对多尺度目标的检测需求。通过结合不同尺度的特征提取层，YOLOv3在图像中有效地捕获了各种大小的目标，从而在各种场景下都取得了更好的性能。

（3）YOLOv4（2020）。YOLOv4采用了CSPDarknet53网络结构和Bag of Freebies/Bags of Specials技术，极大地提高了检测精度和速度（Bochkovskiy等，2020）。CSPDarknet53结合了Cross Stage Partial connections和Darknet53，通过减少特征图的计算量和提升特征表达能力来提高性能。Bag of Freebies/Bags of Specials技术包括数据增强、学习率调度、模型正则化等方法，进一步优化了训练过程。此外，YOLOv4还引入了创新的Mosaic数据增强技术，通过混合多个图像增强样本来训练模型，提高了模型对于复杂场景的适应能力。

（4）YOLOv5（2020）。YOLOv5版本采用了轻量级的网络结构，同时引入了自动混合精度训练和超参数优化等技术，使得训练速度更快且模型更加轻量化。YOLOv5提供了简单易用的部署方式，用户只需使用一行命令即可进行模型训练和推理。此外，YOLOv5还优化了数据增强策略，包括使用CutMix和Mosaic等技术增强模型的泛化能力。

（5）YOLOv6（2022）。YOLOv6采用了Efficient Decoupled Head，将分类和回归的预测解耦，提高了检测的准确性和速度（Li等，2022）。为不同场景应用定制不同规模的模型，小模型以普通的单路径主干为特征，而大模型建立在高效的多分支块上。加入了自蒸馏策略，同时执行了分类任务和回归任务。同时也融合了各种技术，如标签分配检测技术（Feng等，2021）、损失函数（Feng等，2021；Zhang等，2021；Rezatofighi等，2021）和数据增强技术。

（6）YOLOv7（2022）。YOLOv7使用了几种可训练的bag-of-freebies（Maity等，2021），使实时检测器可以在不提高推理成本的情况下大大提高检测精度（Wang等，2022）。为实时探测器提出了“扩展（extend）”和“复合缩放（compound scaling）”方法，可以更加高效地利用参数和计算量，同时，该版本所使用的方法可以有效地减少实时探测器50%的参数，并且具备更快的推理速度和更高的检测精度。

（7）YOLOv8（2023）。骨干网络和Neck部分可能参考了YOLOv7中的ELAN设计思想，将YOLOv5的C3结构换成了C2f结构，并对不同尺度模型调整了不同的通道数大幅提升了模型性能（Kong等，2020）。Loss计算方面采用了Task-Aligned Assigner正样本分配策略，并引入了 Distribution Focal Loss。

第6章

近地监测小麦赤霉病

传统的小麦赤霉病严重度识别方法主要基于实验室检测或有经验的专家进行实地探查等，此类方法耗时费力，且时效性无法保证。随着深度学习和图像处理技术的日渐成熟，可利用卷积神经网络快速准确地识别小麦赤霉病严重度。本章介绍两种不同田间复杂环境下的小麦赤霉病严重度识别方法，其一是单穗小麦赤霉病严重度识别方法，其二是群体小麦赤霉病穗实时检测和严重度评估方法。

6.1　作物病害近地监测研究现状

传统的图像处理方法需要手动设计特征提取算法和分类器，且对于光照、角度等因素敏感，易受外界环境的影响。深度学习技术通过构建深度神经网络结构，从大量数据中学习特征和模式，实现端到端的自动特征提取和分类，具有更强的泛化能力和鲁棒性。本节将重点介绍国内外相关研究现状，探讨基于计算机视觉的作物病害近地监测的研究进展和趋势。

6.1.1　作物病害研究现状

随着计算机技术的不断发展，数字图像处理和机器学习方法在作物病害及严重度识别中得到了广泛的应用（Dixit & Nema, 2018）。基于传统的图像处理技术的病害及其严重度识别研究依托于以下4个主要步骤：①图像预处理，即进行一系列的图像预处理操作；②特征提取，即从图像中提取颜色、纹理以及形状等关键特征；③特征降维，借助于如主成分分析（principal component analysis，PCA）和遗传算法等技术实现特征的筛选和降维；④病害及严重度识别模型构建，采用如支持向量机（support vector machine，SVM）和随机森林（random forest，RF）等经典的机器学习模型，实现不同作物病害及严重度的识别（晁晓菲，2021）。Chaudhary等（2016）提出了一种改进的RF分类方法，对13种花生叶片病害类型进行分类，分类准确率达97.80%。Majumdar等（2015）使用模糊C均值聚类算法提取小麦叶片的颜色特征和纹理特征，并基于人工神经网络进行病害类型的诊断，识别准确率达85%。王奕（2019）构建二维马铃薯内部病虫害视觉图像采集模型，利用分块自适应检测以及小波变换等方法来提取其内部的病害特征，该技术对马铃薯内部病虫害特征识别的准确率达90%。宋双（2017）利用改进的中值滤波对图像进行滤波处理，随后将苹果叶片图像变换到LAB颜色空间，再依次使用K-Means和改进的最大类间方差法（Otsu）分割出叶片病斑图像，最后基于筛选后的颜色、纹理以及形状特征，利用SVM模型完成苹果叶片病害识别。刘翠翠等（2021）采用K-Means对川麦冬叶部的三种病害进行病斑分割，随后对颜色、形状和纹理特征构成的46维特征向量进行主成分提取，构建了基于SVM的多级分类器并研发了麦冬叶部病害识别系统，识别率达94.4%。张燕等（2021）提出了一种结合颜色纹理特征和基于SVM的CCR-SVM番茄早疫病叶部图像病斑识别方法，该方法的离线识别准确率和在线平均识别准确率分别达96.97%和86.39%。Bao等（2021）利用Otsu法实现病斑分割后提取了小麦病斑图像的颜色和纹理特征，随后利用最大间距准则和梯度上升法构建最优椭圆度量矩阵，从而实现小麦白粉病、条锈病及其严重程度的评估。李冠林等（2011）利用K-Means聚类算法自动分割葡萄叶片区域和发病区域，从而准确地实现葡萄霜霉病发病叶片严重度的判定，准确率为93.33%。Mondal等（2017）提出一种基于形态学运算的简单叶片识别技术，实现了秋葵和苦瓜两种作物叶片图像的黄花叶病病害分级。Behera等（2018）使用基于K-Means聚类的SVM算法对橘子病害进行分类，分类准确率达90%，并使用模糊逻辑来计算病害的严重程度。研究学者已经实现了如小麦（Sarayloo & Asemani，2015）、玉米（张开兴等，2019）、大豆（关海鸥等，2018）、番茄（柴洋和王向东，2013）、黄瓜（贾建楠和吉海彦，2013）等不同作物病害识别。

此外，许多研究学者发现，作物在遭受病害胁迫时，其颜色、色素含量、形态等特征都会发生变化（Mutanga等，2017；Liu等，2020）。基于这一认识，许多学者利用光谱、纹理等特征实现了对不同作物的病害及严重度识别。Liu等（2020）基于无人机高光谱影像，提取了原始光谱波段、植被指数和纹理特征，利用改进的BP神经网络建立了多变量赤霉病监测模型；结果表明，所建立的监测模型实现了高达98%的总体精度。Rodriguez等（2021）基于无人机多光谱影像，应用阈值技术去除土壤和杂草，随后基于提取的特征使用5种机器学习算法构建马铃薯晚疫病监测模型；结果表明，线性支持向量分类器和RF算法在准确率和运行时间方面均表现较好。Abdulridha等（2019）使用径向基函数（radial basis function，RBF）和K近邻（K-nearest neighbor，KNN）算法检测柑橘溃疡病，且使用RBF方法的总体分类精度高于KNN方法。Lan等（2020）基于无人机多光谱影像，计算多种植被指数，随后利用PCA和自编码器技术进行相关性分析和特征压缩，并对比了SVM、KNN等多种机器学习算法在检测柑橘黄龙病的潜力。Su等（2019）基于整个生长季的8个时间点的多光谱影像，计算并筛选多种光谱指数实现小麦黄锈病的时空监测；研究结果表明，小麦分割应根据小麦生长阶段选择适当的波段和指数，且随着时间推移，波段或指数对黄锈病的敏感性逐渐降低。Ye等（2020）通过采集多光谱影像和提取植被指数，确定了4个最有效的指数以准确鉴别受镰刀菌枯萎病感染的香蕉病株；结果表明，当分辨率高于2m时，镰刀菌枯萎病的识别精度较高，随着分辨率的降低，镰刀菌枯萎病的识别准确率逐渐降低。雷雨等（2018）采用PCA算法提取了利于分割条锈病病斑和健康区域的主成分图像，随后基于Otsu进行病斑区域分割，最终成功地实现了小麦条锈病病害程度分级，其分级正确率达98.15%。Zhang等（2019）使用集成了不同类型传感器的无人机系统成功地实现了田间环境下鹰嘴豆枯萎病的严重度监测。黄林生等（2019）提取了宽波段植被指数和红边波段植被指数，基于BP神经网络构建了小麦条锈病的严重度监测模型；结果表明，以这两种植被指数作为输入的模型表现最为出色，其总体精度和Kappa系数达83.3%和0.73。

近年来，除了利用传统的机器学习模型之外，深度学习逐渐被众多研究学者重视和广泛使用。作为计算机视觉领域的一大突破，深度学习方法在作物病害类型识别（Ji等，2020）、病害严重度识别（何东健等，2022）、病斑区域分割（王振等，2020）等方面取得了许多突破性进展。卷积神经网络（convolutional neural network，CNN）是一种重要的深度学习架构，在计算机视觉任务中表现出色。与传统的手动提取特征的方法不同，CNN可以自动地从图像中提取有价值的信息，从而避免了复杂的特征提取工作。自2012年AlexNet模型在ImageNet大规模视觉识别挑战赛中取得巨大成功后，各种CNN模型凭借其出色的性能逐渐被广泛采用。Agarwal等（2020）提出了一种由8个隐层构造的简单CNN模型用于番茄病害的识别，该模型的识别准确率达98.4%。Su等（2019）基于8种小麦叶片病害图像数据集，将CNN的原来的Softmax分类器替换为局部支持向量机，以缓解数据不平衡造成的误分类现象；实验结果表明，改进后的模型在不平衡和平衡标准数据集上的平均识别准确率分别为90.32%和93.68%。Picon等（2019）在田间获取了小麦、玉米等5种作物包含17种不同病害的图像数据集，随后使用一种新的CNN架构进行病害识别，获得了0.98的平衡准确率。Esgario等（2020）提出了一种基于ResNet50的多任务架构，对咖啡病害及严重度进行分类和评估，其中病害分类准确率达95.24%，严重度评估的准确率达86.51%。杜甜甜等（2022）通过引入通道注意力机制和多尺度特征融合策略优化了RegNet模型，实验结果表明，改进后的模型对病害严重程度的识别准确率达94.5%，较原模型提高了10.4%。

随着深度学习技术的不断发展，目标检测和图像分割也逐渐被应用于病害位置检测和病害区域分割。薛卫等（2022）基于全局上下文级联R-CNN网络进行梨叶病斑计数，该模型的平均精度均值（mean average precision，mAP）达89.4%，检测单幅图像平均耗时为0.347s。晁晓菲等（2022）提出一种融合Focus结构和金字塔压缩注意力机制的PSA-YOLO算法，用于提高苹果叶片小型病斑的检测能力，该模型的平均精度达88.2%。文斌等（2022）通过引入注意力特征金字塔和双瓶颈层，提出了一种改进的AD-YOLOv3算法，用于检测三七叶片病害；相比原始的YOLOv3，AD-YOLOv3在精确率、F1 score和mAP上分别提升了2.83%、1.68%和1.47%。Zhang等（2022）提出了一种基于改进的YOLOX模型的实时高性能棉花病虫害检测方法；与其他5种经典算法相比，该模型的平均精度提高了8.33%至21.17%。Rahman等（2021）基于Faster R-CNN对柑橘病害叶片图像进行检测和分类，所使用的模型达到了94.37%的准确率和95.8%的平均精度，能够有效识别和区分柑橘的3种不同病害。Sun等（2021）构建了一种名为MEAN-SSD的轻量级苹果叶病检测模型；实验结果表明，MEAN-SSD可以实现83.12%的mAP和12.53的每秒帧数（frames per second，FPS），该模型可以在移动设备上高效、准确地检测5种常见的苹果叶片病害。戴雨舒等（2021）使用数码相机获取了麦田图像，并基于DeepLabv3+建立了赤霉病检测模型；结果表明，该模型的平均精度为0.9692，平均交并比为0.793，检测效果较好。鲍文霞等（2020）使用U-Net获得麦穗图像，然后利用多路卷积神经网络提取RGB通道的特征，并通过特征融合得到高辨识性的语义特征。最后，采用联合损失函数进一步改善网络性能；实验结果表明，该方法在获取的小麦群体图像和单株麦穗图像的识别精度达到100%。Yuan等（2022）通过添加通道注意力模块和特征融合分支，引入一种改进的DeepLabv3+深度学习网络，用于葡萄叶黑腐病的分割；在两个测试集上，该方法的平均交并比、召回率和F1 score均有所提高，验证了其在葡萄病害等级评定中的有效性。Lin等（2019）提出了一种基于CNN的语义分割模型，对黄瓜叶片白粉病图像进行像素级分割，在20个测试样本上平均像素准确率为96.08%。

6.1.2 近地监测优势

目前小麦赤霉病的识别以及严重度鉴定一方面依赖于经验丰富的农民或者相关植保专家通过现场调查进行。有经验的植保专家可通过肉眼观察麦穗的发病症状，从而判断出病害种类和严重度。然而，这种方法需要投入大量的时间和人力且具有高度主观性（吴康，2022），难以满足快速、准确的小麦赤霉病严重度的识别需求。已有研究人员将高光谱技术应用在小麦赤霉病及严重度识别中（Jin等，2018）；高光谱技术可以准确捕捉光谱反射率的差异，从而表征赤霉病侵染过程中小麦叶绿素、含水量、结构和形态的变化（Qiu等，2019）。然而，高光谱设备价格昂贵，在野外调查期间，收集的数据质量极易受到环境条件的影响。此外，该技术需要大量的内存和传输带宽，导致计算成本大幅增加（Bauriegel等，2011）。近年来，数字图像处理技术因其操作方便、效率高、通用性强等优势逐渐被运用于农业领域中，在作物病害及严重度识别中得到了广泛的应用（Manavalan, 2022；Agarwal等，2021）。通过对农田图像的自动化分析，能够高效准确地识别和鉴定作物病害，包括病害的类型、受害面积和严重程度等，能够为农民提供精准的农药使用建议，降低病害对农作物产量和质量的影响。

通过使用深度学习方法，可以规避传统烦琐的人工特征提取任务，并且在有足够的训练样本时能实现较高的识别准确率。目前在智慧农业领域，深度学习方法已被广泛运用于作物病害及严重度识别中。然而大部分的研究仅限于使用现有模型结构，或者使用添加各种模块的一系列改进模型进行多种病害的识别、严重度评估以及病斑区域分割等。虽然这种方式在一定程度上提升了模型的识别精度，但其复杂的结构以及庞大的参数，限制了该模型在手机等移动端设备的部署和应用，因此急切需要新的方法和技术来解决这个问题。

为了解决上述问题，利用成本更加低廉的智能手机作为主要采集设备，获取复杂田间环境下的单穗和群体小麦图像数据。随后基于卷积神经网络的相关理论知识，以小麦赤霉病作为研究对象，旨在开发识别率高、识别速度更快的小麦赤霉病严重度识别算法，为不同场景下的小麦赤霉病严重度识别提供一种低成本、快速和准确的方法，并且使模型更适应移动设备的部署和应用，解决目前在移动设备上应用深度学习模型的困难。

6.2　近地监测案例

在小麦赤霉病病害发生的早期，快速且准确地进行小麦赤霉病的严重度识别对于实施有效的田间管控、减少病害损失以及小麦抗病品种研究均具有重要意义。本小节构建了单穗和群体两种不同场景下的小麦图像数据集，开发了基于知识蒸馏的单穗小麦赤霉病严重度识别方法和基于MS-YOLOv7的群体小麦赤霉病穗实时检测和严重度识别方法。

6.2.1　研究区与图像数据采集

所使用的小麦图像数据集均采集于河南省新乡市原阳县河南农业大学原阳实验基地（图6-1），该地属温带大陆性季风气候，粮食作物以小麦、玉米为主。实验基地灌溉和排水设施齐全，肥力相对较高，田间管理措施相同，保证了小麦正常的生长条件。在小麦扬花初期，由专业人员使用微量移液器将配置好的孢子悬浮液注射于麦穗中上部的一个小花中，接种完成后立即进行套袋保湿。田间观测于2023年4月18日至5月13日期间执行，每隔3至5天观测一次。小麦从接种逐渐发展到感染，并表现出不同程度的感染症状，有利于采集不同严重度的小麦图像。

图6-1　小麦图像数据采集研究区

足够的病害图像数据集是进行基于图像处理的农作物病害识别研究的基础，下面将详细介绍小麦赤霉病图像的采集设备、采集方式以及采集时间。

使用iQOO Neo7 Racing、Redmi K40以及iPhone 12图像采集设备，在河南省新乡市原阳县实验基地的小麦赤霉病接种研究区内，获取不同赤霉病严重度的单穗小麦图像数据。实验于2023年4月至5月小麦扬花期至灌浆期内多次进行。采集每张图像时，手机镜头距离单株麦穗的高度约15至30cm。在7:00至18:00时间段内进行数据采集，以获取不同光照条件下的图像数据。每张图像均以JPEG格式进行存储，分辨率大小为3060像素×3060像素、3000像素×3000像素以及3024像素×3024像素。考虑到图像数据的多样性，在不同天气条件（晴天、多云等）和各种背景（土壤、杂物等）下采集了2650张单穗小麦图像。植保专家协助确定小麦生育期并告知单株小麦的赤霉病严重度。典型的单穗小麦图像如图6-2所示。

图6-2 典型的单穗小麦图像

使用iQOO Neo7 Racing和Redmi K40设备作为图片采集设备，用于获取群体小麦图像数据。采集时间和采集地点与上述提及的单穗小麦图像数据集相同。这些群体小麦图像也以JPEG格式存储，分辨率大小为3060像素×3060像素和3000像素×3000像素。在采集群体小麦图像时，选择以不同的高度进行拍摄，拍摄设备距离麦穗冠层的高度范围为20～80cm，目的是获取不同密度的群体小麦图像数据，以确保群体小麦图像的多样性和复杂性。实验共获取群体小麦图像1126张。部分不同密度的群体小麦图像数据如图6-3～图6-5所示。

图 6-3　典型低密度群体小麦图像

图 6-4　典型中密度群体小麦图像

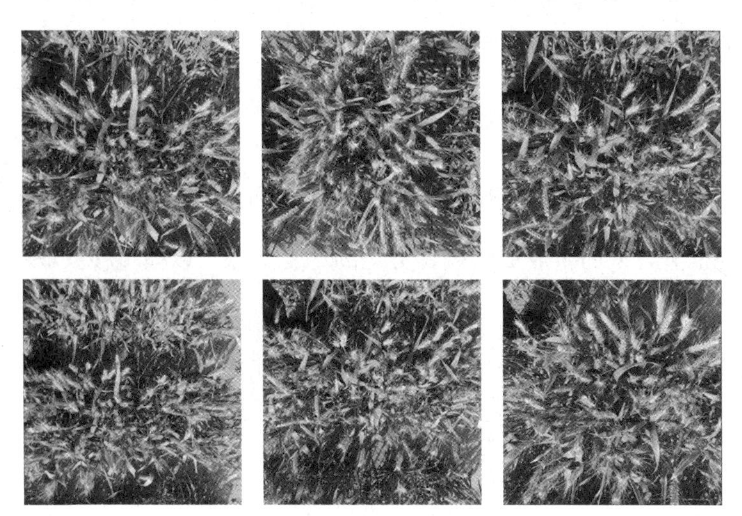

图 6-5　典型高密度群体小麦图像

6.2.2 数据增强

深度学习模型的训练需要足够的训练数据，为提升模型的泛化能力并减少过拟合的风险，对获取到的单穗和群体小麦图像数据进行了离线增强和在线增强，以模拟小麦图像在获取时的光照、曝光、角度、颜色以及噪声等各种变化情况。

1. 离线增强

离线增强操作主要采用以下8类方法实现对两类小麦图像数据集的扩充。由于之前的图像增强方式仅仅在一张图像上使用一种增强策略，降低了模型对外界强烈变化的适应能力，因此采用的数据增强方式由下述8类中多种不同的增强策略叠加而成，可以更有效地模拟自然场景中的小麦图像。该方式显著提高了样本多样性和复杂性，能够有效降低模型的过拟合并增强模型的泛化能力。最终将单穗小麦图像数据集由原始的2650张扩充至10600张，群体小麦图像数据集由原始的1126张扩充至5630张。

（1）反色变换。图像的反色变换（即图像反转）是将图像中每个像素的亮度值取反，从而改变图像的外观和视觉效果。图像反转是像素颜色的逆转，像素位置不变。将反色变换概率设置为50%，表示有50%的概率进行反色变换，另外50%的概率保持图像不变。

（2）镜像翻转。镜像翻转是一种常用的图像处理技术，是将原始图像中的像素按照水平或者垂直方向进行对称操作，改变图像的对称性和视觉效果。采用水平镜像翻转和垂直镜像翻转两种方式，产生与原小麦图像左右对称或上下对称的效果，镜像翻转概率也设置为50%。

（3）图像旋转。图像旋转是在保持图像内容相对位置不变的前提下，将图像按照自定义角度进行旋转。根据旋转角度的正负来确定图像以顺时针或逆时针旋转。在（−90°，90°）范围之间将小麦图像任意旋转一个角度，使得图像中麦穗及病害位置发生一定的改变。

（4）亮度变换。亮度变换通过改变图像的亮暗程度来实现数据增强。将亮度调整范围设置在（0.5，1.5）内。将该操作应用于小麦图像时，图像的每个像素值都会乘以这个随机生成的亮度调整值，从而生成更暗或者更亮的小麦图像，以模拟在获取图像时的不同光照变化。

（5）线性对比度变换。线性对比度变换是通过线性变换来增加或减少图像中像素的亮度差异，从而改变图像的对比度。在（0.75，1.25）范围内调整图像的对比度进行增强操作，从而获得不同对比度的小麦图像。

（6）噪声变换。噪声变换的具体操作是对输入的原图像随机添加高斯噪声，来模拟照相机在图像采集过程中可能引起的噪声情况。通过噪声变换以产生多个不同程度噪声水平的小麦图像。

（7）滤波变换。图像滤波的作用在于改善图像的质量、增强细节和去除噪声。选用的滤波方式有高斯滤波、中值滤波和均值滤波，选择其中一种策略应用在每张小麦图像中。

（8）分段仿射。分段仿射用于对图像进行非线性的形变操作。该操作会在图像上随机选择一些控制点，并根据这些控制点的位置进行局部的仿射变换。进行仿射变换后，图像的局部区域会发生形变。这种形变可以模拟物体形状的变化或者图像损坏的情况。

2. 在线增强

除了上述的离线增强外，在使用的图像分类模型和目标检测模型的训练验证过程中，还进行了在线增强策略。在模型训练期间对数据进行实时的变换，从而增加数据的多样性并提升模型的识别精度和泛化能力。主要的在线增强策略包括Mixup（Tomoumi, 2023）、CutMix（Yun等，2019）、Mosaic（Ghosh & Kaabouch, 2016）、AutoAugment（Cubuk等，2018）。

（1）Mixup。Mixup通过对多个样本及其标签进行线性插值来生成新样本（Liang等，2018）。具体而言，对于两个输入样本x_i和x_j，以及对应的标签y_i和y_j，Mixup以特定的比例对两个样本进行混合，从而产生新的混合样本$\tilde{x}$和新的混合标签$\tilde{y}$。Mixup的优势在于引入样本之间的随机混合，使得模型更好地学习到数据的分布和特征，减少模型对特定样本的过拟合。其工作方式如下：

$$\tilde{x} = \lambda x_i + (1-\lambda)\, x_j \tag{6-1}$$

$$\tilde{y} = \lambda y_i + (1-\lambda)\, y_j \tag{6-2}$$

式中，(x_i，y_i）和（x_j，y_j）是随机选取的训练样本数据，x_i和x_j是原始的输入矢量；y_i和y_j是训练样本i和j的标签；λ（$0<\lambda<1$）代表混合的比率，服从Beta分布；（$\tilde{x}$，$\tilde{y}$）表示生成的新样本。

（2）CutMix。CutMix结合了Cutout（Devries & Taylor, 2017）和Mixup的思想。Cutout是通过在图像中随机选择一个区域，并用随机值或者固定值对该区域进行遮挡。与Cutout不同的是，CutMix是在图像中随机选定一个区域，并用其他训练图像中的补丁来替换该区域，通过将两张图像进行混合来生成新的训练样本（Yun等，2019）。

（3）Mosaic。Mosaic增强已广泛应用于各种计算机视觉任务中。通过将多个不同的训练图像进行随机缩放和随机分布后，拼接成一个大的新图像来实现图像扩充（Ghosh & Kaabouch, 2016）。其优点是能够丰富图像的背景，并增加了训练数据的小目标数量。

（4）AutoAugment。AutoAugment是一种将增强策略自动应用于数据集以提高图像识别模型性能的技术，包含了各种操作，如剪切、平移、反转等（Cubuk等，2018）。AutoAugment的核心思想是以自动搜索的方式获得最佳的数据增强策略，而不是通过手动选择和设计增强操作。这种方法可以避免人工设计增强策略时的主观性和不确定性，并且可在不同的数据集和任务上进行自适应。

6.2.3 单穗小麦赤霉病严重度识别

随着深度学习研究的深入，基于深度学习的图像分类取得了巨大的发展。然而，在面对规模庞大的数据和复杂网络结构时，由于资源限制，一些模型往往难以广泛部署，这成为深度学习应用的一个重要制约因素。为解决这个问题，出现了许多模型压缩和加速的算法和技术。知识蒸馏就是其中一种有效的模型压缩技术，以“教师–学生网络思想”为指导，通过训练一个轻量化的学生模型去模仿一个精度较高且复杂的教师模型。通过知识蒸馏，能够在一定程度上提升学生模型的识别性能，同时保持该模型的小尺寸和高检测速度。这使得深度学习模型可以更广泛地部署在资源受限的环境中，推动了深度学习在实际应用中的发展。

1. 数据集划分

在小麦赤霉病研究区内，采集了总计2650张不同严重度的单穗小麦图像数据。随后对图像数据进行了反色变换、镜像翻转、亮度变换等多种组合数据增强操作以进一步提升数据的多样性，最终的单穗小麦图像数据集被扩充至10600张。随后按照6∶2∶2的比例划分为训练集、验证集和测试集，以保证模型的有效训练和评估。其中，训练集主要用于模型训练，验证集用于调整模型的超参数，并对模型进行初步的性能评估，而测试集则用于评价模型的整体表现。数据增强前后的不同严重度的单穗小麦图像的分布情况如表6-1所示。

表6-1 数据集的分布情况 单位：张

严重度	原始数量	增强后数量	训练集	验证集	测试集
0	1213	4852	2911	970	971
1	504	2016	1209	403	404
2	296	1184	710	237	237
3	302	1208	724	242	242
4	335	1340	804	268	268

2. 环境配置

使用的各个模型均在Windows 11操作系统下进行了训练、验证和测试。基于Anaconda 3进行环境搭建，采用Python 3.7.2作为编程语言，并使用PyTorch 1.13.0深度学习框架。此外，为了加快各网络模型的训练速度，使用GPU进行加速，CUDA版本为11.6。具体的软硬件环境配置见表6-2。

表 6-2 实验环境的软硬件配置

名 称	参 数
操作系统	Windows 11 64 位
CPU	AMD Ryzen 9 7945HX
Memory	32G
GPU	NVIDIA GeForce RTX 4060
Video memory	8G
Python	3.7.2
CUDA	11.6
PyTorch	1.13.0

3. 模型参数设置

在模型训练之前，首先将图像大小调整为224像素×224像素×3像素以确保输入数据的一致性。各模型初始学习率统一设置为0.001，采用随机梯度下降（stochastic gradient descent，SGD）优化器，动量设为0.937，权重衰减设为0.0005。总训练次数（epochs）设置为100，批次图像数量（batch size）设为8。在训练过程中启用了预热策略，预热比率为5%，帮助模型更好地适应训练数据，并避免因学习率过高而导致的不稳定。另外，采用了图像加权策略以改善小麦赤霉病不同严重度样本数据集的不平衡问题。在模型训练时，也采用了CutMix、AutoAugment等在线增强策略丰富样本数据，提高模型的学习能力。随后在这些参数设置的基础上进行各模型的训练、验证和测试。表6-3列出了具体的参数设置。

表 6-3 模型的参数设置

参 数	值
图像输入尺寸	224×224×3
初始学习率	0.001
优化器	SGD
动量	0.937
权重衰减	0.0005

续表

参　　数	值
批次图像数量（batch size）	8
训练批次（epochs）	100
在线增强	CutMix、AutoAugment 等
学习率	StepLR
图像加权策略	True

4. 知识蒸馏原理

知识蒸馏（knowledge distillation，KD）（Hinton等，2015）是指将知识从复杂模型转移到更适合部署和移植的轻量化小模型中，即采用较大、复杂的模型（教师网络）的预测知识来训练较小、更轻量的模型（学生网络）的方法。通过这种方式，较小的模型可以从较大的模型中蒸馏出更多的知识，从而在获得更高的性能的同时减少模型复杂度和计算资源的需求。

利用知识蒸馏算法需要使用至少2个模型，其中教师模型既可以是多个复杂模型的集成，也可以是单个识别精度理想的大型神经网络。而学生模型应是轻量化模型，从而达到模型压缩的目的。知识蒸馏算法示意图如图6-6所示。

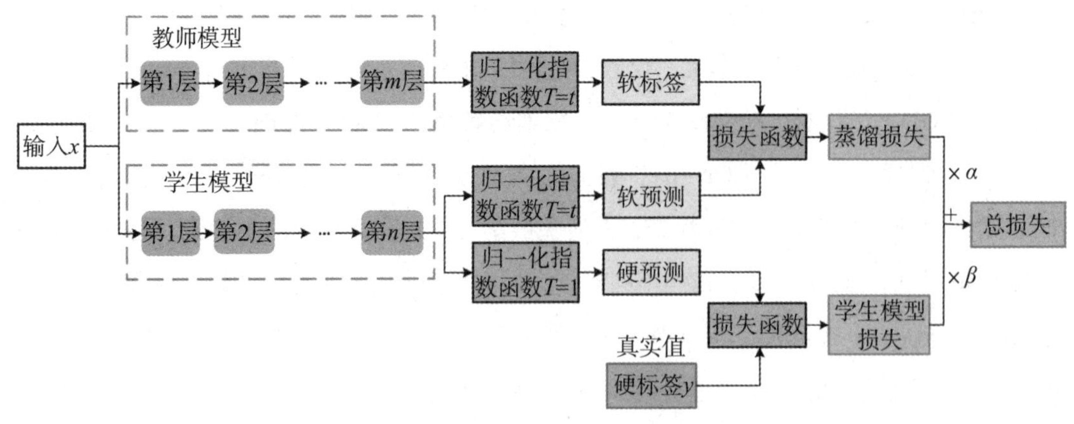

图 6-6　知识蒸馏算法示意图

首先使用一个或多个精度较高、整体性能较好的模型充当教师模型，然后选择一个轻量化模型作为学生模型，采用知识蒸馏的思想利用教师模型的精度优势，在保持较小的复杂度和计算资源的前提下提升学生模型的精度，从而满足单穗小麦赤霉病严重度识别任务的精度需求和可移植性需求。该方法利用2个损失函数作为目标函数，两者损失值进行加权得到最终的损失值。在学生模型训练期间，教师模型只对输入的图像进行预测，不再进行参数调整。

在知识蒸馏算法中，输出层使用softmax将每个类别z_i转换为概率q_i，其中T是softmax计算中的温度。温度越高，输出的概率分布越平滑，越接近均匀分布。其计算公式如下：

$$q_i=\frac{\exp\left(\frac{z_i}{T}\right)}{\sum_j \exp\left(\frac{z_j}{T}\right)} \tag{6-3}$$

由图6-6可知，经过知识蒸馏后，教师模型和学生模型都会经过添加了温度T的softmax，两者进行loss求值后成为Distilled Loss，该过程描述了学生模型学习和模仿教师模型的预测结果。此外，学生模型还会采用不添加温度T的softmax进行一次计算，并与hard label进行一次loss计算成为Student Loss，这是学生模型基于真实标签去模拟真正的结果。最后的Total Loss函数由Distilled Loss和Student Loss加权求和而成。损失的计算公式如下：

$$\text{TotalLoss}=\alpha\times\text{Distilled Loss}+\beta\times\text{Student Loss} \tag{6-4}$$

5. 模型的训练和验证

使用三种常规分类模型和四种轻量化分类模型进行了模型的训练和验证，并记录了每个epoch的训练集和验证集的准确率和损失值。图6-7和图6-8所示为各模型在训练和验证过程中准确率和损失值随epoch变化的过程。从图6-7中可以看出，随着epoch的增加，各模型逐渐学习到了小麦赤霉病不同严重度的有用特征，各个模型的准确率整体呈现出上升趋势。同时，模型损失整体呈现出下降趋势（图6-8），说明模型的分类识别能力在训练过程中不断提升。最后，这7种模型都在100 epochs后趋于收敛，达到稳定状态。

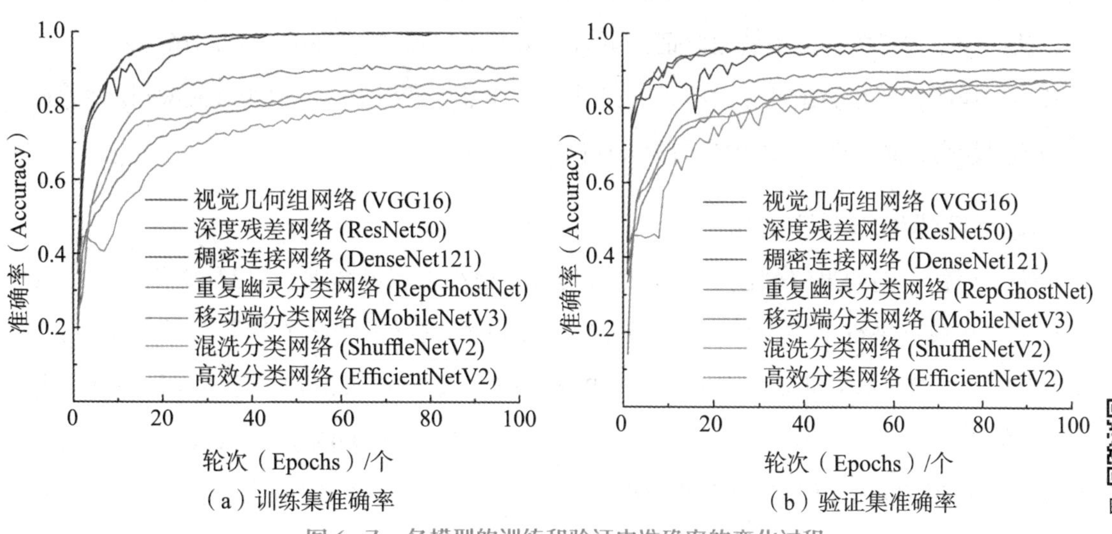

（a）训练集准确率　　（b）验证集准确率

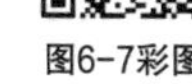
图6-7彩图

图 6-7　各模型的训练和验证中准确率的变化过程

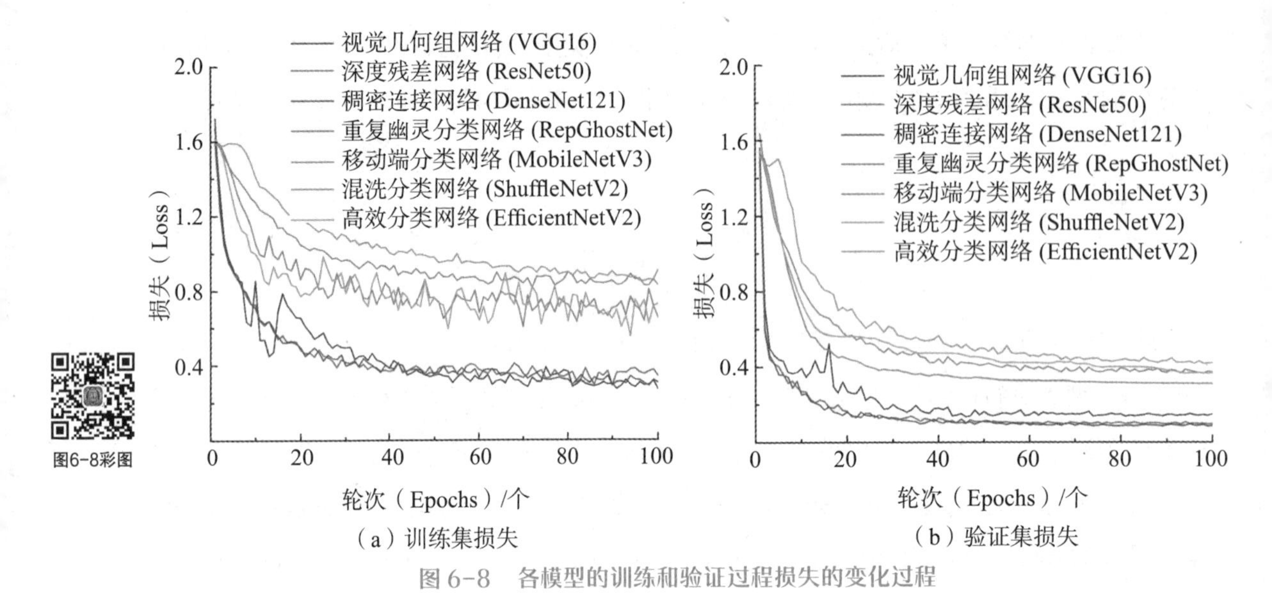

图 6-8　各模型的训练和验证过程损失的变化过程

由图6-7可知ResNet50和DenseNet121模型的拟合速度很快，在20个epochs左右趋于收敛，并能达到较高的准确率。VGG16模型次之，该模型在训练和验证过程中有较大震荡，在50个epochs左右才趋于稳定状态。MobileNetV3模型相对EfficientNetV2、ShuffleNetV2和RepGhostNet模型来说，在训练集和验证集上收敛均较快，准确率略高。EfficientNetV2、ShuffleNetV2和RepGhostNet模型整体性能较为相似，收敛速度和模型准确率略低，其中ShuffleNetV2在训练和验证过程中波动较大，性能较差。

从图6-8可以看出各模型在训练和验证过程中的损失变化情况。随着epoch的增加，各模型的损失值逐渐下降。此外可以看出，模型在训练集上的损失整体上不如在验证集上平缓，可能是因为模型在训练集上开启了许多在线增强策略，使得模型学习的新样本更为复杂，从而导致训练集上的损失比验证集更为震荡。在3种常规模型中，VGG16的损失值波动较大，说明该模型稳定性相对略差。另外，在轻量化模型中，可以观察到4种模型的损失均相对较高，其中ShuffleNetV2的损失最高。

6. 不同模型的对比分析

为了评估模型的最终性能，利用测试集的单穗小麦图像数据，对3种常规模型以及四种轻量化模型进行了综合分析，并在仅使用CPU的情况下测试了各个模型的FPS指标（表6-4）。从表6-4中可以看出VGG16、ResNet50以及DenseNet121模型在识别单穗小麦赤霉病严重度任务中表现较为相似，accuracy为96.23%～96.80%，F1 score为94.32%～94.99%，这说明复杂模型在识别单穗小麦赤霉病细粒度特征上相比轻量化模型具有更大的优势。在VGG16、ResNet50以及DenseNet121这三种模型中，DenseNet121的表现最佳，

accuracy达96.80%，F1 score达94.99%，且该模型的参数和FLOPs均远远低于另外两个模型，说明该模型能够提供更准确的小麦赤霉病严重识别结果，并且模型的计算复杂度更低。VGG16模型的性能最差，尽管该模型accuracy较高，但FPS仅为13.09，而参数量和FLOPs高达134.28M和15.47G，远远高于ResNet50和DenseNet121模型。该结果表明，尽管VGG16模型的识别能力较好，但由于其庞大的参数量和复杂度并不适合单穗小麦赤霉病严重度的快速识别任务。ResNet50模型的FPS虽然略优于DenseNet121，但该模型的参数量和FLOPs仍显著高于DenseNet121。

表 6-4　不同模型测试集的性能比较

模　型	Accuracy/%	Precision/%	Recall/%	F1 score/%	FPS	Params/M	FLOPs/G
VGG16	96.23	94.24	94.40	94.32	13.09	134.28	15.47
ResNet50	96.51	94.82	94.23	94.52	17.52	23.52	4.13
DenseNet121	96.80	95.04	94.94	94.99	16.33	6.96	2.90
RepGhostNet	87.42	81.30	81.37	81.33	124.39	1.26	0.08
MobileNetV3	88.93	83.01	82.75	82.88	145.51	1.52	0.06
ShuffleNetV2	85.20	78.16	77.50	77.83	119.93	1.26	0.15
EfficientNetV2	89.82	84.42	83.95	84.18	17.89	20.18	2.90

与3种常规的复杂模型相比，轻量化模型在精度上普遍表现不佳，accuracy仅为85.20%～89.82%，F1 score仅为77.83%～84.18%，这表明轻量化模型在识别单穗小麦不同赤霉病严重度的细粒度特征方面较弱，仍有较大的提升空间。值得注意的是除EfficientNetV2模型外，另外3种轻量化模型RepGhostNet、MobileNetV3以及ShuffleNetV2的FPS远高于常规模型VGG16、ResNet50以及DenseNet121，这说明轻量化模型虽然在识别准确率方面不如复杂模型表现优秀，但在实时识别速度、复杂度等方面远优于复杂的常规模型。

在4种轻量化网络中，EfficientNetV2模型的accuracy最高，达89.82%，但该模型的实时性能表现最差，FPS仅为17.89，远远低于其他3种轻量化模型。此外该模型的Params和FLOPs仅略低于复杂模型ResNet50，说明该模型参数众多且复杂度较高。RepGhostNet和shuffleNetV2模型的识别准确率不如EfficientNetV2和MobileNetV3，但模型的Params以及FLOPs最低。MobileNetV3的识别准确率（accuracy=88.93%，F1 score=82.88%）略低于EfficientNetV2，但该模型的FPS最高，达145.51，比RepGhostNet、ShuffleNetV2和EfficientNetV2分别高出21.12、25.58和127.62，说明该模型在单穗小麦赤霉病严重度识别任务中，检测速度最快，实时性能最佳。

综上所述，可以得知，在3种常规模型中，DenseNet121模型在精度方面表现最佳且复杂度和计算量相对较低。在4种轻量化模型中，MobileNetV3在综合FPS、Params、FLOPs方面有较大的优势。因此需要探寻更合适的技术和策略兼顾模型的精度和速度。

7. 不同模型的可视化分析

采用Grad-CAM++（Chattopadhay et al., 2018）对3种常规模型和4种轻量化模型的识别结果进行可视化，从而探究不同的模型在关注区域的差异。图6-9和图6-10所示为7种单穗小麦赤霉病严重度识别模型的热力图可视化差异。从图6-9可以看出，VGG16模型的热图覆盖范围较小，几乎精准覆盖麦穗区域，很少包含背景。但在第一张图中可以看出，该模型在识别病害区域方面的准确性仍然不如ResNet50和DenseNet121模型。ResNet50和DenseNet121模型具有较大的热图区域，其中包括一些背景区域。这两个模型总体有效地覆盖了病害区域，这也使得这两种模型能够更为精准地识别不同赤霉病严重度的细粒度特征差异。但相对来说，DenseNet121模型对于病害区域的覆盖更小更精准。

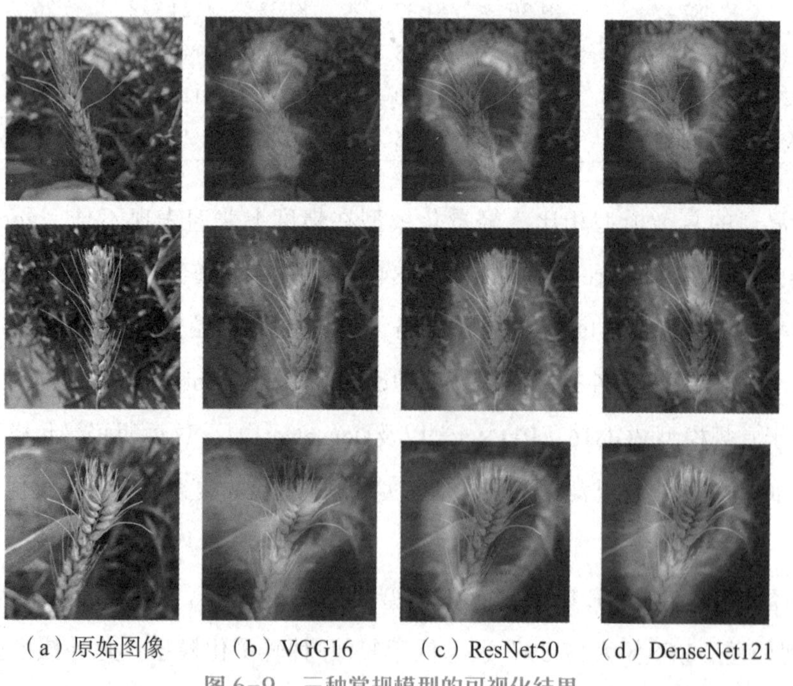

图6-9彩图

（a）原始图像　（b）VGG16　（c）ResNet50　（d）DenseNet121

图 6-9　三种常规模型的可视化结果

从图6-10可以看出除ShuffleNetV2模型外，其他3种轻量化模型的覆盖区域均较小，模型的关注点均在麦穗上，说明这些模型能够较好地识别麦穗目标物。RepGhostNet模型的关注区域虽然在麦穗目标物上，但在第一张和第二张测试图像中，该模型对病害区域的关注不够，更多地关注麦穗的健康区域，未能准确地识别病害区域。在第三张测试图像中，RepGhostNet较好地聚焦麦穗病害区域，但对病害区域的覆盖不足。MobileNetV3整体来说对于病害区域的覆盖较好，在第三张测试图像中对于病害区域位置较为精准，但在第一张测试图像上病害覆盖区域相比实际病害区域较大。ShuffleNetV2的整体效果最差，在第一张测试图像上对于病害覆盖区域过大，在第二张和第三张测试图像上对于病害区域的识别不够精准，关注点在健康区域和背景上。EfficientNetV2的效果和MobileNetV3类似，但在第一张测试图像上也出了覆盖区域较大的问题。经过分析可知，在4种轻量化模型中，MobileNetV3模型和EfficientNetV2模型能够更精确地聚焦于麦穗病害区域，最大限度地减少了对复杂背景以及健康区域的关注。

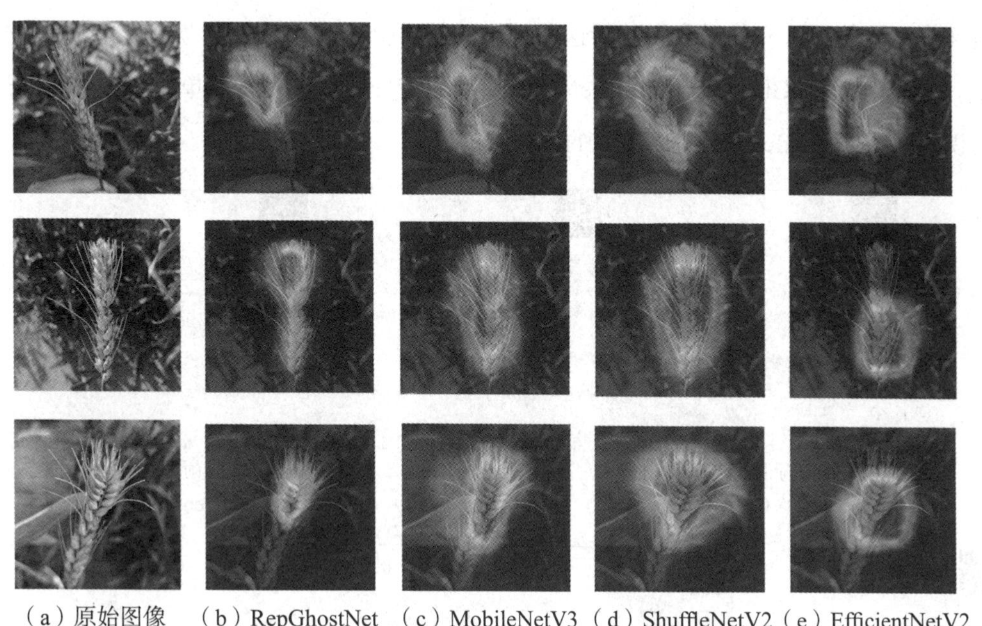

图6-10彩图

图6-10　4种轻量化模型的可视化结果

8. 不同模型的混淆矩阵分析

利用混淆矩阵来详细展示了不同赤霉病严重度下各模型的识别效果差异。从图6-11可以看出各个模型在不同严重度识别上存在着明显差异。从图6-11（a）～（c）中可以看出VGG16、ResNet50以及DenseNet121这3种模型对于0级（健康）单穗小麦赤霉病图像的识别效果最好，仅存在几个错分样本，且这3种模型对严重度1、2、3和4级的识别效果整体表现良好。原因可能是这些模型均具有较深和较复杂的网络结构，能更准确地捕捉不同严重度小麦图像中的微小变化和关键特征差异，能够充分学习和适应小麦赤霉病不同严重度的多样性和复杂性。通过对这些特征的准确提取和分析，模型能够有效地区分不同赤霉病严重度的单穗小麦图像的差异，并能准确地识别分类，因此错分的情况很少发生。

从图6-11（d）～（g）可以明显地观察到，RepGhostNet、MobileNetV3、ShuffleNetV2以及EfficientNetV2在严重度为0（健康）的小麦图像上也表现较好，表明使用的4种轻量化模型也能够准确识别健康麦穗。由于健康麦穗与感染赤霉病的麦穗之间存在明显的差异，无论是常规模型还是轻量化模型都可以很好地进行区分。这四种轻量化模型的错分现象均集中在赤霉病严重度1、2、3和4级的小麦图像数据集上，特别是在严重度为2级和3级的小麦图像上出现较多的错分情况。原因可能是轻量化模型具有较小的规模和较简化的结构，无法对单穗小麦图像中的不同赤霉病严重度的细微特征和变化差异进行充分的观察和学习，对病害区域变化的关注不够细致。由于田间小麦赤霉病的发病不确定性，感染麦穗在不同赤霉病严重度下的病斑形状、颜色和分布等特征存在一定的变化，而轻量化模型可能无法充分提取和分析这些细微的差异，导致对严重度为2和3的图像误分类较多。相对来说RepGhostNet和ShuffleNetV2模型的错分样本更多，对单穗小麦赤霉病严重度的识别效果不如EffcientNetV2和MobileNetV3模型。

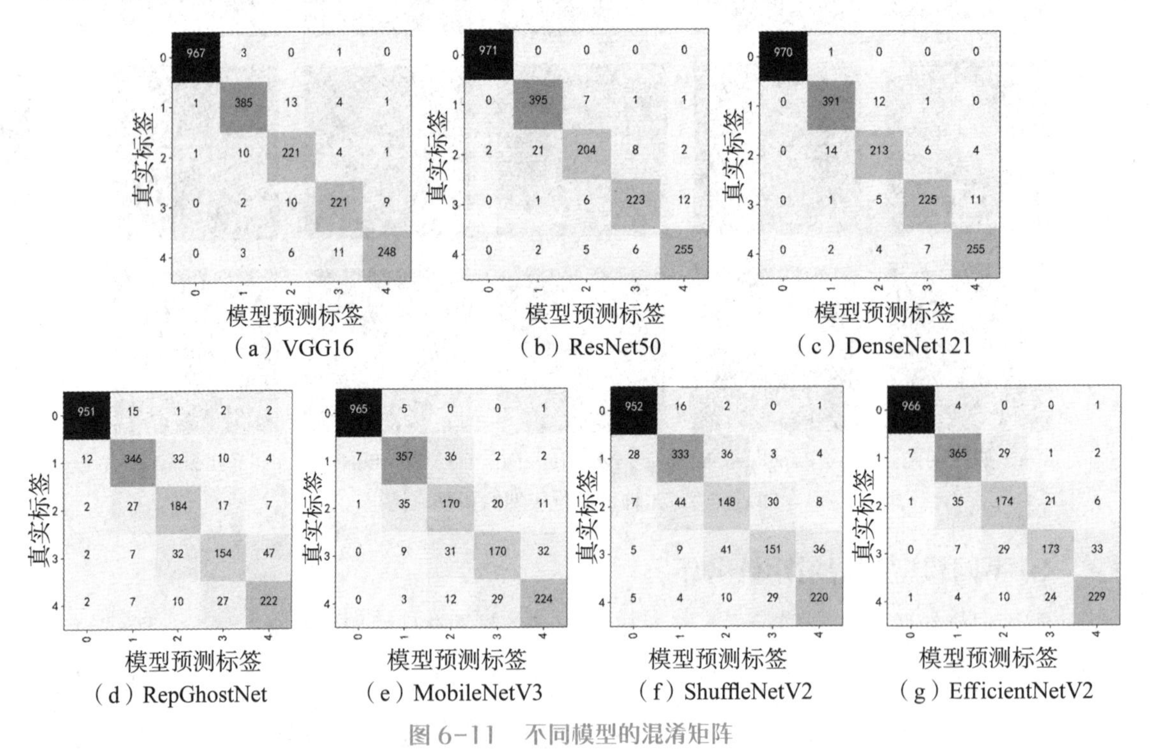

（a）VGG16　（b）ResNet50　（c）DenseNet121

（d）RepGhostNet　（e）MobileNetV3　（f）ShuffleNetV2　（g）EfficientNetV2

图 6-11　不同模型的混淆矩阵

9. 教师模型的选择及改进

教师模型的选择应以高精度为主要指标，为学生模型的训练提供更有用的知识。根据上边的研究结果，发现DenseNet121模型在单穗小麦赤霉病严重度识别中表现出最好的效果，且该模型的参数量和复杂度均低于另外两种常规模型，该模型的精度指标如图6-12所示。从图6-12中可以看出，DenseNet121模型的Accuracy达96.80%，F1 score达94.99%，说明该模型完全可以满足单穗小麦赤霉病严重度识别的精度要求。

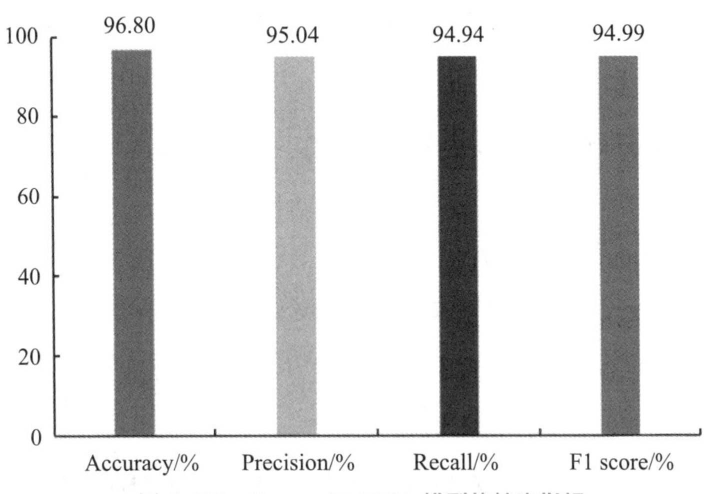

图 6-12　DenseNet121 模型的精度指标

在知识蒸馏模型的构建过程中，由于教师模型的主要任务是指导学生模型的训练，因此其性能将直接影响到整个模型的识别能力。因此对DenseNet121进行了一系列的改进优化以进一步提升模型精度。

（1）PolyLoss。将DenseNet121教师模型中的交叉熵损失（cross entropy loss）函数替换为PolyLoss函数，使得模型能够更灵活地调整损失函数的形式，以进一步提升模型精度，加速模型收敛。PolyLoss的核心思想是将损失函数表示为多项式基的系数与多项式基函数之间的线性组合，可以根据具体任务和数据集的要求和特点，调整每个多项式基函数的权重来灵活地定义损失函数。相比于传统的cross entropy loss和焦点损失（focal loss），PolyLoss提供了更灵活和可定制的方法。

本质上，cross entropy loss和focal loss均是PolyLoss的一种特殊形式，cross entropy loss和focal loss的泰勒展开式如下：

$$L_{CE}=-\log(p_t)=\sum_{j=1}^{\infty}\frac{1}{j}(1-p_t)^j=\left[(1-p_t)+\frac{1}{2}(1-p_t)\right]^2 \tag{6-5}$$

$$L_{FL}=-(1-p_t)^{\gamma}\log p_t=\sum_{j=1}^{\infty}1\Big/j(1-p_t)^{j+\gamma}=(1-p_t)^{1+\gamma}+\frac{1}{2}(1-p_t)^{2+\gamma} \tag{6-6}$$

式中，p_t代表模型对目标类的预测概率。

在实际应用中，针对不同的任务和数据集对多项式系数进行灵活地调整，其效果就会优于cross entropy loss和focal loss，该函数的计算公式如下：

$$L_{\text{Poly}}=\alpha_1(1-p_t)+\alpha_2(1-p_t)^2+\cdots+\alpha_N(1-p_t)^N+\cdots=\sum_{j=1}^{\infty}\alpha_j(1-p_t)^j \tag{6-7}$$

在PolyLoss函数中，对每个多项式系数进行调优显然会带来一个非常大的搜索空间，且精度不一定最优。因此仅扰动交叉熵损失中的主要的多项式系数，同时保持其余部分不变。损失公式表示为$L_{\text{Poly-}N}$，即

$$\begin{aligned}L_{\text{Poly-}N}&=(\epsilon_1+1)(1-p_t)+\cdots+\left(\epsilon_N+\frac{1}{N}\right)(1-p_t)^N+\frac{1}{N+1(1-p_t)^{N+1}}+\cdots\\&=-\log p_t+\sum_{j=1}^{\infty}\epsilon_j(1-p_t)^j\end{aligned} \tag{6-8}$$

研究发现调整第一个多项式会导致最显著的增益，表明了第一个多项式（$1-p_t$）与相比于其后多项式更大价值。因此仅对交叉熵损失中的第一个多项式系数做调整时，得到函数$L_{\text{Poly-}1}$，即

$$L_{\text{Poly-}1}=(1+\epsilon_1)(1-p_t)+\frac{1}{2}(1-p_t)^2+\cdots=-\log p_t+\epsilon_1(1-p_t) \tag{6-9}$$

（2）余弦退火学习率。在深度学习模型训练过程中，学习率也是一个关键的参数。为了加快模型收敛，采用余弦退火算法来更新学习率。为了避免模型在训练中陷入局部最优，采用余弦退火算法先急速下降然后迅速提高学习率，让学习率按照余弦函数进行周期性变化，最终更加接近全局最优解，从而提升模型准确率。计算公式如下：

$$\eta_t=\eta_{\min}^i+\frac{1}{2}\left(\eta_{\max}^i-\eta_{\min}^i\right)\left[1+\cos\left(\frac{T_{\text{cur}}}{T_i}\pi\right)\right] \tag{6-10}$$

式中，i代表当前第i次重启；$\eta_{\min}^i$和$\eta_{\max}^i$表示学习率的变化区间；T_{cur}表示自上次重启后执行的epoch数；T_i表示第i次运行中的epoch总数。

模型改进前后的结果见表6-5，从该表中可以看出，加入PolyLoss和余弦退火学习率后，DenseNet121模型的accuracy、precision、recall、F1 score均有一定的提升，说明PolyLoss和余弦退火学习率的加入提升了该模型对单穗小麦赤霉病严重度识别的整体性能。因此采用改进后的DenseNet121作为知识蒸馏的教师模型参与后续的一系列研究。

表6-5 DenseNet121 模型改进前后各评价指标的比较

模　型	Accuracy/%	Precision/%	Recall/%	F1 score/%
DenseNet121	96.80	95.04	94.94	94.99
DenseNet121+PolyLoss	97.36	95.97	95.78	95.87
DenseNet121+PolyLoss+ 余弦退火学习率	97.50	96.16	95.92	96.04

最终，选择训练并改进后的DenseNet121模型作为知识蒸馏的教师模型，并使用知识蒸馏的方法将学习到的复杂知识和预测能力转移到轻量化的学生模型上，以提高该模型的性能与效果，充分综合教师模型的高精度优势以及轻量化学生模型的快速识别优势。具体来说，会将改进后的教师模型DenseNet121的输出视为“软标签”，并通过使用这些软标签

来训练学生模型，以便学生模型可以更好地理解数据和正确分类样本。通过将教师模型的知识转移到轻量化模型上，可以在保持高性能的同时降低模型的计算复杂度，这对于移动设备和边缘计算平台等资源受限的环境来说尤为重要。

10. 学生模型的选择

知识蒸馏中的学生模型应该是一个轻量化的模型，借助教师模型的知识，在保持学生模型的轻量化特性的同时，进而提升该模型的精度。基于上述的研究结果，着重通过FPS、Params以及FLOPs来确定最终的学生模型。其中RepGhostNet、MobileNetV3、ShuffleNetV2以及EfficientNetV2的3种指标的对比结果如图6-13～图6-15所示。

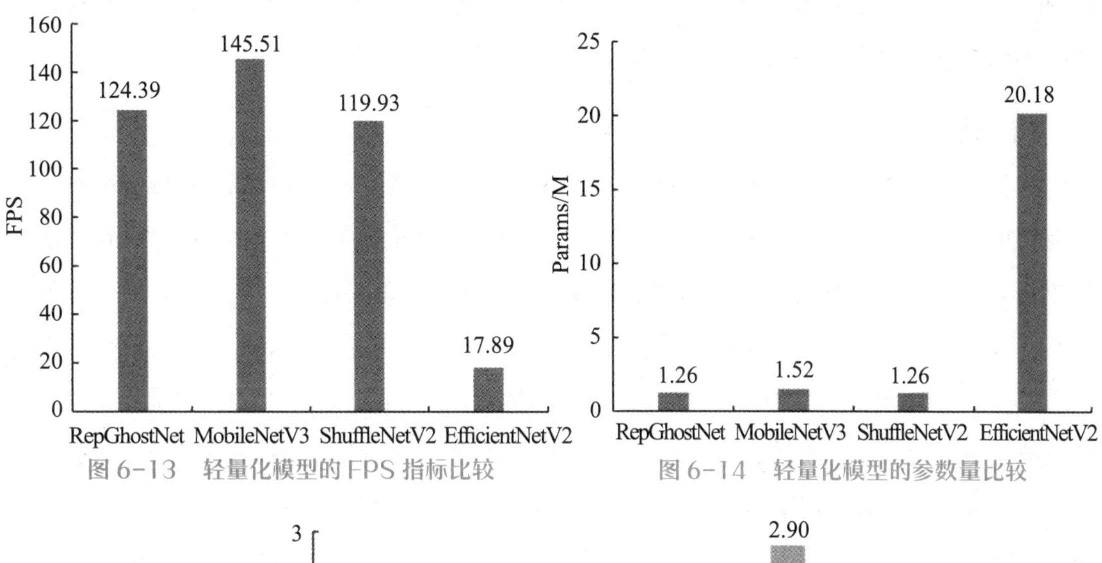

图 6-13　轻量化模型的 FPS 指标比较

图 6-14　轻量化模型的参数量比较

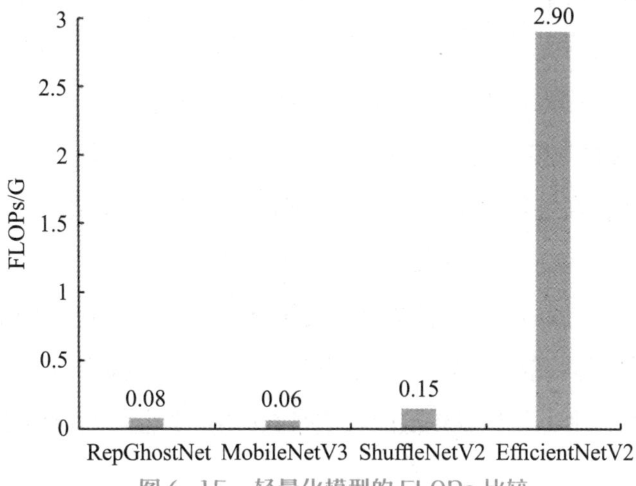

图 6-15　轻量化模型的 FLOPs 比较

由图6-13可知，MobileNetV3的FPS最高（FPS=145.51），其次是RepGhostNet和ShuffleNetV2，分别为124.39和119.93，说明这三个模型在单穗小麦赤霉病不同严重度的识别任务中都具有较快的检测速度，实时性能较好。然而EfficientNetV2模型在实时性方面表现极差，FPS仅为17.89。此外，从图6-14和图6-15可以看出，EfficientNetV2具有最高的Params和FLOPs，说明该模型相对较大且计算复杂度较高，因此不适合单穗小麦赤霉病严重度的快速识别以及计算资源有限的设备。相比之下，RepGhosNet和ShuffleNetV2的Params最低，仅为1.26M，说明这两个模型的存储消耗较少。其次是MobileNetV3，为1.52M。根据图6-15可以看出，MobileNetV3的FLOPs最小，仅为0.06G，其次是RepGhostNet（FLOPs=0.08G）和ShuffleNetV2（FLOPs=0.15G），说明MobileNetV3的计算复杂度最低，对计算机资源的需求更低。

综上所述，综合各个模型的三个指标，MobileNetV3实现了最高的FPS和最少的FLOPs，以及相对最少的Params，这对模型的实时性能和部署移植至关重要，因此最终选择MobileNetV3作为知识蒸馏的学生模型进行后续的训练、验证和测试。

11. 结果与分析

将上述实验中选择的最佳模型MobileNetV3作为学生模型，使用改进后的DenseNet121作为教师模型对其进行指导训练。知识蒸馏中最重要的两个参数分别是权重系数α和温度系数T。权重系数α控制了教师模型和学生模型之间的相对重要性。具体而言，权重系数α用于加权教师模型的损失函数，以帮助学生模型更好地学习教师模型的知识。较高的权重系数将使教师模型的知识对学生模型的训练产生更大的影响，而较低的权重系数则会降低教师模型的影响。通常情况下，权重系数α的取值范围为0到1。温度系数T是知识蒸馏中另一个重要的参数，用于缩放教师模型和学生模型之间的相对软标签的“软度”。在知识蒸馏中，教师模型的输出通常被称为“软标签”，相比于硬标签，软标签是一个概率分布，包含了更多信息。温度系数T越高，软标签分布会更加平滑。

（1）不同权重系数对模型精度的影响。本组实验将探究不同的权重系数α对蒸馏模型结果的影响。因此，在进行实验时首先将温度T=4固定，而权重系数使用（0.1，0.3，0.5，0.7，0.9）完成蒸馏实验，验证集的准确率和损失变化结果如图6-16所示。从图6-16中可以看出，不同的权重系数α对验证集结果的影响并不显著，但是仍然可以观察到，当α=0.9和α=0.1时，模型的收敛速度较慢，模型的准确率较低且模型的损失较高。这个观察结果表明，在蒸馏过程中，较高或较低的权重系数α均可能会影响模型的识别性能和收敛速度。

为了更明显地分析不同权重系数α对学生模型MobileNetV3的影响，又基于测试集的结果来进一步展开分析（图6-17）。从图6-17可以看出，当α=0.1、α=0.3及α=0.5时，模型的accuracy、precision、recall和F1 score均有明显的上升趋势，说明适当地增加权重系数

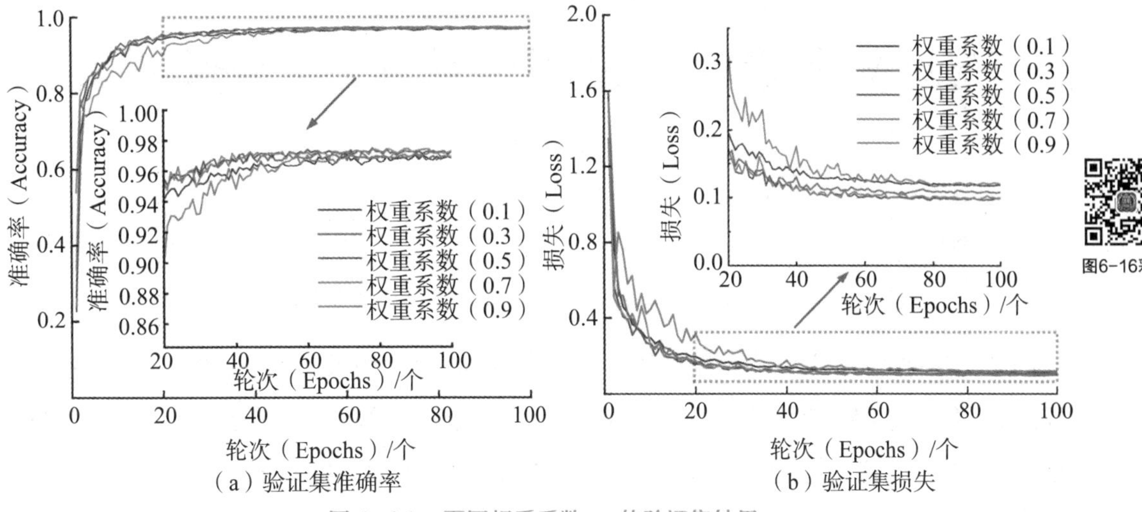

图6-16　不同权重系数 α 的验证集结果

图6-16彩图

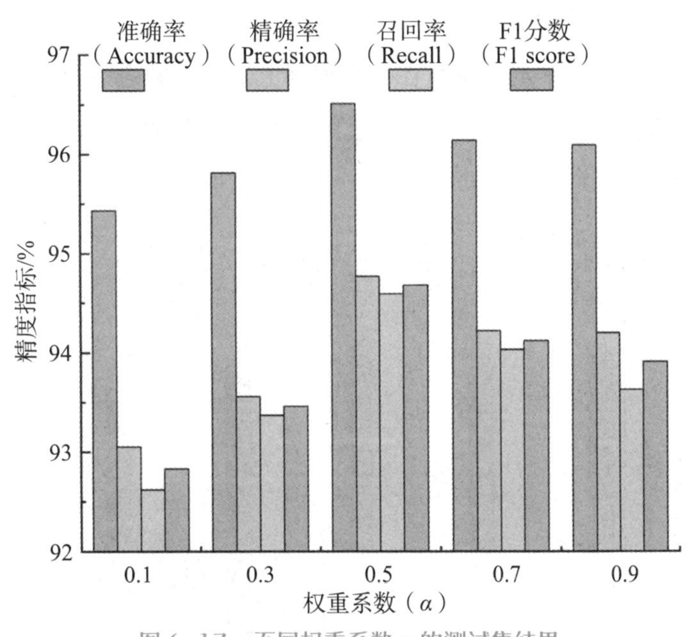

图6-17　不同权重系数 α 的测试集结果

图6-17彩图

α的值，能够更加有效地利用改进后的DenseNet121模型的有效知识，从而提升学生模型MobileNetV3的识别能力。当α=0.5时模型效果最佳，Accuracy达96%以上，其他三种指标也在94%以上。然而，当α=0.7和α=0.9时，MobileNetV3的识别性能出现了逐渐下降的趋势。说明α的值并不是越高越好。当α过高时，改进后的DenseNet121教师模型的影响将占主导地位，学生模型MobileNetV3反而无法有效地学习自己的特征和知识。表6-6展示了不同权重系数α的蒸馏模型在测试集上的具体实验结果。

表 6-6　不同权重系数 α 的测试集的实验结果

权重系数 α	Accuracy/%	Precision/%	Recall/%	F1 score/%
α=0.1	95.43	93.05	92.62	92.83
α=0.3	95.81	93.56	93.37	93.46
α=0.5	96.51	94.77	94.59	94.68
α=0.7	96.14	94.22	94.03	94.12
α=0.9	96.09	94.20	93.63	93.91

（2）不同温度系数对模型精度的影响。本组实验则使用最佳权重系数α=0.5，探究不同温度系数T对蒸馏模型性能的影响。从图6-18和表6-7可知，温度T的设置对蒸馏模型的准确率影响不显著，模型的Accuracy均处于96.04%～96.51%，Precision、Recall和F1 score稍有区别，其中F1 score处于93.81%～94.68%。随着T值的增加，软标签分布更加平滑，模型的精度略微上升。当T=4时，蒸馏模型MobileNetV3实现了最好的效果，说明增加温度T可以使软标签分布更加平滑，从而在一定程度上提升模型的性能。然而，当T值继续增加到T=8时，模型性能反而下降。这说明过度平滑的标签对学生模型的训练产生了一定程度上的负面影响。

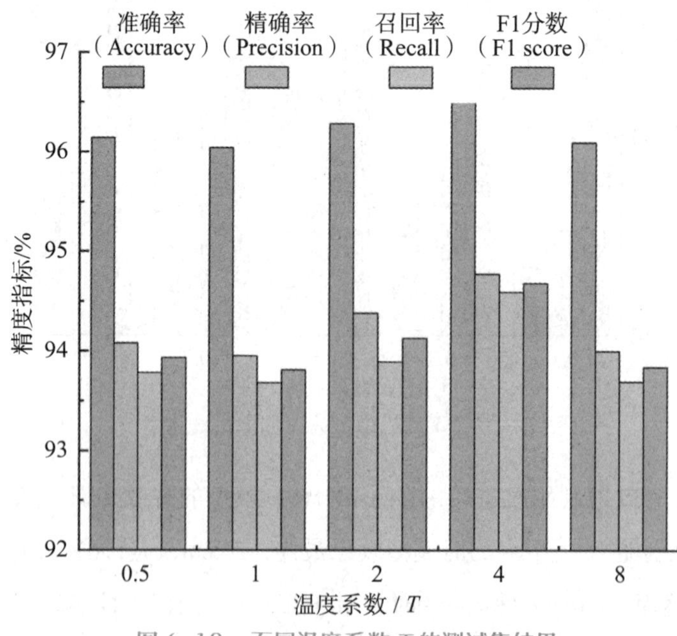

图6-18彩图

图 6-18　不同温度系数 T 的测试集结果

表 6-7　不同温度系数 T 的测试集的实验结果

温度系数 T	Accuracy/%	Precision/%	Recall/%	F1 score/%
T=0.5	96.14	94.08	93.78	93.93
T=1	96.04	93.95	93.68	93.81

续表

温度系数T	Accuracy/%	Precision/%	Recall/%	F1 score/%
T=2	96.28	94.38	93.89	94.13
T=4	96.51	94.77	94.59	94.68
T=8	96.09	94.00	93.69	93.84

（3）知识蒸馏前后模型的性能分析。为了进一步探究知识蒸馏对MobileNetV3模型的不同赤霉病严重度识别能力，以最佳权重系数α=0.5和温度系数T=4的蒸馏模型与原始的MobileNetV3的四个精度指标进行了对比，结果如图6-19所示。从图6-19中可以看出，经过知识蒸馏的MobileNetV3模型（KD-MobileNetV3）相较于原始MobileNetV3模型，在Accuracy、Precision、Recall以及F1 score分别提升了7.58%、11.76%、11.84%和11.80%，说明该模型的严重度识别能力得到了很大的提升，在保持轻量化模型结构的同时，其识别性能仅略低于改进后的DenseNet121教师模型。

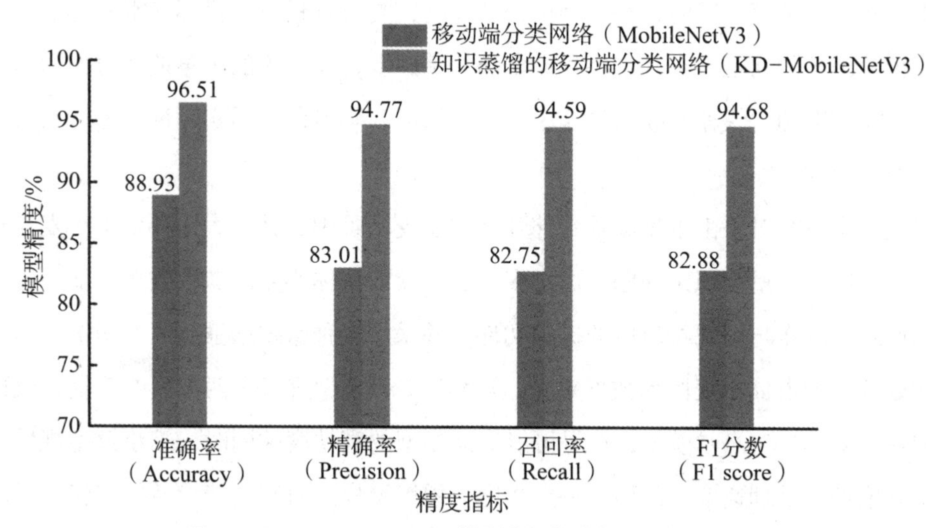

图6-19 MobileNetV3模型在知识蒸馏前后的比较

图6-19彩图

图6-20列出了知识蒸馏前后的MobileNetV3模型的混淆矩阵，以更详细地分析和比较两者在单穗小麦不同赤霉病严重度的识别性能。从图6-20中可以看出，经过知识蒸馏后的MobileNetV3，在严重度1至4级的错分样本显著减少，分别较原始的MobileNetV3减少了33、42、52和32个，说明该模型在很大程度上改善了该模型对不同赤霉病严重度细粒度特征的识别能力，使得该模型在保证快速识别能力的同时，能够满足单穗小麦赤霉病不同严重度的识别的高精度需求。该结果进一步验证了基于知识蒸馏的单穗小麦赤霉病严重度识别方法的有效性和优越性。

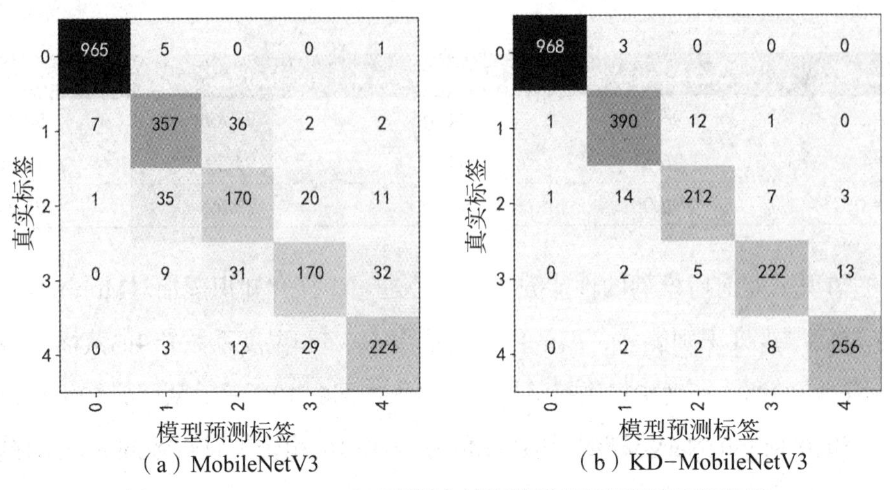

图 6-20　MobileNetV3 模型在知识蒸馏前后的混淆矩阵比较

6.2.4　群体小麦赤霉病穗实时检测

在实际小麦种植大田内，小麦种植密度较高，复杂背景下小目标赤霉病穗的检测仍然是一个较为困难的问题。在确定小麦赤霉病的基础上，在病害的中早期及时检测出小麦赤霉病穗并能够准确、快速判断出群体小麦的严重度，则可以根据实际情况进行及时有效的病害管控和治理工作。

因此，将研究对象由单穗场景延伸到群体小麦场景中，针对大田环境中小麦赤霉病穗的快速检测以及严重度识别问题，通过多次实验获取群体小麦图像数据集，随后通过人工标注的形式，制作与图像相对应的标签文件，并采用多种数据增强技术对图像数据进行扩充。在处理后的群体小麦图像数据集上，对YOLOv7模型进行了两方面的轻量化改进和优化，构建了MS-YOLOv7模型，在尽可能保证模型的高精度的同时，缩小模型规模和复杂度，提升模型的推理速度，从而在一定程度上缓解该模型对高性能设备的依赖。最后进行了多方面的对比实验，验证了该模型的实时检测能力和统计效果。

1. 数据标注和划分

在真实田间环境中采集了大量的群体小麦图像，为了满足目标检测的训练要求，使用一款可视化标注工具Labelme对每张群体小麦图像进行标注操作。打开Labelme界面，采用矩形框的方式手动将每张图像中的麦穗标记为两类：Healthy（健康）和FHB（患病），图像标注完成后将其保存为json格式文件，标签文件名称和对应的图像名称保持相同。共计人工标注1126张小麦图像，其中包含45674个麦穗。随后为了满足YOLOv7的输入标注数据的要求，通过使用Python代码将标签文件从json格式转换为xml格式，并最终转换为txt格式。图6-21所示为数据标注的示例。

图 6-21 Labelme 图像标注工具

基于不同高度共获取群体小麦图像数据1126张，进行图像标注后，通过旋转、亮度变换、添加噪声等策略，将群体小麦图像和相对应的标签文件扩充至5630个。随后将其以6∶2∶2的比例分为训练集、验证集和测试集。其中训练集包含3378张图像和标签文件，验证集和测试集各包含1126张图像和标签文件确保有足够数量的图像用于模型训练、验证和测试。数据集的具体情况见表6-8。

表 6-8 各个数据集的图像及标签分布情况

数据集	图像数量 / 张	总麦穗数 / 个	健康麦穗数 / 个	患病麦穗数 / 个
训练集	3378	136949	109456	27493
验证集	1126	46035	36940	9095
测试集	1126	45386	36369	9017

2. 环境配置

模型的训练、验证和测试均在同一设备和Windows 11操作系统下开展，实验环境由Anaconda 3进行创建，Python版本为3.7.0，PyTorch深度学习框架版本为1.7.1，并相应配置了模型运行所需的其他包。实验环境的软硬件配置见表6-9。

表 6-9 实验环境的软硬件配置

名　称	参　数
操作系统	Windows 11 64 位
CPU	AMD Ryzen 9 7945HX
Memory	32G
GPU	NVIDIA GeForce RTX 4060

续表

名 称	参 数
Video memory	8G
Python	3.7.0
CUDA	11.0
PyTorch	1.7.1

3. 模型超参数寻优

本案例基于YOLOv7模型进行了一系列实验，探究了不同优化器、学习率以及图像加权策略对模型精度的影响。所选用的优化器包括SGD和AdaMax。SGD是较为常用的优化器之一，而AdaMax是基于Adam的一种变体。另外，学习率也是模型训练过程中的一个关键参数，适当的学习率可以加速模型收敛，减少模型在最小值附近振荡。因此，通过对比实验还探究了线性学习率和余弦退火学习率的性能优劣。此外，图像加权策略被引入，旨在改善标注的健康标签样本和患病标签样本之间的数据不平衡问题，从而有助于提升模型的性能。表6-10给出了不同参数设置下模型的性能表现。

表 6-10 不同参数设置对模型性能的影响

SGD	AdaMax	线性学习率	余弦退火学习率	图像加权	Precision/%	Recall/%	F1 score/%	mAP/%
√	—	√	—	—	96.96	94.05	95.48	93.94
√	—	√	—	√	97.23	94.52	95.86	94.37
√	—	—	√	—	97.09	94.15	95.60	94.05
√	—	—	√	√	97.23	94.37	95.78	94.31
—	√	√	—	—	92.34	84.01	87.99	82.65
—	√	√	—	√	93.78	86.34	89.91	85.27
—	√	—	√	—	91.88	84.48	88.02	83.15
—	√	—	√	√	92.95	86.14	89.42	84.75

从表6-10可以看出，采用SGD优化器的模型效果（F1 score为95.48%～95.86%，mAP为93.94%～94.37%）普遍优于AdaMax优化器（F1 score为87.99%～89.91%，mAP为82.65%～85.27%）。相同条件下，采用线性学习率的模型效果较好，尽管和采用余弦退火学习率相比，其F1 score 和mAP总体差别不大。此外，当采用图像加权策略时模型的F1 score和mAP均有提升。总的来说，采用SGD优化器、线性学习率以及图像加权策略效果最好，可作为后续模型的最优基础参数。这些结果强调了参数设置的重要性，选择合适的参数可以在一定程度上提高模型的精度。

基于上述实验得到的最优的参数设置来进行后续模型的训练、验证和测试。在模型训练前，首先将图像大小调整为640像素×640像素×3像素，以确保输入数据的一致性。Batch size设置为8，Epochs设置为300。表6-11列出了模型的最终参数设置。

表6-11 模型的最终参数设置

参数	值
图像输入尺寸	640像素 ×640像素 ×3像素
初始学习率	0.01
优化器	SGD
动量	0.937
权重衰减	0.0005
Batch size	8
Epochs	300
在线增强	Mixup、Mosaic等
学习率	线性学习率
图像加权策略	True

4. MS-YOLOv7模型构建

目标检测模型的准确性和实时性对小麦赤霉病穗检测及后续的严重度识别都至关重要。YOLOv7是目前较为先进的目标检测模型之一，因此选择YOLOv7并从以下两个方面对该模型进行优化，以实现更轻量化、更快的小麦赤霉病穗的检测。

（1）MobileNetV3主干网络。通过使用轻量化网络MobileNetV3重构了YOLOv7的主干网络，以显著降低该模型的参数量和计算复杂度。MobileNetV3是MobileNet系列中的最新版本，该网络的设计目标是在保持较低计算量和参数量的同时，提供更高的性能和精度。MobileNetV3网络引入了h-swish，是swish非线性的最新版本，与原始swish函数相比，其计算速度更快，更适合量化（Howard等，2019）。计算公式如下：

$$\text{h-swish}\left[x\right]=x\text{ReLU6}\frac{\left(x+3\right)}{6} \tag{6-11}$$

MobileNetV3网络中也引入了挤压和激励（squeeze-and-excitation，SE）模块（Hu等，2018），通过学习每个通道的重要性来增强网络捕获特征的能力。SE架构包括两个主要模块：挤压模块和激励模块。通过SE模块，网络可以进行特征重新校准操作，有效地利用全局信息来选择性地强调有用的重要特征，同时抑制不太有用的特征。图6-22展示了SE模块的结构。

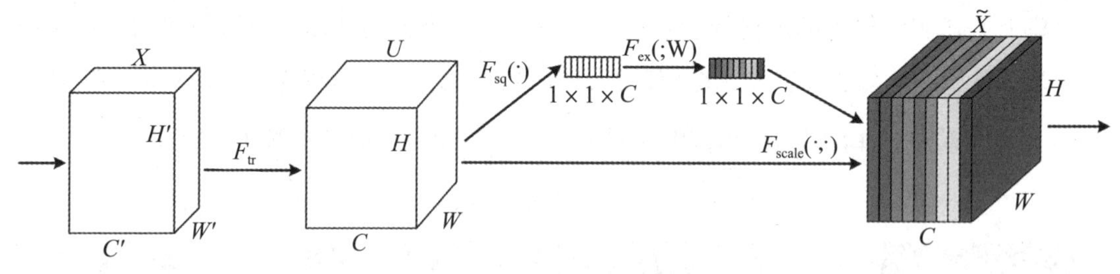

图 6-22　SE block 的结构

（2）Slim-neck结构。Slim-neck（Li等，2022）是一种优化卷积神经网络中neck部分的结构。Slim-neck主要由GSConv、GS bottleneck、VoVGSCSP等部分组成。

GSConv模块的结构如图6-23所示。该模块是一种轻量化的卷积模块，主要包括以下几个部分：卷积层、深度可分离卷积层以及Shuffle。其中卷积层是标准卷积层，包含卷积层、批量归一化层以及激活函数层。GSConv首先将输入经过一个卷积层，然后再经过一个深度可分离卷积操作，随后利用Concat操作将两个卷积的结果进行拼接，最后进行Shuffle操作将标准卷积的结果融入深度可分离卷积结果中，其目的是进行特征通道的重新排列，从而加强特征间的信息流动。GSConv模块的计算成本约为标准卷积的50%，但其对模型学习能力的贡献与标准卷积相似。该模块能够在保持与标准卷积相似输出的同时，优化通道之间的连接和信息流动，提高模型的性能和效果，同时降低计算成本和模型的复杂度。

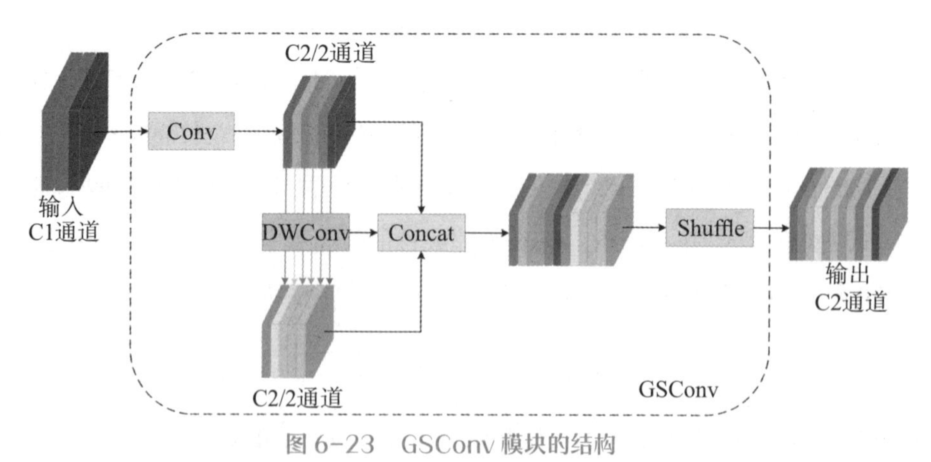

图 6-23　GSConv 模块的结构

基于GSConv设计了GS bottleneck和VoVGSCSP模块，具体结构如图6-24所示。GS bottleneck是基于GSConv设计而成的增强模块，能够提升特征的非线性表达能力以及信息复用。VoVGSCSP是在GS bottleneck的基础上进一步设计而成的一种跨阶段部分网络模块。在VoVGSCSP模块中，首先将不同阶段的特征图按通道进行分组，然后利用GS bottleneck

对每个分组进行后续的处理，加强特征的非线性表达和信息的复用。最后，通过一次性聚合的方式将处理后的特征图进行融合，以实现跨阶段的信息交互和融合，从而提高模型的效果。

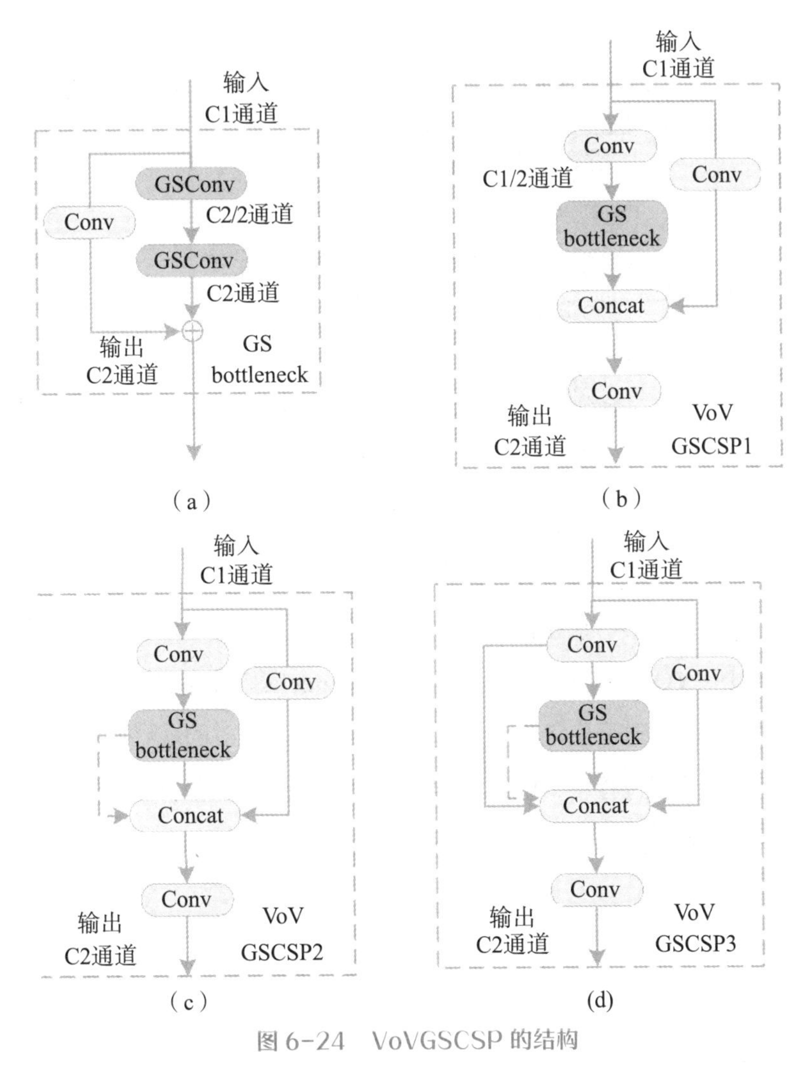

图 6-24　VoVGSCSP 的结构

首先采用MobileNetV3替换YOLOv7原有的主干网络，以显著降低该模型的参数和计算复杂度，随后利用Slim-neck结构优化YOLOv7的neck结构，将普通卷积和ELAN-H模块替换为GSConv和VoVGSCSP模块进一步缩小模型尺寸，从而构建了一种轻量化网络MS-YOLOv7，该模型的整体结构如图6-25所示。

5. 结果与分析

（1）改进前后模型的训练和验证。基于最优的参数设置，对YOLOv7和MS-YOLOv7模型进行了训练、验证和测试。图6-26展现了在模型的训练和验证过程中，MS-YOLOv7

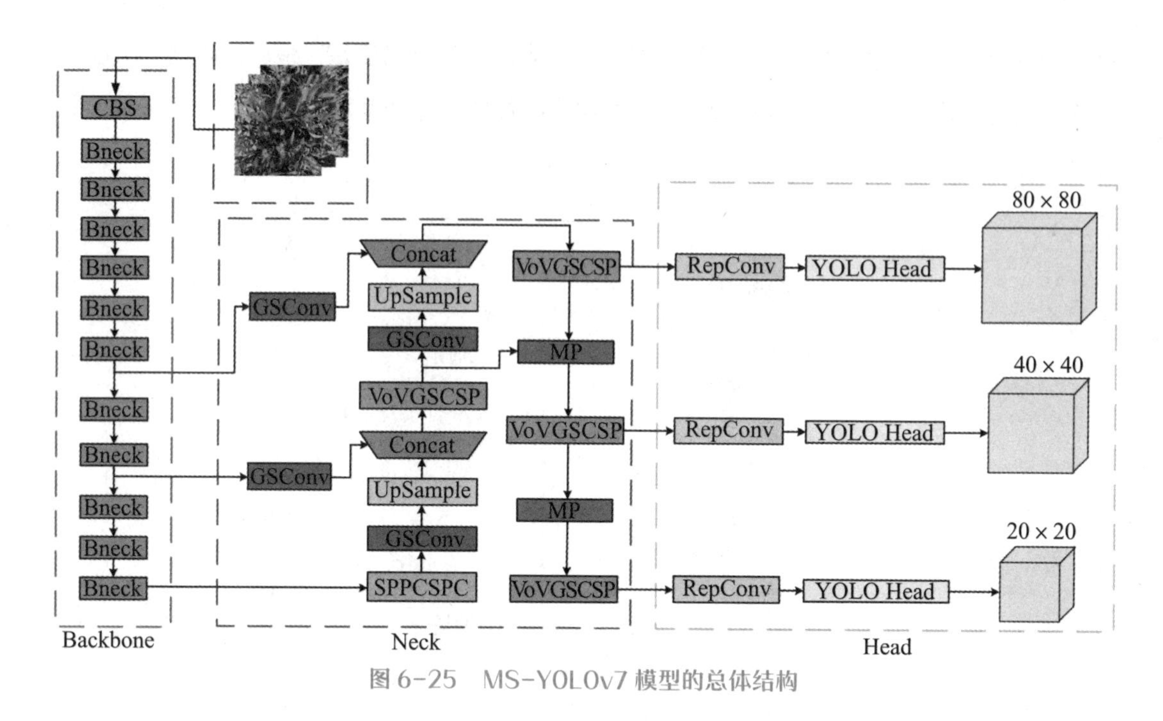

图 6-25　MS-YOLOv7 模型的总体结构

和YOLOv7的验证集mAP的变化情况。如图6-26所示，两个模型的mAP都随着Epoch的增加而逐渐提高，其中YOLOv7模型的收敛速度较快，仅在进行100个Epochs后就基本达到了收敛状态。而MS-YOLOv7模型则在经历200个Epochs后才逐渐收敛。当进行了300个epochs后，两个模型均达到了稳定状态。此时，MS-YOLOv7的mAP略低于YOLOv7，这表明在模型的训练和验证过程中，由于模型轻量化的原因，使得MS-YOLOv7模型的收敛速度较慢，最终性能也略低于原始的YOLOv7模型。

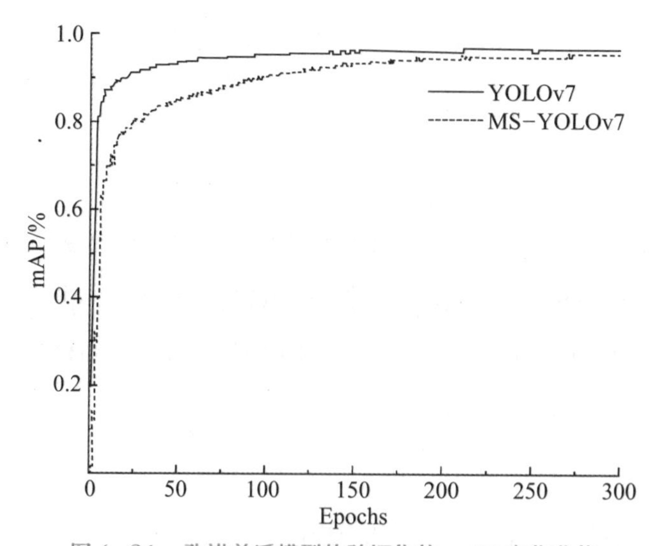

图 6-26　改进前后模型的验证集的 mAP 变化曲线

（2）消融实验。通过消融实验探究了MobileNetV3和Slim-neck两种改进策略对YOLOv7模型的影响。为保证MS-YOLOv7模型能够反映实际的检测速度，FPS指标在CPU上测试而得。消融实验结果见表6-12。

表6-12　消融实验结果

模型	MobileNetV3	Slim-neck	Precision/%	Recall/%	F1/%	mAP/%	FPS	Params/M	FLOPs/G
YOLOv7	—	—	97.23	94.52	95.86	94.37	1.62	36.49	103.17
	√	—	96.56	92.14	94.30	91.94	3.82	23.99	37.39
	√	√	96.51	91.64	94.01	91.46	4.51	18.80	24.93

从表6-12中可以看出，当将MobileNetV3作为YOLOv7的主干网络后，模型的Params和FLOPs显著下降，分别降低了12.50M和65.78G，从而很大程度上降低了模型的参数量和复杂度。但模型的mAP略微降低，mAP达91.94%。此外，与单独添加MobileNetV3相比，添加Slim-neck结构进一步减小了模型计算复杂度，并提高了检测速度（FPS=4.51）。值得注意的是，与原始YOLOv7相比，所提模型的FPS提高了2.89，Params减少了48.48%，FLOPs降低了75.84%。这些结果证实了MS-YOLOv7极大地提升了模型的实时性能，能够实现更高的检测速度。

（3）与其他经典目标检测模型的对比分析。为了验证MS-YOLOv7在小麦赤霉病穗实时检测中的有效性和优越性，将该模型与其他四种较为常见的目标检测模型进行了对比实验，包括YOLOv3-Tiny、YOLOv5s、SSD和Faster R-CNN。各个模型均在相同的条件下进行训练、验证和测试。随后，使用测试集评估了这五种检测算法的性能。各个模型的FPS均使用CPU设备来计算得出。表6-13展示了各个模型的性能对比结果。

表6-13　MS-YOLOv7与其他模型的性能对比

模　型	Precision/%	Recall/%	F1 score/%	mAP/%	FPS	Params/M	FLOPs/G
YOLOv3-Tiny	87.61	76.73	81.81	83.92	7.79	8.67	13.00
YOLOv5s	89.32	84.01	86.58	90.36	6.02	7.24	16.63
SSD	79.01	67.94	73.06	76.75	1.73	23.75	136.81
Faster R-CNN	71.84	64.21	67.81	70.29	1.75	137.11	185.11
MS-YOLOv7	96.51	91.64	94.01	91.46	4.51	18.80	24.93

根据表6-13所示的结果，MS-YOLOv7实现了最好的检测性能，F1 score达94.01%，mAP达91.46%。YOLOv5s次之，F1 score达86.58%，mAP达90.36%。其中YOLOv5s的FPS（6.02）略高于MS-YOLOv7（4.51），该模型的FLOPs略低于MS-YOLOv7，Params明显低于MS-YOLOv7，说明YOLOv5s模型相对来说尺寸更小、复杂度更低，这可能也是YOLOv5s的mAP低于MS-YOLOv7的原因。YOLOv3-Tiny表现出最高的FPS，达7.79，

表明该模型的实时性能更好，但它的mAP相对较差，mAP仅达83.92%，在精度方面不如MS-YOLOv7和YOLOv5s。此外，观察到SSD和Faster R-CNN的Params和FLOPs远远高于其他模型，且mAP和FPS也最低，说明这两个模型不仅识别的精度较差，其庞大的模型参数和复杂性更会阻碍在移动设备上模型的有效部署。这些结果表明MS-YOLOv7能够兼顾模型的精度和检测速度，是快速准确地检测小麦赤霉病穗的有效解决方案，同时保持了比原YOLOv7更小的模型尺寸和复杂性，使得它更适合在移动设备上部署。

（4）MS-YOLOv7模型的实际检测效果分析。为了验证MS-YOLOv7模型对小麦赤霉病穗的实际检测效果，将MS-YOLOv7模型应用于群体小麦图像中进行赤霉病穗检测。图6-27～图6-29展示了MS-YOLOv7模型对基于不同高度获取的低密度、中密度及高密度的部分群体小麦图像的赤霉病穗检测效果。

图 6-27　低密度下图像的检测效果

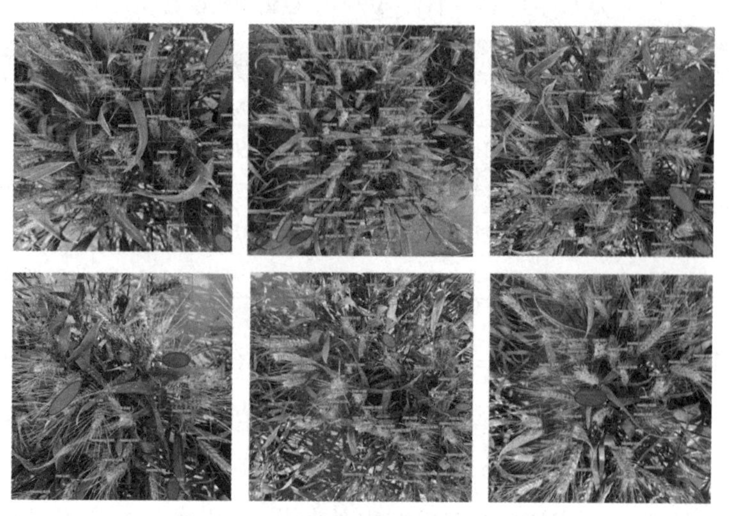

图 6-28　中密度下图像的检测效果

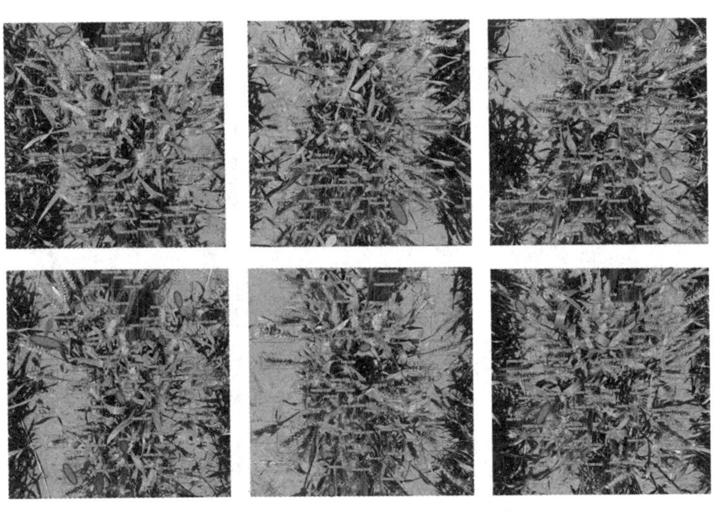

图 6-29　高密度下图像的检测效果

从图6-27中可以明显看出，MS-YOLOv7模型在低密度图像上表现良好，能够有效检测群体小麦图像中的麦穗目标并对其所属类别进行正确分类。原因可能是在低密度的场景中，麦穗个数相对较少，且麦穗与麦穗之间的间隔较大，麦穗之间没有过于重叠，从而使得模型更容易检测和区分每个麦穗。

从图6-28～图6-29中可以观察到，MS-YOLOv7模型在中密度和高密度下的群体小麦图像的检测中出现了部分漏检、错检以及重复检测的情况。漏检情况往往出现在严重遮挡和边缘较小的麦穗目标处，麦穗与麦穗之间的严重遮挡和重叠以及太小的麦穗目标对模型的检测造成一定的困难，导致模型没有能够很好地检测到这些目标的存在。模型的错检情况或者将背景或者其他物体错误识别成目标物的情况出现较少，表明MS-YOLOv7模型在低、中、高密度场景下都能够较好地识别出实际存在的麦穗目标并进行准确分类。综上所述，MS-YOLOv7模型总体检测效果较好，能够满足在复杂环境下进行小麦赤霉病麦穗的准确检测。

（5）MS-YOLOv7模型的实时性能分析。为了更直观地评估MS-YOLOv7模型的实时检测性能，在相同的训练设备上使用1126张群体小麦的测试集图像数据，测试了该模型的实时推理性能。图6-30展示了YOLOv7和MS-YOLOv7在GPU和CPU上的平均推理时间差异。从图6-30中可以看出，相较于原始的YOLOv7模型，MS-YOLOv7的平均推理时间显著缩短。MS-YOLOv7在GPU和CPU上的平均推理时间分别为26.49ms和221.72ms，分别比原始YOLOv7模型减少了1.61ms和393.82ms。MS-YOLOv7在CPU上的平均推理时间比在GPU上的推理时间减少得更多，这表明MS-YOLOv7的优势在CPU设备上能够更明显地展示出来，该模型对CPU设备的适应性更好。这一结果进一步表明，MS-YOLOv7能够满足在低性能设备上部署和可移植性的要求。

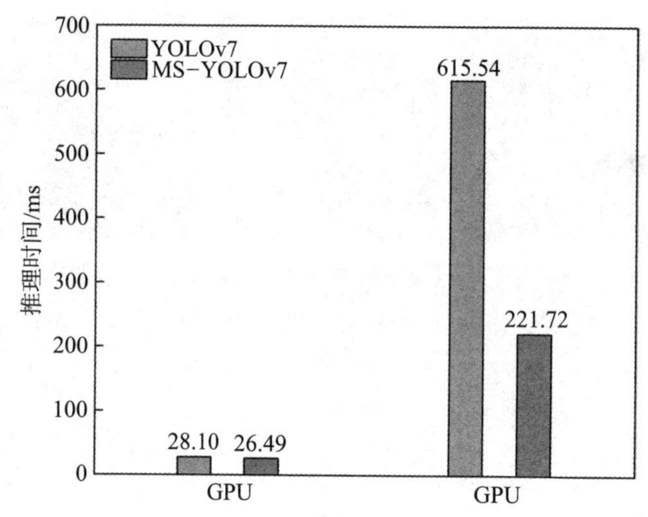

图 6-30 MS-YOLOv7 和 YOLOv7 的（平均）推理时间对比

（6）群体小麦赤霉病严重度识别。为了进一步确定群体小麦的赤霉病严重度，从实际获取的1126张原始图像中统计了健康麦穗数和患病麦穗数以及总麦穗数。这些原始的图像能够更准确地反映研究区的小麦赤霉病发病情况。随后，通过计算病穗率以进一步确定群体小麦赤霉病的严重度。

使用R^2和RMSE这两种评估指标来评估MS-YOLOv7模型的统计效果，并通过散点图将健康麦穗数、患病麦穗数、总穗数和病穗率的统计结果进行可视化，如图6-31所示。结果显示健康麦穗数、患病麦穗数和总穗数的R^2值分别为0.98、0.95和0.98，且均具有较小的RMSE值。这表明MS-YOLOv7模型具有较好的识别和检测效果，对于不同类别的麦穗目标，其错检和漏检率极低。因此，使用该模型能够保证后续病穗率计算以及最终严重度确定的可靠性和准确性。小麦赤霉病穗率的统计结果如图6-31（d）所示，可以看出病穗率的R^2达0.90，RMSE为0.03，表明该模型在直接预测小麦赤霉病穗率方面也具有较好的性能。此外，能够观察到研究区的小麦赤霉病穗率基本集中在0～0.4范围内，表明研究区内小麦赤霉病感染较轻，可以进行及时的治理，这与实地调查的实际情况相一致。研究结果为小麦赤霉病的及时精准防控提供了可靠的依据和参考。

表6-14展示了部分群体小麦图像的真实和预测的小麦赤霉病穗率，并根据病穗率的所处范围给出了严重度的预测结果，将预测结果和真实结果进行了对比分析，进一步验证了MS-YOLOv7模型在准确检测和量化小麦赤霉病严重度方面的有效性。

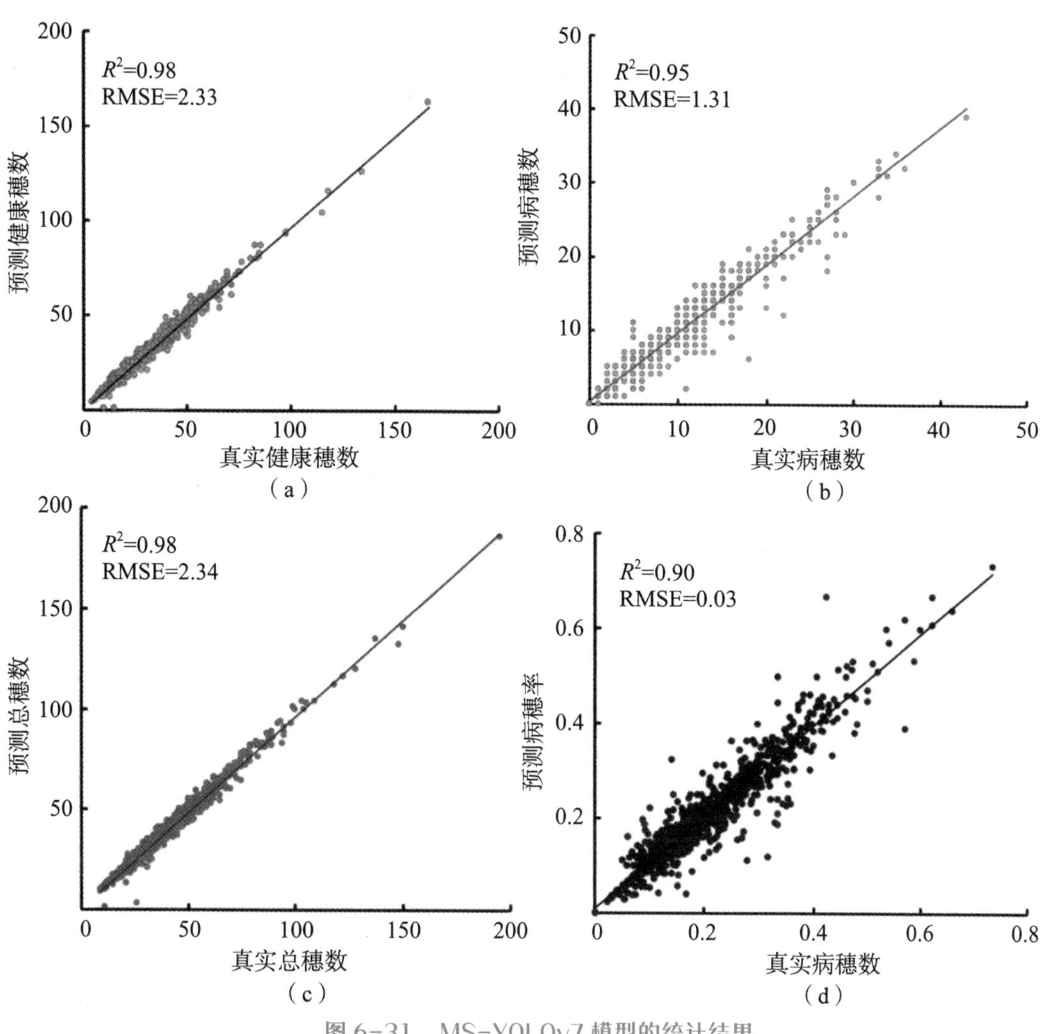

图 6-31 MS-YOLOv7 模型的统计结果

表 6-14 实际和预测的小麦赤霉病严重度

序号	真实病穗率 /%	预测病穗率 /%	真实严重度等级	预测严重度等级
1	20.59	20.00	3	3
2	10.53	10.81	2	2
3	20.93	22.22	3	3
4	19.64	18.18	2	2
5	10.53	10.81	2	2
6	16.13	16.13	2	2
7	8.57	9.38	1	1
8	8.82	12.90	1	2
9	27.78	26.32	3	3
10	10.26	9.76	2	1
11	27.78	26.32	3	3

续表

序号	真实病穗率 /%	预测病穗率 /%	真实严重度等级	预测严重度等级
12	12.82	13.16	2	2
13	24.14	25.93	3	3
14	32.14	35.71	4	4
15	6.45	6.06	1	1
16	22.22	20.00	3	2
17	11.11	11.11	2	2
18	15.79	15.00	2	2
19	7.41	7.69	1	1
20	8.82	9.38	1	1

第7章

无人机遥感监测小麦赤霉病

无人机遥感技术因其灵活性高、成本低、图像采集速度快等特点，在农业监测领域得到了快速发展，提高了农业病害的监测效率。现阶段大多数基于无人机遥感的农作物病害监测的研究主要关注无人机图像的光谱信息，而以纹理为形式的空间特征信息尚未得到充分挖掘。本章利用无人机多光谱图像提取的病害小麦冠层光谱信息和纹理信息开展小麦赤霉病快速无损监测。

7.1 作物病害无人机遥感监测现状

无人机遥感技术在获取作物生长信息方面具有传统卫星和航空遥感无法比拟的优势，已在作物产量预测、作物营养诊断、作物倒伏监测等方面得到了较为广泛的应用（樊湘鹏等，2021）。曹英丽等（2020）利用低空无人机数码影像，采用最优子集选择算法实现了水稻穗图像准确分割。王浩淼等（2021）利用无人机遥感技术实现了准确的葡萄长势与霜冻监测。尹航等（2021）基于波段优化算法建立了优化光谱指数，并开展了马铃薯关键生育期叶绿素含量估测，模型精度R^2=0.82。孔钰如等（2022）利用连续投影法筛选的敏感波段组合构建光谱指数，结合偏最小二乘回归算法准确反演了冬小麦的叶面积指数（leaf area index，LAI），反演模型R^2=0.75。陈志超等（2022）分别基于偏最小二乘回归、BP神经网络和随机森林回归技术实现了玉米高光谱玉米氮素准确提取。上述研究证实了无人机遥感技术能够无损、实时、快速地开展作物长势信息提取。

7.1.1 光谱特征监测

近几年来，无人机遥感技术在作物病虫害监测方面也得到了广泛的应用。Su等（2018）利用配备低成本多光谱相机的无人机获取了黄锈病不同生长阶段的多光谱图像，然后利用卷积神经网络开发了黄锈病自动监测系统，并在测试中取得了良好的分类精度；结果表明，平均精度、召回率和准确率分别为89.2%、89.4%和89.3%。Kerkech等（2020）提出了一种基于可见光-近红外图像和深度学习的无人机图像葡萄病害监测方法，葡萄叶片水平的病害检出率高于87.0%。An等（2021）提出了一种基于光谱相似性分析和光谱时间特征分析的水稻黑穗病无人机多光谱遥感信息提取方法，总体准确率分别为74.23%和85.19%。Xiao等（2021）提出了一种选择灰度共生矩阵（Gray Level Co-occurrence Matrix，GLCM）最佳窗口尺寸判断方法，并用于提取无人机图像中小麦赤霉病的纹理特征以提升小麦赤霉病监测精度。Bao等（2023）利用无人机可见光遥感技术实现了茶叶枯萎病监测；为解决叶片分布密集导致的漏检和误检问题，他们提出了DDMA-YOLO算法，该算法在mAP@0.5中取得了76.8%的测试结果。

多光谱图像在病害监测方面具有光谱信息相对丰富、数据处理简单、计算成本低廉等优点，在作物病害监测方面具有一定的应用潜力。作物受到病害胁迫后，其叶片色素含量、水分含量、形态和结构发生变化，这导致不同波段反射率表现出不同的吸收和反射特性（Hanley等，1982）。有研究学者利用无人机多光谱图像，结合K-近邻（K nearest neighbors，KNN）、支持向量机（support vector machine, SVM）等模型，提取对柑橘黄龙病敏感的植被指数（vegetation indices, VIs），尝试对柑橘黄龙病进行监测（Lan等，2020;

DadrasJavan等，2019）。也有研究学者使用多光谱图像监测其他病害，如小麦黄锈病（Su等，2019）、马铃薯晚疫病（Rodriguez等，2021）、葡萄金黄化病（Albetis等，2017）。上述研究充分证明了低空多光谱图像在作物病害快速监测中的潜力。小麦赤霉病主要侵染小麦穗，使小麦穗变黄、变干，从而造成叶绿素的损失（Fernando等，2021），这种症状可以通过红边波段很好地反映出来（Filella等，1994; Fu等，2014）。红边（red edge，RE）特征是植被的一个重要光谱特征，叶绿素吸收向细胞散射的转变就发生在这一波段（Kim等，1994）。迄今为止，无人机多光谱图像已被广泛用于估算叶绿素含量、氮含量、生物量、叶面积指数估算和作物胁迫研究（Xu等，2019; Zheng等，2018; Han等，2021; Han等，2022）。Zhao等（2019）对比了基于多光谱遥感和数码图像的水稻纹枯病监测潜力，结果表明基于多光谱图像的模型更准确、更灵敏（R^2=0.624，RMSE=0.801），优于数码图像模型（R^2=0.580，RMSE=0.847）。Ye等（2020）使用人工神经网络（artificial neural network，ANN）、RF和SVM分类算法，利用无人机多光谱图像开展了香蕉枯萎病监测。这些研究充分说明了高分辨率无人机多光谱图像在作物病虫害监测领域的应用潜力。Lei等（2021）基于归一化差异植被指数（normalized difference vegetation index，NDVI）和归一化差异红边指数（normalized difference red edge index，NDRE）等植被指数，采用SVM和决策树算法，实现了对槟榔果黄叶病严重程度的监测。Rodriguez等（2021）基于无人机多光谱图像，使用随机森林（random forest，RF）和线性支持向量分类器等五种机器学习算法准确识别了马铃薯晚疫病。然而，传统的病害遥感监测，特别是基于无人机图像的遥感监测，只考虑了宿主条件的变化，忽略了病害发生后遥感图像的局部细节纹理信息，导致监测模型泛化性差（West等，2017; Guo等，2021; Ye等，2020; Xiao等，2021; Jian等，1999）。

7.1.2 纹理特征监测

纹理特征分析是一种图像空间特征提取技术，被广泛应用于分类任务中（Huang等，2020; Yang等，2017; Zheng等，2019）。纹理特征通过描述图像中灰度空间变化及其重复性反映了地面物体的视觉粗糙度（Arivazhagan等，2013）。不同物体一般表现出不同的纹理类型，可用于描述和识别地面物体类别。同一类特征的整体表现看似相似，但局部细节却不尽相同（Haralick等，1973）。近年来，已有研究基于纹理特征分析开展了作物生物量和LAI估算研究（Yue等，2019; Turgut等，2022; Li等，2019）。Li等（2019）将植被指数和纹理特征结合起来估算水稻LAI，结果表明将VIs和纹理特征结合起来作为输入时，估算模型精度最高。Zheng等（2019）比较了VIs、原始纹理特征、归一化差值纹理指数（normalized difference texture index，NDTI）以及VIs组合NDTI在水稻地上生物量估算方面的性能差异，发现与单独使用光谱信息相比，将NDTI与VIs结合使用可显著提高估算精度。这些研究都显示了光谱信息与纹理信息相结合开展农业定量遥感应用的潜力。

大多数无人机作物病害监测研究都侧重于图像的光谱信息，以纹理为形式的空间特征信息尚未得到充分挖掘。因此，本章提出了一种将VIs和纹理指数（textural indices，TIs）结合起来监测小麦赤霉病的方法。具体工作如下：①先计算了10种常用的VIs（VARI、CIgreen、CIrededge、DVI、DVIRE、EVI、NDRE、NDVI、NPCI和RVI），构建了3种TIs，即NDTI、归一化差值纹理指数（difference texture index，DTI）和比值纹理指数（ratio texture index，RTI）以充分利用图像的纹理信息。②对获得的特征进行筛选，以获得对小麦赤霉病敏感的特征。③以VIs、TIs以及VIs+TIs作为输入特征，构建了9个小麦赤霉病监测模型以探索不同特征输入对小麦赤霉病监测的影响。④将最佳赤霉病监测模型用于绘制研究区小麦病害分布图，并评估利用无人机多光谱图像监测小麦病害的潜力。

7.2 无人机监测案例

研究区位于河南省许昌市河南农业大学许昌校区的实验农场（113° 47′ 57″ E，34° 08′ 23″ N，图7-1）。实验时间为2021年5月18日，小麦正处于灌浆期。许昌位于河南省中部，它具有典型的温带和大陆性季风气候，年平均温度范围从14.3℃～14.6℃，年平均降水量为671～736mm。实验农场的地形相对平坦，土壤属于壤土。试验田由60块种植小区组成，分成3行种植，每行包含20块种植小区。每个种植小区的长度约为1.5m，宽度约为1m。试验田的灌溉和施肥等管理措施相同。2021年4月小麦开花前期，专业人员在每个试验田随机选取部分小麦植株，用微量移液器将尖孢镰刀菌制成的孢子悬浮液注射到小麦穗中上部的小花中，接种后的麦穗剪芒标记，套袋1～7天。田间小麦赤霉病发病率主要取决于人工滴注和相互感染。

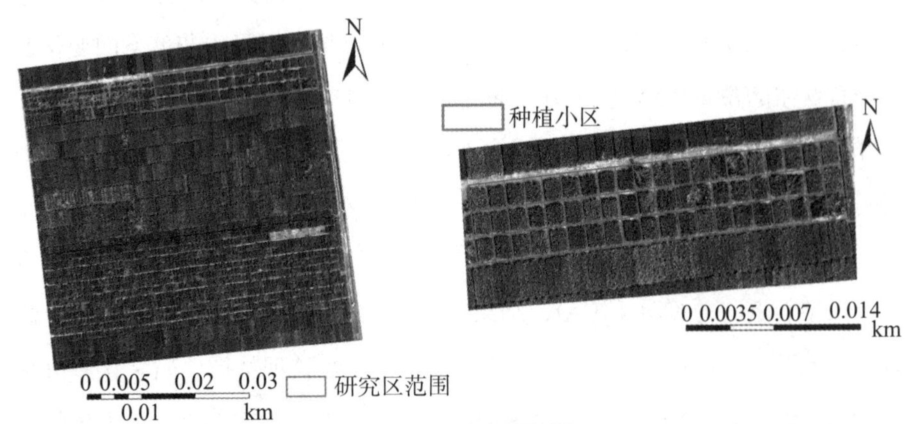

图7-1彩图

图 7-1 研究区位置

本章研究使用了大疆Phantom 4 Multispectral（P4M）作为无人机遥感平台，其内置一个多光谱相机，包括6个CMOS传感器，其中一个用于RGB可见光成像，另外五个单波段传感器用于多光谱成像，分别为：蓝色、绿色、红色、红边和近红外，是专用于监测和识别植物或农作物的无人机。P4M无人机的重量为1487g，最大上升速度为6m/s，最大下降速度为3m/s，飞行时间约为27min。在2021年5月18日上午开展了无人机飞行航拍，飞行时间在上午9：00至上午11：00，飞行高度为20m，航向重叠和旁向重叠为80%，地面分辨率为1cm。飞行完毕后，使用Pix4Dmapper将无人机拍摄的原始影像拼接在一起。首先，利用POS数据找到同名点，其次，计算原始图像的真实位置和拼接参数，建立点云模型。最后，根据飞行前后使用的校准地面板，将像素值转换为反射率，并生成正射影像（Berber等，2021）。

本章利用摄像设备拍摄了60块小麦种植小区的冠层图像，作为选取样点的辅助数据。图像利用vivo iQOO Neo3手机在明亮的天气下于小麦冠层垂直上方约1.2m的高度获取。图像以固定的拍摄方向拍摄，以确保每个地块的冠层图像与多光谱图像的相应地块相对应。一些典型的冠层图像和无人机多光谱图像的对应图如图7-2所示。选择了3类样本点：健康、患病和背景。在患病地块中，选择了470个小麦赤霉病感染采样点，在健康地块中，选择了450个健康采样点。此外，选择了415个背景采样点。这三类样本点用于后续模型的训练和验证。

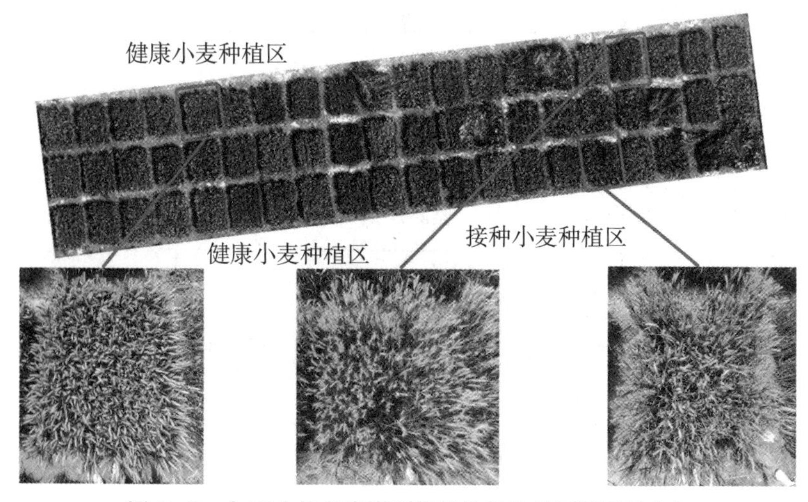

图7-2　与无人机多光谱影像样地对应的冠层图像分布

图7-2彩图

7.2.1　监测流程

研究过程分为两个部分（图7-3）。第一部分是特征提取，为小麦赤霉病监测模型准备输入特征；第二部分是构建和验证小麦赤霉病监测模型，总体研究方案如图7-3所示。

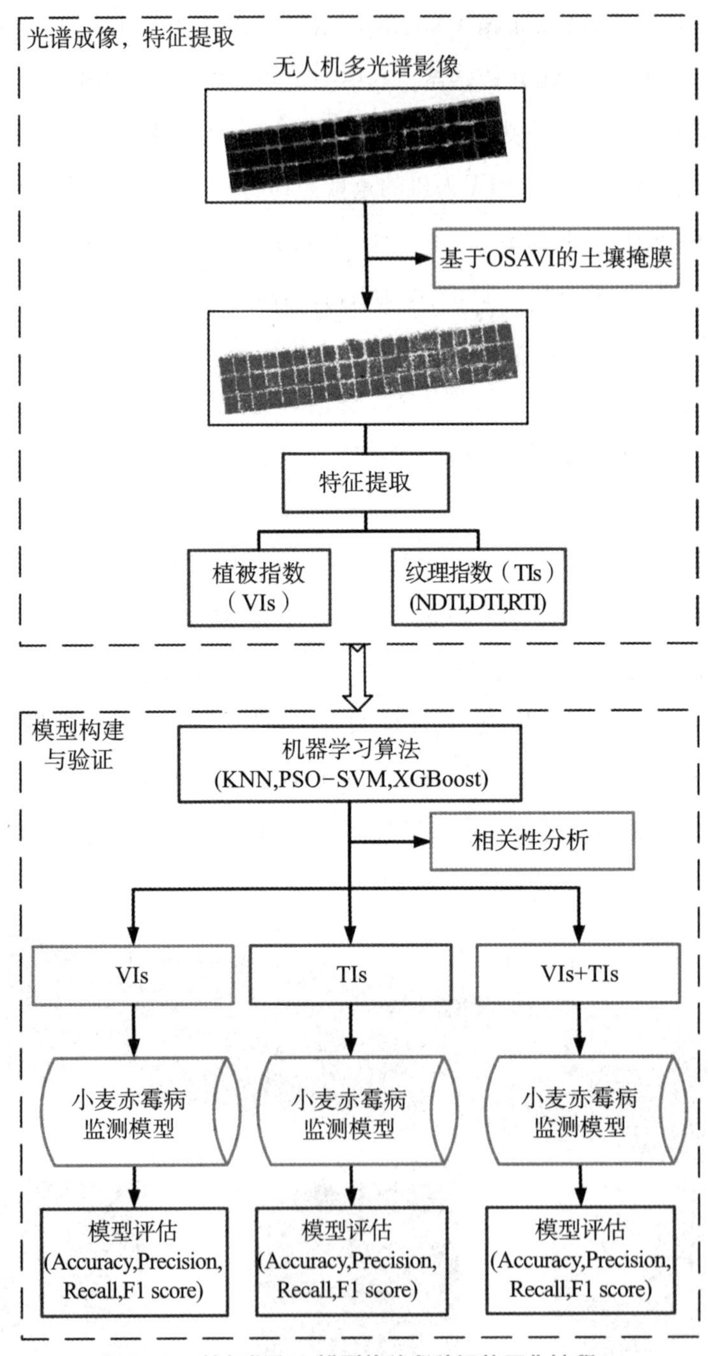

图 7-3　特征提取、模型构建和验证的工作流程

（1）考虑到土壤背景信息可能会影响模型的性能，使用阈值法去除了土壤区域（Rondeaux 等，1996）。从研究区域无人机图像中去除土壤区域的过程包含两部分：首先，计算了优化土壤调整植被指数（optimization soil-adjusted vegetation index，OSAVI），即

$$\mathrm{OSAVI}=\frac{\mathrm{NIR}-R}{\mathrm{NIR}+R+0.16} \tag{7-1}$$

然后，基于阈值判断和OSAVI的土壤区域和小麦区域分割；本研究中的分割阈值通过多次调整确定最终阈值范围，以构建二值掩模图像。

（2）计算了10个常用的植被指数，并提取了3个纹理指数（NDTI、DTI和RTI）；利用相关系数分析筛选敏感分类特征，探讨VIs、TIs以及VIs+TIs对模型精度的影响。

（3）使用3种机器学习算法（KNN、PSO-SVM和XGBoost）进行训练和分类。通过准确率、精确率、召回率和F1 score对每种分类算法的总体分类效果进行了分析和评估。

（4）基于无人机多光谱影像和最优模型，开展了研究区小麦赤霉病像素级区域识别。

7.2.2 特征提取

本章提取了植被指数和纹理指数两种多光谱图像特征。植被指数通过两个或多个波段光谱反射率的数学运算来增强植被某一特性或者细节，并成功应用于植被叶绿素含量、含氮量、含水量、叶面积指数等生物物理参量和光合作用等生态功能参量监测。然而，因为众所周知的“饱和”问题，植被指数在植被“中-高”覆盖条件下会丧失对植被参量（如生物量、叶面积指数等）的敏感性。而图像纹理指数被发现相比植被指数拥有更强的抗饱和性，被许多研究应用于作物参数估算研究中。

1. 植被指数提取

植被指数是两个或多个波段反射率的数学变换，用以拉伸作物的冠层光谱特性（Liu等，2022; Qiu等，2018）。无人机多光谱图像的光谱信息主要以植被指数的形式使用（Liu等，2022）。本章基于无人机影像的5个光谱波段计算了一组共10个VIs（表7-1）。表中给出了所选VIs的公式和相应的参考文献。这些植被指数包括常规植被指数和红边植被指数。常规植被指数（NDVI、RVI和DVI）通常用于监测作物的生长状况（Zheng等，2018; Zhang等，2018），CIgreen、CIrededge和NPCI常用来估算作物的叶绿素含量。红边植被指数包括DVIRE和NDRE，它们类似于DVI和NDVI，但红波段被红边波段所取代（Zheng等，2018）。

表7-1 用于监测小麦赤霉病的植被指数公式和来源

植被指数名称	计算公式	参考文献
可见光大气阻抗指数（VARI）	$(G-R)/(G+R-B)$	（Gitelson 等，2002）
叶绿素指数－绿光（CIgreen）	NIR/G−1	（Gitelson 等，2005）
叶绿素指数－红边（CIrededge）	NIR/RE−1	（Gitelson 等，2005）
差值植被指数（DVI）	NIR−R	（Tucker 等，1979）
差值植被指数－红边（DVIRE）	NIR−RE	（Patrick 等，2017）

续表

植被指数名称	计算公式	参考文献
增强型植被指数（EVI）	2.5(NIR−*R*)/(NIR+6*R*−7.5*B*+1)	（Huete 等，2002）
归一化差异红边指数（NDRE）	(NIR−RE)/(NIR+RE)	（Barnes 等，2000）
归一化植被指数（NDVI）	(NIR−R)/(NIR+R)	（Rouse 等，1974）
归一化色素叶绿素指数（NPCI）	(RE−B)/(RE+B)	（Patrick 等，2017）
比值植被指数（RVI）	NIR/R	（Patrick 等，2017）

2. 纹理指数提取

当小麦感染赤霉病时，麦穗会变黄变干，并出现褐色斑点。随着时间的推移，褐斑会逐渐扩大，最终扩散到整个麦穗（Liu等，2020）。感染赤霉病的小麦冠层和没有感染的小麦冠层会有不同的纹理特征；利用图像纹理信息可以有效地解决光谱特征难以区分病害问题，也可以有效地提高分类精度。

本章基于常用的GLCM提取的纹理特征以探索纹理信息在小麦赤霉病监测中的应用潜力（Liu等，2015; Haralick等，1979）。本章从无人机多光谱图像中提取了5个光谱波段的40个纹理特征。在GLCM的基础上，获得了每个波段的8个纹理特征，包括平均值（mean）、方差（variance）、一致性（homogeneity）、对比度（contrast）、不相似度（dissimilarity）、熵（entropy）、角二阶矩（angular second moment）、相关性（correlation）。由于小麦是行播作物，通常小麦种植的行距为0.2～0.3m。考虑到无人机多光谱影像的空间分辨率为0.01m，本章采用3 × 3尺寸的窗口提取纹理特征。纹理特征详情见表7-2。

表 7-2　纹理特征计算公式

纹理特征	计算公式
均值（mean）	$\sum_{i=0}^{N-1}\sum_{j=0}^{N-1}p(i,j)\times i$
方差（variance）	$\sum_{i=0}^{N-1}\sum_{j=0}^{N-1}p(i,j)\times(i-\text{mean})^2$
一致性（homogeneity）	$\sum_{i=0}^{N-1}\sum_{j=0}^{N-1}p(i,j)\times\frac{1}{1+(i-j)^2}$
对比度（contrast）	$\sum_{i=0}^{N-1}\sum_{j=0}^{N-1}p(i,j)\times(i-j)^2$

续表

纹理特征	计算公式
相异性（dissimilarity）	$\sum_{i=0}^{N-1}\sum_{j=0}^{N-1} p(i,j)\times\lvert i-j\rvert$
熵（entropy）	$-\sum_{i=0}^{N-1}\sum_{j=0}^{N-1} p(i,j)\times\log(p(i,j))$
角二阶矩（angular second moment）	$\sum_{i=0}^{N-1}\sum_{j=0}^{N-1} p(i,j)^2$
相关性（correlation）	$\sum_{i=0}^{N-1}\sum_{j=0}^{N-1} \frac{(i-\text{mean})(j-\text{mean})\times p(i,j)^2}{\text{variance}}$

注：i、j分别为图像的行号和列号；p（i，j）是两个相邻像素的相对频率。

为了提高纹理特征与小麦赤霉病之间的相关性，按照NDVI、DVI和RVI的思想构建了三个纹理指数（NDTI、DTI和RTI）。结合5个光谱波段的8个纹理特征（共40个特征），构建了2个纹理特征的所有可能组合，以探索其识别小麦赤霉病的能力。最后，每个纹理指数获得1560种组合，并选择最佳组合形式来构成该TI。三个纹理指数的定义如下：

$$\text{NDTI}=\frac{T_1-T_2}{T_1+T_2} \tag{7-2}$$

$$\text{DTI}=T_1-T_2 \tag{7-3}$$

$$\text{RTI}=\frac{T_1}{T_2} \tag{7-4}$$

式中，T_1和T_2表示5个随机波段的某纹理特征值。

3. 特征相关性分析

相关性分析方法被广泛应用于病害监测研究中（Zhang等，2018）。本章也分析了不同特征与小麦赤霉病之间的相关性。本章采用Spearman相关性分析来衡量植被指数和纹理指数对于小麦赤霉病的识别能力。Spearman与Pearson相关性分析方法的不同之处在于它允许变量数据是类别等级数据，并且具有更强的鲁棒性（Croux等，2010; Croux等，2008）。从表7–3可以看出，植被指数与小麦赤霉病的相关系数R为−0.580～−0.882，相关系数最高的植被指数为EVI。纹理指数与小麦赤霉病的相关系数R在−0.866到−0.893之间，相关系数最高的纹理指数为DTI。与VIs相比，只有DTI纹理指数的相关系数高于EVI，相关系数最高。不同特征与小麦赤霉病之间的P值均小于0.01，表明基于无人机多光谱影像的VIs和TIs能够提取和表征小麦赤霉病的显著差异。因此，VIs和TIs均可作为后续各小麦赤霉病监测模型的输入特征。

表 7-3　不同建模特征与小麦赤霉病的相关性分析结果

特　征	R	P值
VARI	−0.580	**
CIgreen	−0.757	**
CIrededge	−0.747	**
DVI	−0.879	**
DVIRE	−0.872	**
EVI	−0.882	**
NDRE	−0.757	**
NDVI	−0.861	**
NPCI	−0.805	**
RVI	−0.807	**
NDTI	−0.866	**
DTI	−0.893	**
RTI	−0.869	**

注：**表示相关性在0.01水平上显著。

7.2.3　机器学习模型

本小节首先于无人机多光谱图像上共选取1335个采样点，其中健康区450个采样点，赤霉病感染区470个采样点，背景区域415个采样点。随后，将训练集和测试集按照8：2的比例随机划分，综合无人机多光谱图像的光谱信息和纹理信息，探索KNN、PSO-SVM和XGBoost对不同特征信息组合下对小麦赤霉病监测能力的差异。

1. KNN模型

K-近邻算法（K nearest neighbors，KNN）是一种典型的监督学习方法，被广泛应用于分类任务中（Wolff等，2021）。其基本原理是根据距离度量计算待分类样本x与训练集中所有样本之间的距离，将与待分类样本距离最小的K个样本作为x的K个近邻样本，最后根据投票结果确定x的分类类别。K值的选择对KNN算法的分类结果有很大影响。如果K值过小，则容易出现过拟合现象，预测误差较大，导致预测错误；如果K值过大，则会出现欠拟合现象。因此，本章采用五次交叉验证的方法来选择K值，以确保选择出较为合适的K值。

2. PSO-SVM模型

粒子群优化（particle swarm optimization，PSO）最早由Eberhart和Kennedy于1995年提出（Venter等，2003），它模拟昆虫、鸟类和鱼类的聚类行为进行全局优化。支持向量机（support vector machine，SVM）是一种用于监督分类的机器学习算法，在解决小样本、非线性和高维模式识别方面具有一定的优势（Yang等，2021; Guo等，2020）。它首先搜索一个最大边缘超平面，通过核函数将低维数据映射到高维空间（Peng等，2022），从而将线性不可分样本变成线性可分样本，并引入模型惩罚因子来提高分类模型的泛化性（Han等，2016; Huang等，2021）。此外，本章使用了径向基函数（radial basis function，RBF），其中核函数参数gamma和惩罚因子c对模型的精度影响很大（Huang等，2021）。因此，利用PSO寻找合适的gamma和c来降低模型的复杂度并加速模型的收敛。

3. XGBoost模型

极限梯度提升（eXtreme Gradient Boosting，XGBoost）（Chen等，2016）是Chen和Guestrin于2016年推出的一种新型梯度树提升方法。它是对梯度提升算法的改进，利用梯度提升决策树的速度和性能（Dhaliwal等，2018）。XGBoost的思想是采用一组分类树和回归树作为弱学习器，然后通过创建一个能使常规目标函数最小化的树群，来提高树的性能。

目标函数由两部分组成：训练损失和正则化。目标函数的表示方法如下：

$$obj(\theta)=TL(\theta)+R(\theta) \tag{7-5}$$

式中，TL代表训练损失；R代表正则化项。 用于衡量模型的预测能力。正则化的优点是可以将模型的复杂度保持在所需的范围内，消除过度堆叠或过度拟合数据等问题，而XGBoost可以通过简单地将数据集形成的所有树的预测结果相加来优化结果。

7.2.4　精度分析与效果评估

本小节采用五重交叉验证法来寻找KNN模型中合适的K值；利用PSO算法来优化PSO-SVM模型的gamma和c参数，以确定各个不同特征组合输入下的最佳参数；而XGBoost模型的参数通过多次调优尝试确定。采用准确率、精准率、召回率和F1 score来评价3个模型的小麦赤霉病监测效果，各模型的最终参数设置和结果如表7-4所示。

从表7-4中可以看出，训练集和测试集的准确率表明模型没有过拟合或欠拟合现象。可以看出，当使用VIs作为输入时，模型的准确率达84.64%～85.02%，F1 score达82.75%～83.09%。当使用TIs作为输入时，模型的准确率达91.76%～92.51%，F1 score达

90.84%～91.68%。当使用VIs+TIs作为输入时，模型的准确率达92.13%～93.63%，F1 score达91.29%～92.93%。仅使用VIs作为输入的模型表现最差，低于其他两种形式的特征组合。本章结果表明，在单一类型的特征输入下，TIs的表现优于VIs，这可能是因为TIs能更丰富地表示受赤霉病感染的小麦冠层与健康小麦冠层的纹理信息的差异。在VIs+TIs特征输入下，与仅使用VIs或TIs作为输入相比，通过综合使用无人机遥感影像的光谱和纹理信息能够提高模型的性能，其中XGBoost模型的性能最好，优于其他两个模型。本章结果表明，充分利用不同的特征和合适的模型可以提高小麦赤霉病的监测性能。

表7-4　小麦赤霉病监测模型的评价指标

特征	模型	参　数	训练集	测　试　集			
			准确率/%	准确率/%	精准率/%	召回率/%	F1分数/%
VIs	KNN	*K*=5	81.93	84.64	84.46	83.19	82.75
	PSO=SVM	Gamma=0.14, *c*=9.31	82.11	84.64	84.63	83.20	82.77
	XGBoost	Estimators=10, Max depth=3	83.05	85.02	85.36	83.63	83.09
TIs	KNN	*K*=9	89.79	91.76	91.3	90.81	90.84
	PSO-SVM	Gamma=0.15, *c*=3.70	90.63	92.13	91.80	91.22	91.25
	XGBoost	Max depth=3	91.10	92.51	92.00	91.65	91.68
VIs+TIs	KNN	*K*=7	90.07	92.51	92.14	91.64	91.68
	PSO-SVM	Gamma=1.64, *c*=7.53	91.85	92.13	91.52	91.25	91.29
	XGBoost	Estimators=10, Max depth=3	93.16	93.63	93.19	92.90	92.93

图7-4所示为3种模型在不同输入特征下3种小麦赤霉病监测模型的混淆矩阵。从混淆矩阵可以看出，各模型的错误分类调查样点基本集中在患病调查样点和背景调查样点之间，各模型对于健康调查样点的分类效果较好，这归因于健康调查样点与患病调查样点和背景调查样点的差异较大，而患病调查样点由于受到小麦赤霉病的感染，小麦冠层会因麦穗逐渐出现感染症状而产生发白和干枯的症状，从而导致色素流失，容易与背景区域相混淆。当仅使用VIs作为特征输入时，受小麦赤霉病感染的患病调查样点与背景调查样点之间的误分类较为严重，这表明仅凭图像的光谱信息无法很好地实现小麦赤霉病的精准监测。当仅采用TIs作为特征输入时，各模型的误分类情况得到了一定程度的改善，这可能是因为感染赤霉病的小麦冠层纹理信息与背景调查样点的纹理信息不同，TIs特征的加

入改善了光谱特征难以区分病害感染的详细信息的现象。将VIs+TIs作为特征输入时，进一步改善了样本之间的误分类情况，提高了模型的性能，其中XGBoost监测模型取得了令人满意的结果，误分类样本只有17个，误分类情况出现最少，且该模型还具有快速的优点，因此非常适合小麦赤霉病的快速无损监测。

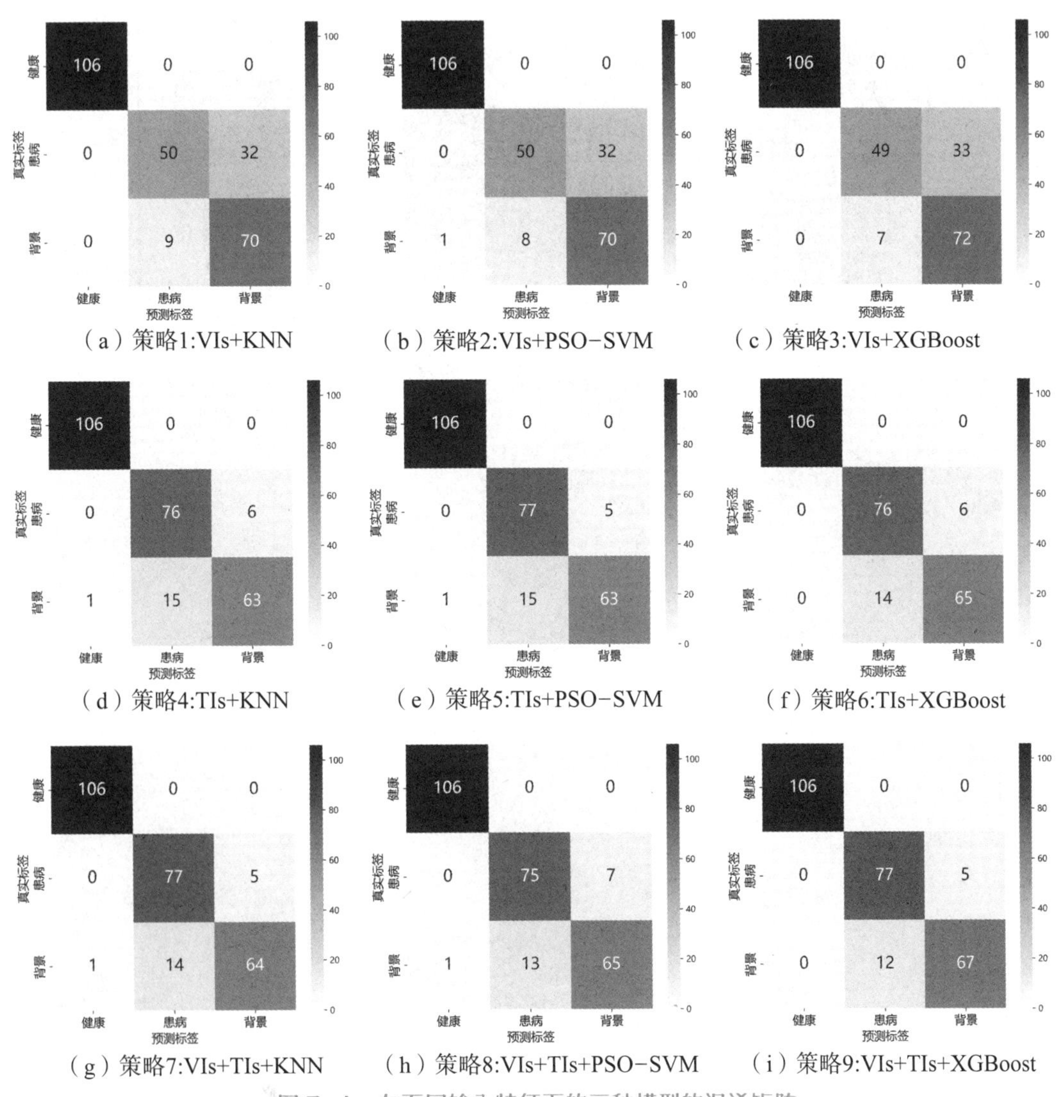

（a）策略1:VIs+KNN　（b）策略2:VIs+PSO-SVM　（c）策略3:VIs+XGBoost

（d）策略4:TIs+KNN　（e）策略5:TIs+PSO-SVM　（f）策略6:TIs+XGBoost

（g）策略7:VIs+TIs+KNN　（h）策略8:VIs+TIs+PSO-SVM　（i）策略9:VIs+TIs+XGBoost

图 7-4　在不同输入特征下的三种模型的混淆矩阵

本章使用了不同的特征输入以及运用KNN、PSO-SVM和XGBoost这三种机器学习模型对小麦赤霉病进行监测，本章的分析结果表明，以VIs+TIs作为特征输入的XGBoost监测模型性能最佳，因此最终运用该模型对无人机多光谱影像进行像素级分类，实现小麦赤霉病的空间分布制图（图7-5）。从图7-5中可以看出，研究区的小麦赤霉病整体发病情况较为严重，这可能是因为小麦赤霉病是一种气候性病害，该病主要受温度和湿度的影响，而研究区的影像获取时间处于小麦赤霉病的爆发盛期灌浆期。此外，通过小麦赤霉病空间分布图可以观察到背景区域和小麦赤霉病感染区域出现了部分混淆的情况，这与小麦赤霉病发生后逐渐干枯有关。尽管如此，以VIs+TIs作为特征输入的XGBoost小麦赤霉病监测模型仍取得了较好的监测结果，为小麦赤霉病的快速无损监测提供了一种新方法。

图7-5彩图

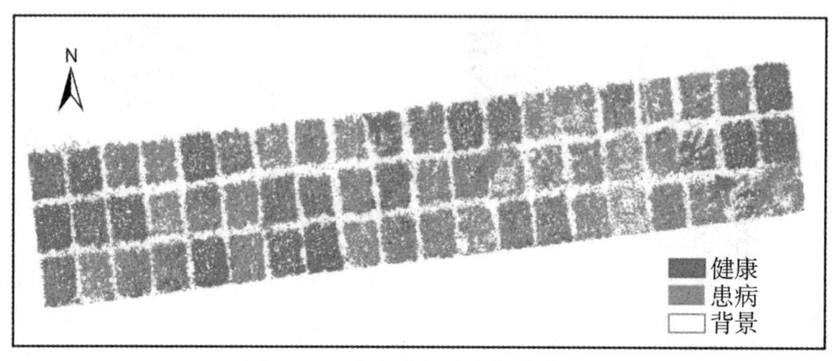

图 7-5　小麦赤霉病空间分布图

第8章

卫星遥感监测小麦赤霉病

本章节首先采用Sentinel-2数据作为遥感数据源，结合最大似然法、支持向量机和决策树方法，对安徽多地区冬小麦种植区域进行了提取，准确率达到了91.98%。在获取冬小麦种植区域后，基于小麦赤霉病地面调查数据，采用ReliefF算法和Pearson算法开展光谱指数和气象数据优选；最终获得单时相植被指数特征集VIs、归一化两时相植被指数特征集nVIs、以归一化两时相植被指数和波段比值两时相植被指数结合的两时相植被指数特征集n-nVIs。最后，采用自适应提升算法、支持向量机和随机森林分类器算法分别构建了小麦赤霉病发生程度监测模型。结果表明联合Sentinel-2植被指数和气象数据能够实现高精度的小麦赤霉病监测，为农业病害预防和管理提供重要的决策支持。

8.1 作物病害卫星遥感监测现状

近年来，全球气候变化及耕作方式的改变对小麦赤霉病的发生范围和发生频率影响较大，该病出现了“北扩西移”趋势，逐渐成为我国主要的小麦病害之一（邢瑜琪等，2021；刘易科等，2016）。作物病虫害的早期识别、精准监测和及时防治是从根本上控制农药用量的有效途径。目前，我国小麦病虫害的监测主要依靠气象信息和田间调查，难以满足当前小麦病虫害高效精准防控的要求（丁串龙，2020；丁文娟，2019；罗红霞等，2012）。随着一系列多/高光谱遥感卫星（如高分系列、资源系列，环境减灾系列）的发射，我国对地观测能力得到了极大的进步。卫星多光谱遥感通过对作物、环境状况进行实时、高效、面状连续的精细监测，极大地丰富和扩展了病虫害监测的信息源，从而达到点面结合和时空互补（鲁军景等，2019；张庆，2018）。因此，卫星多光谱遥感能够为传统的基于气象信息的病虫害监测研究提供重要数据补充，为病虫害监测提供新的思路和重要契机（Huang等，2007）。将卫星多光谱遥感信息技术与传统基于气象信息的病害监测模式结合，以更有效地支持农业植保防控工作（Zhang等，2019a；丁文浩，2020；张雪雪等，2019）。

作物病害遥感是植被遥感中非常重要的一部分，是指通过非接触的方式获得作物病害信息的一种方法（赵春江，2014）。根据电磁波谱不同区域的光学特性，这些传感器可分为数码相机、多光谱、高光谱、热成像和叶绿素荧光等传感器（Singh等，2020）。利用光学传感器进行作物病害遥感监测具有两点优势：非侵入性和客观性。一般来说，近地传感器应用于叶片尺度和冠层尺度，卫星传感器应用于区域尺度。

8.1.1 叶片尺度监测

叶是植物营养器官之一，其功能是进行光合作用合成有机物，并有蒸腾作用，提供根系从外界吸收水和矿质营养的动力（冯雷等，2012）。光照在叶片上会发生3种现象：①透射，光直接从叶片间隙中穿过；②吸收，部分光能量被叶片中的化学物质（色素、水和氨基酸等）吸收；③反射，部分光被叶片蜡质表皮和叶片内部结构阻挡形成反射（Gates等，1965）。作物叶片的反射率是由多种生理生化参数控制的一种复杂现象，在可见光范围内，由于叶片内色素（叶绿素和花青素等）的吸收作用，叶片反射率通常较低；在近红外范围内，由于细胞结构之间的反射增加，一般在该区域形成较高的反射率；而在可见光和近红外之间，因反射率差值较大形成陡坡，即“红边”（刘良云，2014）。宿主-病原体之间的相互作用是复杂多变的，作物发生病害会引起作物内部一系列生理生化反应（叶绿素、细胞结构和水含量等），同时导致作物外部产生相应变化，如失绿和干枯等（黄文江，2015）。有多种作物病害发生在叶片上，如小麦锈病、白粉病和玉米大斑病等病害（沈文颖等，2015；刘占宇等，2008；王凡等，2019）。高光谱传感器是叶片尺度作物病害监测最常用的传感器。与数码相机和多光谱传感相比，高光谱传感器具有精细的光谱分辨率（浦瑞良等，2000）。这些作物病害发生和发展引起的变化会反作用于作物光学特性，导致作物光谱反射率发生相应的变化。通过监测这些光谱变化可分析病害是否发生和发生程度等。众多研究通过高光谱技术分析了不同作物病害的光谱特征，明确了作物病害的光谱响应机制（Mahlein等，2010；Junges等，2018）。Zhang等（2012）研究了不同损伤程度小麦白粉病叶片的光谱特征；结果显示，健康和轻度病害叶片之间的光谱差异在可见光范围内要比正常和重度病害叶片之间的光谱差异小很多。蒋金豹等（2012）通过连续统去除法成功筛选出了对大豆锈病和花叶病敏感的光谱波段，并基于该敏感特征成功对两种病害进行识别。Zhang等（2012）利用连续小波分析方法进行了叶片尺度上的白粉病监测；结果显示，基于连续小波分析的病害严重度估测模型的R^2为0.77，优于基于比值光谱指数的模型（0.69）。Ashourloo等（2014）通过高光谱数据建立了新的病害光谱指数进行小麦叶片锈病监测；其分析了450～1000nm范围内不同病害症状的反射率，并选择出对病害敏感的3个波段（605nm、695nm和455nm），利用3个波段构建了2个光谱指数（LRDSI1和LRDSI2）进行叶片锈病的监测，病害严重度估测值和实测值之间的R^2达0.94。Junges等（2018）利用高光谱传感器探究了葡萄叶斑病的光谱响应机制，结果发现受病害侵染的葡萄叶片反射率在可见光范围内变化明显，与叶绿素b减少相关的“绿边”和“红边”反射率增加；在近红外范围，由于病原菌破坏细胞结构等导致其反射率下降。Dhau等（2018）通过最优原始波段进行了玉米叶片条纹病监测，其利用GRRF算法选择出了5个敏感波段用来建立病害监测模型，病害监测精度为95.83%。植被指数是将原始波段经过数学运算得到的，不但能突出病害光谱特征，还能降低背景和噪声等的影响。Skoneczny等（2020）利用高光谱传感器获得了苹果叶片的400～2500nm范围的高光谱特征，并基于此分析了健康、火疫病和干枯苹果叶片的光谱特征；结果显示，健康和病害叶片在短波红外波段1450nm和1900nm的水分吸收带存在显著差异。上述总结了作物病害高光谱遥感监测的机理，为利用高光谱监测作物病害提供了理论基础。基于高光谱特征的作物病害监测方法包括原始光谱波段、植被指数、微分光谱分析、连续统去除和连续小波变换等。

近年来，成像高光谱技术迅速发展，为作物病害监测提供了一种新的思路。非成像高光谱只能获得光谱信息，而成像高光谱可同时获得目标的光谱信息和空间信息（童庆禧，2006；Gowen等，2007）。对于基于成像高光谱的作物病害监测而言，高光谱图像能同时反映叶片内部参数变化引起的光谱变化和叶片外部形态和颜色等引起的纹理变化（Lu等，2018；Zhang等，2020）。Shi等（2018）基于高光谱图像提取了叶片尺度小麦条锈病的连续小波特征，并基于该特征建立小麦条锈病识别模型，成功提取了小麦叶片上的条锈病斑。Yao等（2019）从成像高光谱图像中提取了小麦条锈病的敏感光谱特征，并利用这些特征成功提取到早期的病害症状，为病害早期监测建立了一种新的方法。Zhou等（2019）基于高光谱成像技术对大麦叶片的稻瘟病侵染部位进行了精准提取；结果显示病斑提取精度达98%，并在病菌接种后24小时内可揭示叶片病变区域。

8.1.2 冠层尺度监测

冠层是植物地上部分的总称，包括叶片、茎秆和花朵等，是作物进行光合作用的主要场所。非成像高光谱传感器是冠层尺度作物病害监测中常用的传感器（如ASD便捷式地面光谱仪），利用其光谱分辨率高，波段范围广的优势进行冠层尺度作物病害遥感监测机理以及监测方法的探究。冠层尺度的病害监测机理与叶片尺度相似，但也存在一定差异。叶片尺度的作物病害监测受外界环境等影响较小，而在冠层尺度上受外界环境的影响较大，如冠层结构、土壤背景、大气等因素影响（蒋金豹等，2010）。一些研究利用非成像高光谱技术对冠层尺度的作物监测机理进行了探索。Cao等（2013）测定了两个对小麦白粉病敏感性不同的小麦品种的冠层高光谱数据，发现两个品种的小麦白粉病光谱特征基本一致，即在近红外区比健康小麦的光谱反射率低。Azadbakht等（2019）利用高光谱数据结合机器学习方法实现了不同LAI水平下的叶锈病监测，通过机器学习构建监测模型性能随LAI的增加而提高。Chen等（2019）利用ASD便捷式地物光谱仪获得了花生叶斑病的光谱反射率，分析发现随病害严重度的增加，近红外区域的冠层反射率显著下降。Fernández等（2020）指出晚疫病马铃薯的冠层光谱反射率较健康马铃薯在红波段和红边区域出现较大的波动。

低空无人机和成像传感器相结合是冠层尺度作物病虫害监测的一种重要方式（廖小罕等，2016）。无人机的优势在于其灵活性，可在适宜的条件下随时飞行拍摄，能够集成到无人机系统的传感器包括数码相机、多光谱、高光谱和热成像等。Tetila等（2017）基于无人机数码图像特征（颜色、纹理和形态等）对大豆病害进行了监测；结果显示模型最优的监测精度达98.34%，并发现监测精度随无人机平台高度的升高逐渐降低。Kerkech等（2020）通过无人机搭载的数码相机获得了葡萄园的空间图像，并基于卷积神经网络和图像的颜色信息成功提取出葡萄叶片上的病害症状。多/高光谱传感器比数码相机具有更丰富的光谱信息，且具同等的空间信息，在病虫害遥感监测中也得到了广泛应用（Ye等，2020）。Zhang等（2019）基于无人机高光谱图像构建了一种深度卷积神经网络模型监测小麦条锈病，该模型同时使用空间和光谱信息来表征病害，监测精度达85%。Wang等（2020）通过无人机多光谱影像对棉花根腐病进行了监测，监测精度比使用传统数码相机方法提高了8.89%。Gao等（2023）利用无人机多光谱图像进行光谱和纹理信息的提取，并构建了小麦赤霉病监测模型，模型准确率达到了93.62%。作物病害导致冠层水分流失，从而引起冠层温度异常，热成像方法主要是通过评估作物冠层表面的温度来判断作物是否受到胁迫（Smigaj等，2019；Pineda等，2021）。

8.1.3　区域尺度监测

区域尺度作物病害监测可为损失评估、灾害保险等提供支持（Apan等，2004；Isip等，2020）。卫星高光谱影像的空间分辨率和幅宽一般较小，在作物病害监测中存在一定局限；卫星多光谱影像具有较高空间分辨率的优势，其光谱特征在区域尺度也能较好地反映作物病害，在作物病害监测中得到较广泛的应用（Yuan等，2016；Zheng等，2018；丁文娟，2019；Liu等，2020）。Yuan等（2014）评估了SPOT6高分辨率多光谱卫星影像在小麦白粉病监测中的能力，证实了高分辨多光谱卫星影像在作物病害监测中具有较优表现。Li等（2015）通过高分辨率WorldView-2卫星影像监测柑橘黄龙病，结果显示病害的监测精度达81%。Chen等（2018）评估了资源-3卫星影像在小麦锈病监测中的能力，其结果中模型精度达94.8%。此外，许多遥感和非遥感相结合方法可以提高病虫害监测精度，如病害的生境信息模型（骆丽楠等，2016；赵超越等，2017；Li等，2020）、多时相病害监测模型（Ma等，2018）。

综上所述，遥感技术在作物病虫害监测方面具有广阔的应用前景，也是未来区域尺度小麦赤霉病监测的重要手段。本章从不同尺度作物病害遥感监测的角度对国内外相关研究进行综述，阐述了作物病害遥感监测的研究现状；随后以小麦赤霉病监测为研究目标，借助Sentinel-2数据为遥感数据源，探究了光谱特征与气象因子相结合的小麦赤霉病遥感监测可行性。

本章利用卫星多光谱遥感技术进行冬小麦赤霉病监测，多光谱遥感数据丰富的光谱信息和高分辨率的空间覆盖能够显著捕捉到冬小麦生长状态的变化，为病害监测提供了全面而准确的数据基础。此外，结合两时相光谱特征及气象因子等多源数据进一步提高了监测模型的准确性和可靠性，为农业生产提供了重要的科学依据和技术支持。

研究思路主要围绕“数据获取—特征提取—优选特征—模型算法—科学目标”这一流程展开。首先，获取卫星多光谱遥感数据和相关的气象因子数据；其次，利用遥感数据提取多种常用植被指数，并通过ReliefF-Pearson算法等方法对特征进行筛选和优选；然后，采用AdaBoost、SVM、RF等分类器构建冬小麦赤霉病监测模型，比较不同算法的效果；最后，评估监测模型的准确性和可靠性，探讨多光谱遥感数据和多源数据融合在病害监测模型中的重要性。通过以上流程，本章旨在全面有效地利用卫星多光谱遥感技术为农业生产提供科学支持和技术保障，具体技术流程如图8-1所示。

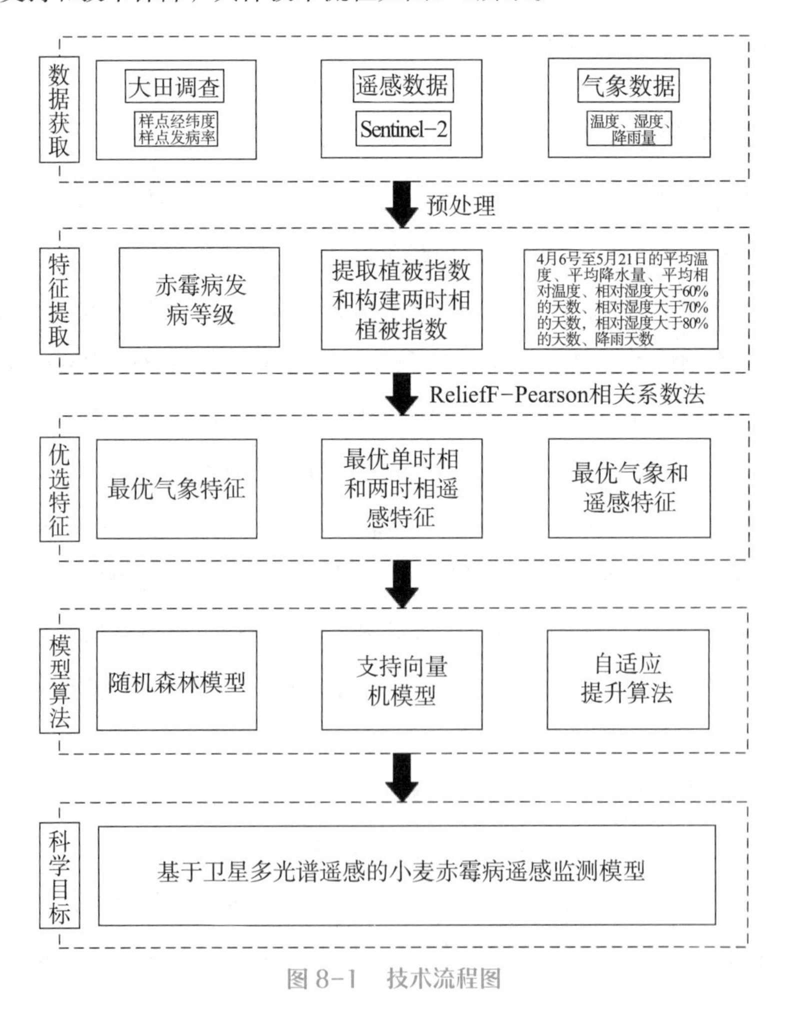

图 8-1　技术流程图

8.2　卫星监测案例

本节涵盖了研究区与数据、监测方法、模型选取、监测结果及结果评估等内容，深入探讨了利用遥感数据进行小麦赤霉病监测的可行性，揭示了卫星遥感在农业病害监测中的潜力和应用前景。

8.2.1 研究区与数据概述

研究区位于中国安徽省定远县（117° 40′ 48″ E，32° 31′ 12″ N）、肥东县（117° 28′ 12″ E，31° 53′ 24″ N）、凤阳县（117° 34′ 12″ E，32° 52′ 12″ N）、长丰县（117° 10′ 12″ E，32° 28′ 48″ N）、蚌埠市龙子湖区（117° 22′ 48″ E，32° 55′ 12″ N），属于长江中下游冬麦区与黄淮麦区交界处。该地区属于亚热带季风气候，其气候特征是夏季炎热多雨，在小麦的扬花抽穗期，高温高湿的环境条件增加了小麦感染赤霉病的风险，使得赤霉病成为该地区小麦的主要病害。

数据来源主要有大田调查数据、遥感数据和气象数据三类。

1. 大田调查数据

2021年5月9日—5月14日，在安徽省定远县、肥东县、凤阳县、长丰县、蚌埠市龙子湖区进行大田调查，共采集171个样点（样点分布见图8-2）。每个样点的大小为10m × 10m，每个样方使用五点采样法（每个样点的大小为1m × 1m）。样点的采集过程严格按照《小麦赤霉病测报技术规范》(GB/T 15796—2011)（李侠丽，2015；Li et al., 2020）手册执行，计数样点发病的小麦穗数占调查总穗数的比率，并记录每个样点的病穗率，用样点病穗率代表田块病穗率。在《小麦赤霉病测报技术规范》中，以小麦病穗率把小麦赤霉病发生程度划分为5个等级，综合农业生产的实际情况与研究需要把小麦赤霉病发生程度分为3等级：健康（0.1%≤发病率≤10%），轻微（10%<发病率≤30%），严重（30%<发病率）。具体等级划分见表8-1。

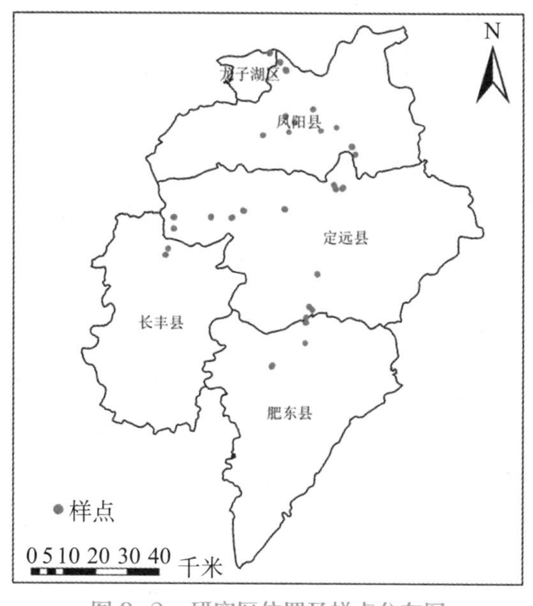

图8-2 研究区位置及样点分布图

表 8-1 小麦赤霉病发生程度等级划分

等级	1 级	2 级	3 级	4 级	5 级
病穗率 /%	$0.1<X \leq 10$	$10<X \leq 20$	$20<X \leq 30$	$30<X \leq 40$	$40<X$
标准规定发生程度	轻发生	偏轻发生	中等发生	偏重发生	大发生
研究所需发生程度	健康	轻微		严重	

2. 遥感影像数据

Sentinel-2卫星是“全球环境与安全监测”计划的第二颗卫星，旨在通过卫星遥感技术监测全球的环境和安全状况。Sentinel-2卫星影像具有13个波段，其中包含三个红边波段，由于植被的健康状况与红边波段密切相关，因此Sentinel-2卫星影像在作物病害监测方面具有很高的应用潜力。本章从欧洲航天局科学数据中心下载了研究区域的7期（2020年10月23日、2020年12月22日、2021年1月11日、2021年3月22日、2021年4月6日、2021年5月1日、2021年5月21日）Sentinel-2遥感图像，具体文件见表8-2。

表 8-2 获取的卫星影像

日期	文 件 名	传感器
2020/10/23	S2A_MSIL1C_20201023T024751_N0209_R132_T50SNB_20201023T045932.SAFE	2A
2020/12/22	S2A_MSIL1C_20201222T025131_N0209_R132_T50SNA_20201222T051459.SAFE	2A
2021/01/11	S2A_MSIL1C_20210111T025101_N0209_R132_T50SNA_20210111T051047.SAFE	2A
2021/03/22	S2A_MSIL1C_20210322T024551_N0209_R132_T50SNA_20210322T043550.SAFE	2A
2021/04/06	S2B_MSIL1C_20210406T024549_N0300_R132_T50SNA_20210406T045722.SAFE	2B
2021/05/01	S2A_MSIL1C_20210501T024541_N0300_R132_T50SNA_20210501T043433.SAFE	2A
2021/05/21	S2A_MSIL1C_20210521T024551_N0300_R132_T50SNA_20210521T043354.SAFE	2A

3. 气象条件数据

气象数据是分析和描述气候特征及其变化规律的基础（魏梦凡，2019）。小麦赤霉病的发生和流行受小麦品种、赤霉病菌数量和环境条件的影响。当病原体和宿主都存在时，气象条件成为小麦赤霉病流行的关键因素。本文中，小麦赤霉病监测研究所需气象数据来源于NASA Prediction of Worldwide Energy Resources网站。获取了2021年4月6日到5月21日的逐日平均气温、降雨量和相对湿度等气象数据。详细的气象点分布如图8-3所示。

分别对遥感影像和气象数据进行了数据预处理，具体过程如下。

（1）遥感影像预处理。本章获取到Sentinel-2遥感图像是1C处理级别，需要预处理为地表反射率图像才能达到实验要求。大气校正使用了Sentinel-2工具箱中的Sen2cor模块，而图像拼接和裁剪则在SNAP中实现。Sentinel-2多光谱数据包含三种不同的空间分辨率，

图 8-3 气象点分布图

为了便于后续分析，使用了软件中的重采样工具，将红、绿、蓝、近红和三个红边波段重采样到10m的空间分辨率。

（2）气象数据预处理。为研究小麦赤霉病的发病时间和特点，选取了4月6日至5月21日共计46天的气象数据，具体如图8-4所示，包括平均温度（TAVG）、平均降水量（PAVG）、平均相对湿度（RHAVG）、相对湿度大于60%（RH60）、70%（RH70）和80%（RH80）的天数，以及降雨天数（PADY）。在小麦赤霉病预测研究中，以7天为窗口对4月6日至5月21日的气象数据进行分割，每个窗口期内计算七天的气象因子，并以窗口期进行命名，共计49个气象因子。第一个窗口期各气象因子的命名格式如：1-TAVG、1-PAVG、1-RHAVG、1-RH60、1-RH70、1-RH80。为了获取调查样点准确的气象因子值，使用ArcGIS 10.5中的反距离加权法对研究区的各气象因子进行空间插值分析和重采样，使其空间分辨率与预处理后的遥感卫星影像保持一致，空间分辨均为10m。

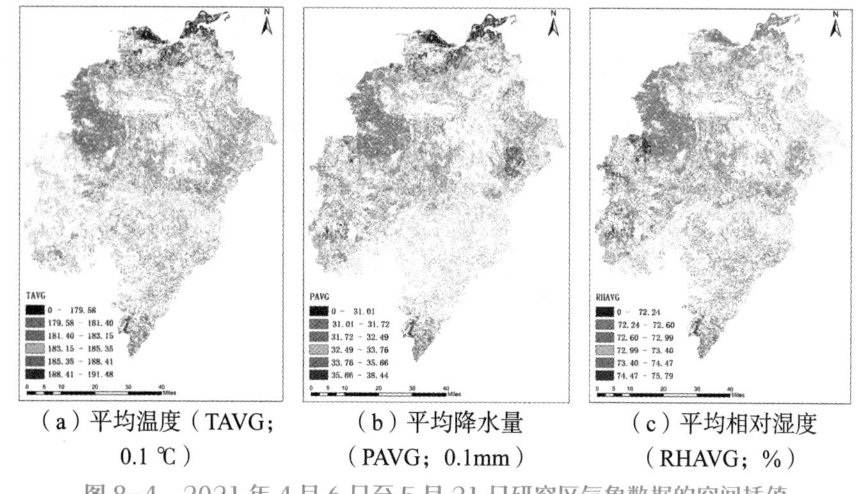

（a）平均温度（TAVG；0.1 ℃）　（b）平均降水量（PAVG；0.1mm）　（c）平均相对湿度（RHAVG；%）

图 8-4 2021 年 4 月 6 日至 5 月 21 日研究区气象数据的空间插值

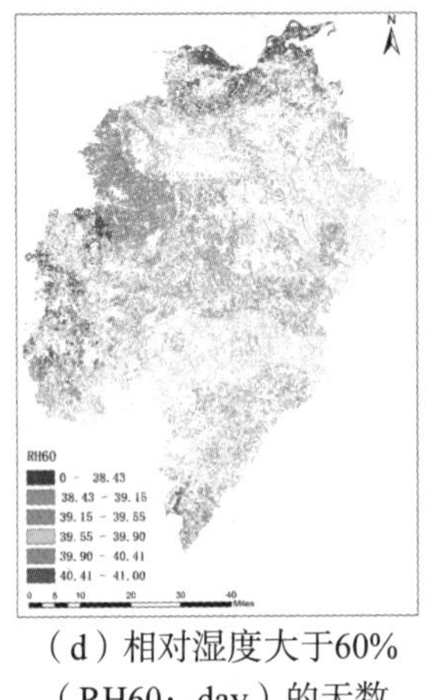

（d）相对湿度大于60%（RH60；day）的天数

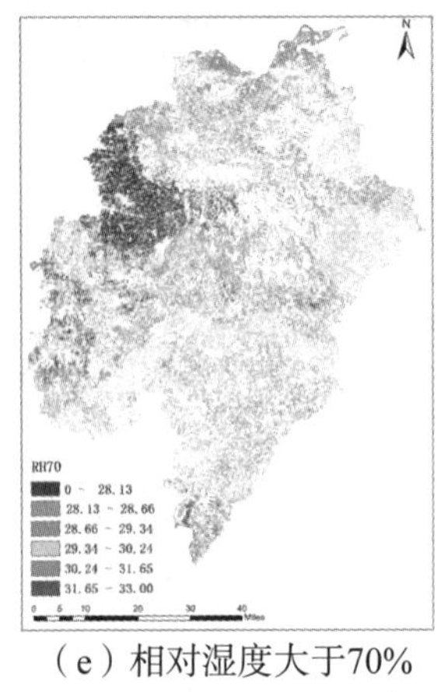

（e）相对湿度大于70%（RH70；day）的天数

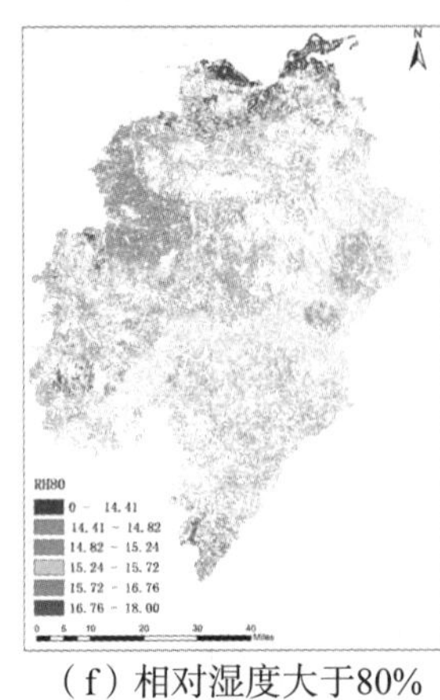

（f）相对湿度大于80%（RH80；day）的天数

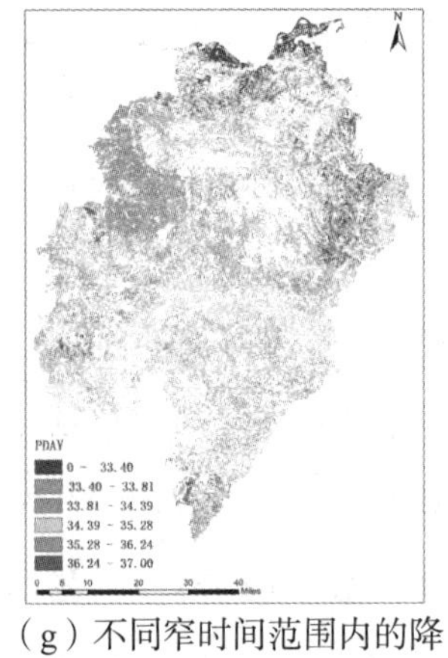

（g）不同窄时间范围内的降雨天数（PDAY；day）

图 8-4（续）

图8-4彩图

8.2.2 遥感数据预处理

本小节采用了基于卫星多光谱遥感数据的技术来提取小麦种植区域，并结合最大似然法、支持向量机和决策树等方法进行有效识别。在特征选择方面，从多种光谱特征中提取了适合监测小麦赤霉病的关键指标，通过ReliefF算法结合Pearson算法等方法对提取的特征集进行优选，筛选出最具预测能力和相关性的特征，为建立有效的小麦赤霉病监测模型奠定了坚实的基础，为农业病害防控工作提供重要的技术支持和应用价值。

1. 小麦种植区域提取

区域尺度小麦赤霉病监测研究中，首先需要提取冬小麦种植区域。在进行小麦种植区域提取时，需要认真考虑并选择合适的遥感数据和处理方法，并用实地调查数据进行验证，以确保提取结果的高精度和高可信度。

选用Jeffries-Matusita（J-M）距离指标来检验样本的可分离性，其范围为[0, 2]，值越大表示样本之间的可分离度越高。当样本可分离度大于1.8，所选的样本点是合格的；如果小于1.8，则需要对样本进行修改。选取合适的样本以后，采用多种分类算法进行小麦种植区域的提取，基于最优的模型来进行研究区小麦种植区域的提取并获得研究区小麦种植区域分布图。基于研究区实际调查数据和卫星影像不同地物的特性，可以将地物种类分为六类，分别为水体、非小麦植被、裸地、小麦、房屋和道路，不同地物种类的影像特征见表8-3。

表 8-3　不同地物种类的影像特征

地物类别	影像特征	地物特征描述
水体		水体面积越大，颜色越深。坑塘面积不大，边界明显，形状多样；河流等呈规则的弯曲长条状；湖泊水域面积较大，颜色较深，形状不规则
非小麦植被		浅绿色，大面积分布，地块不规则较多，纹理均匀，有少量土壤裸露
裸地		色调均匀，纹理清晰
小麦		墨绿色，田块清晰，呈规则状的连块分布，纹理均匀
房屋		颜色鲜艳，形状规则
道路		色调均匀，形状规则

2. 小麦赤霉病特征选择

病原体和宿主的相互作用导致植物产生各种症状和损害，如色素、水分和生物量在受到病虫害胁迫的影响时会减少，这些影响会对冠层光谱反射率产生很大影响。基于病虫害引起的植物症状和生理变化，现阶段作物病虫害监测研究可以分为直接监测和间接监测。直接监测根据包含感染引起的病变光谱计算敏感植被指数，并直接开展病害的分类或识别。

（1）单时相光谱特征。充分考虑病虫害胁迫下作物生长状态和生理生化参数的相关性，选取了蓝、绿、红、近红和三个红边共7个原始波段和9个常用的植被指数，包括归一化差异植被指数（normalized difference vegetation index，NDVI）、赤霉病指数（fusarium head blight index，HBI）、红绿比值指数（red green ratio index，RGR）、优化土壤调节植被指数（optimized soil adjusted vegetation index，OSAVI）、可见光大气阻抗指数（visible atmospherically resistant index，VARI）、比值植被指数（simple ratio index，SR）、改进简单比值指数（modified simple ratio index，MSR）、绿色归一化植被指数（green normalized difference vegetation index，GNDVI）和再归一化植被指数（renormalized difference vegetation index，RDVI），以及5个红边植被指数，包括NDVIRE1、NREDI1、NREDI2、NREDI3和PSRI1。

其中，NDVI和RDVI能够有效反映绿色植被的生长情况，适用于监测各种植被信息；GNDVI、SR和MSR可用于探测绿色植被的生长变化；VARI能够有效减少大气散射带来的影响；OSAVI能够减小影像中土壤背景带来的影响。红边植被指数可以充分利用Sentinel-2数据的红边波段优势，从而提高分类精度。这些植被指数的计算公式详见表8-4。

表 8-4　植被指数

植被指数	定　义	计算公式	参考文献
NDVI	归一化植被指数	$(R_{NIR}-R_R)/(R_{NIR}+R_R)$	（金玉，2020）
HBI	赤霉病指数	R_G-R_R	（Rouse 等，1974）
RGR	红绿比值指数	R_R/R_G	（Bauriegel 等，2011）
OSAVI	优化土壤调节植被指数	$(R_{NIR}-R_R)/(R_{NIR}+R_R+0.16)$	（Gamon 等，1999）
VARI	可见光大气阻抗指数	$(R_G-R_R)/(R_G+R_R)$	（Baret 等，1993）
SR	比值植被指数	R_{NIR}/R_R	（Gitelson 等，2002）
MSR	改进简单比值指数	$(R_{NIR}/R_R-1)/(R_{NIR}/R_R+1)^{1/2}$	（Jordan 等，1969）
GNDVI	绿色归一化植被指数	$(R_{NIR}-R_G)/(R_{NIR}+R_G)$	（Huang 等，2020）
RDVI	再归一化植被指数	$(R_{NIR}-R_R)/(R_{NIR}+R_R)0.5$	（Yang 等，2007）
NDVIRE1	归一化差异植被指数红边 1	$(R_{NIR}-R_{RE1})/(R_{NIR}+R_{RE1})$	（肖璐洁等，2011）
NREDI1	归一红边指数 1	$(R_{RE2}-R_{RE1})/(R_{RE2}+R_{RE1})$	（Rouse 等，1974）
NREDI2	归一红边指数 2	$(R_{RE3}-R_{RE1})/(R_{RE3}+R_{RE1})$	（Rouse 等，1974）
NREDI3	归一红边指数 3	$(R_{RE3}-R_{RE2})/(R_{RE3}+R_{RE2})$	（Rouse 等，1974）
PSRI1	植物衰老反射指数 1	$(R_R-R_G)/R_{RE1}$	（Gitelson 等，1994）

（2）归一化两时相光谱特征。通过归一化量化公式，将两个时期的植被指数进行归一化处理，构建两个病害侵染阶段之间差异的特征量化指标。该方法不仅考虑了由病害胁迫引起的病理变化的特征，而且还表征了小麦赤霉病发生流行时生理生化参数的变化，从而将植被生长信息与病害特征分离开来。归一化量化过程如下：

$$\mathrm{nVIs}=\frac{\mathrm{VI}_{21\mathrm{May}}-\mathrm{VI}_{6\mathrm{April}}}{\mathrm{VI}_{21\mathrm{May}}+\mathrm{VI}_{6\mathrm{April}}} \tag{8-1}$$

式中，nVIs表示两个时相之间植被指数特征的变化；$\mathrm{VI}_{6\mathrm{April}}$和$\mathrm{VI}_{21\mathrm{May}}$分别表示首次发生赤霉病（2021年4月6日）和大规模爆发赤霉病时（2021年5月21日）从图像中提取的植被指数值。

（3）波段比值两时相光谱特征。研究引入修正波段比值两时相植被指数（modified bi-temporal band ratio，MBTBR）（Fernández-Manso等，2016），其基于Dorigo（2012）等人设计的波段比值两时相指数（bi-temporal band ratio，BTBR），用两个时相图像中三个波段的两时相比值指数来表征冬小麦赤霉病的不同阶段光谱变化。该指数降低外部环境的影响，突出冬小麦病害光谱特征。两种指数的表达式如下：

$$\begin{aligned}\mathrm{BTBR}&=\frac{\left(\dfrac{R_{21\mathrm{May}}}{R_{6\mathrm{April}}}\right)-\left(\dfrac{G_{21\mathrm{May}}}{G_{6\mathrm{April}}}\right)}{\left(\dfrac{R_{21\mathrm{May}}}{R_{6\mathrm{April}}}\right)+\left(\dfrac{G_{21\mathrm{May}}}{G_{6\mathrm{April}}}\right)}\\ \mathrm{MBTBR}&=\frac{\left(\dfrac{\mathrm{NIR}_{21\mathrm{May}}}{R_{6\mathrm{April}}}\right)-\left(\dfrac{G_{21\mathrm{May}}}{G_{6\mathrm{April}}}\right)}{\left(\dfrac{\mathrm{NIR}_{21\mathrm{May}}}{R_{6\mathrm{April}}}\right)+\left(\dfrac{G_{21\mathrm{May}}}{G_{6\mathrm{April}}}\right)}\end{aligned} \tag{8-2}$$

式中，R、G和NIR分别表示Sentinel-2影像的红波段、绿波段和近红外波段。

（4）气象因子。小麦赤霉病是由小麦赤霉菌引起的一种病害，该病害在特定的环境条件下会迅速发展。小麦赤霉病的发生需要一定的温度、湿度和光照条件。利用获取的气象数据进行了详细分析，计算了从4月6日到5月21日的：平均温度（TAVG）；平均降水量（PAVG）；平均相对湿度（RHAVG）；相对湿度大于60%（RH60）的天数；相对湿度大于70%（RH70）的天数；相对湿度大于80%（RH80）的天数；以及降雨天数（PDAY）。

3. 小麦赤霉病特征优选

在构建冬小麦赤霉病模型时，优选对病害发生较敏感的特征变量可以提高小麦赤霉病的发生程度分类精度，而适当的特征选择方法则可以有效去除不相关变量和冗余变量，提高模型的性能。ReliefF算法是一种特征权重算法，权重越大，表示该特征变量对小麦赤霉病监测模型的贡献度越高。Pearson相关系数表征特征变量与小麦赤霉病发生程度的线性相关关系，相关系数的绝对值越大，说明该特征变量与小麦赤霉病相关性越强。在本章中，采用ReliefF-Pearson方法对特征进行优选。该方法首先运行20次ReliefF算法，计算出各个特征对小麦赤霉病发生程度的权重，然后通过Pearson相关系数分析各个特征之间的相关性，以消除冗余特征。通过这种方式，可以选择出对小麦赤霉病敏感且特征之间冗余度最小的特征，从而提高模型的准确性和可靠性。

8.2.3 监测模型选取

本小节介绍了几种常用于小麦赤霉病监测的分类算法，并采用自适应提升算法、支持向量机和随机森林分类器算法分别构建了小麦赤霉病发生程度监测模型，为农业病害预防和管理提供重要的算法支持。

自适应提升算法（adaptive boosting，AdaBoost）是一种迭代学习算法，用多个弱分类器训练并组合为一个强分类器，实现高准确度的分类（Newlands等，2018；付忠良，2008）。自适应提升算法为训练集中的所有样本分配相同的权重，通过弱分类器y_m对样本进行分类，并计算出相应的分类错误率ε_m。被错误识别的样本的权重α_m占比将会增加，用于更新每个样本的权重α_m并在下一次迭代中计算弱分类器y_m的权重α_m。经过多次迭代后，每个弱分类器的权重值趋于稳定，最终组成强分类器Y_m。

支持向量机（support vector machine，SVM）基于结构风险最小化原则，旨在寻找一个最优超平面以最大化样本点与之的距离，即最大化间隔，从而实现不同类别间的有效分离。在基于像元的遥感图像分类场景下，每个像素点被视为一个样本，其多波段光谱值构成特征向量。支持向量机分类通过构建非线性映射，将这些高维特征向量映射到一个更高维的特征空间，在此空间中寻找最优超平面进行分类。

随机森林（random forest，RF）是一种常见的集成学习算法，由多个决策树组成，每个决策树都是独立训练的，每次训练时会随机选取一部分数据和特征集。RF算法利用自助法（bootstrap）从原始训练样本集中有放回地随机抽取s个样本，进行n次采样后，得到n个训练集；分别基于每个新的训练集建立模型，得到n个决策树模型；将生成的n个决策树组成随机森林，并以多棵树分类器投票决定最终的预测结果每棵决策树都是通过不同的随机样本和特征构建的，从而使得每棵树都具有一定的差异性。通过组合多个决策树的结果来进行预测或分类，可以有效地减少过拟合和提高模型的鲁棒性。支持向量机分类具备良好的边界决策能力，对于复杂地物边缘或类别间混淆区域，能够生成清晰的决策边界，提高分类精度。

最大似然法分类（maximum likelihood classification，MLC）是遥感图像处理中常用的监督分类技术之一。最大似然分类法假设每个类别的像元光谱服从特定的概率分布，通常假设为多元正态分布。在分类过程中，首先需要根据训练样本计算每个类别的概率密度函数，然后根据贝叶斯决策规则将待分类的像元分配到最可能的类别中。最大似然分类法在处理高维数据和多类别分类问题时具有一定优势，并且可以灵活地适应不同类型的遥感图像。

8.2.4　小麦赤霉病监测结果

本小节成功利用卫星多光谱遥感数据和相关算法提取了小麦种植区域的空间范围和分布情况，为后续病害监测和分析提供了基础数据。同时确定了用于监测的关键输入特征变量，这些特征变量经过实验验证，具有较强的监测能力和相关性，可用于构建小麦赤霉病监测模型，帮助准确分析和监测病害的发生情况。

1. 小麦种植区域提取结果

研究基于2021年5月1日过境的哨兵2多光谱影像，选取了1400个样本，包括六类地物：冬小麦样点400个，非小麦植被200个，裸地300个，道路100个，房屋200个和水体200个。利用ENVI软件中的J−M距离指标来检验样本的可分离性，六类地物样本的分离度见表8−5。从表8−5可以看出，六类地物样本的可分离度均大于1.8，说明样本的选取较为合理，选取的样本可以作为后续的建模和分析的数据。基于选取的1400个样本进行冬小麦种植区域的提取，其中80%的样本用于训练模型，20%的样本用于验证模型的准确性。

采用了3种分类算法，分别为最大似然法、支持向量机和决策树法。这3种方法在训练集上分别进行了训练，然后对验证集进行了分类。经过对比分析，表明这3种方法都能够较好地分类出不同地物类型，并且分类的准确率较高，其中决策树的分类准确率最高，为91.8%，最大似然法次之，支持向量机的准确率最低，但仍然达到了83.6%。这些结果证明了本章所选取的样本具有代表性，并且3种方法都能够有效地提取研究区域的冬小麦种植区域。验证集的3种模型分类结果见表8−6。根据上表数据分析，在比较最大似然法、支持向量机和决策树3种模型的分类结果后，发现决策树法的分类结果表现最为优异。该模型的总体分类精度高达91.8%，而且其Kappa系数也达到了0.898。基于决策树法提取的研究区冬小麦种植区域分布图如图8−5所示。

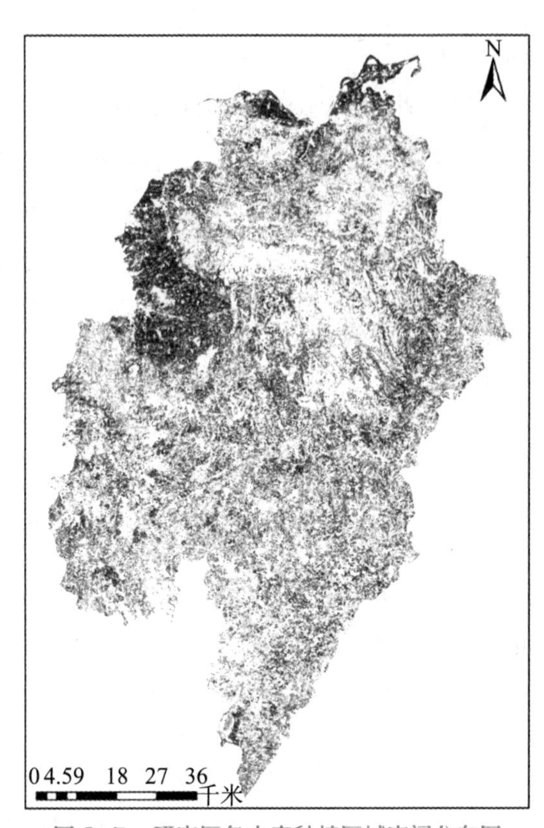

图 8-5 研究区冬小麦种植区域空间分布图

表 8-5 小麦样本可分离性统计报表

样本类别	分离度
小麦与水体	1.897
小麦与房屋	1.985
小麦与道路	1.994
小麦与裸地	1.999
小麦与非小麦植被	1.941

表 8-6 基于 3 个模型的分类结果

模型	类别	冬小麦	非小麦植被	裸地	道路	房屋	水体	UA	OA	Kappa
最大似然法	冬小麦	70	3	1	0	0	1	93.3%	87.5%	0.846
	非小麦植被	3	33	0	0	0	1	89.2%		
	裸地	1	2	53	1	0	0	93%		
	道路	2	0	4	17	4	1	60.7%		
	房屋	0	0	1	2	35	0	92.1%		
	水体	4	2	1	0	1	37	82.2%		
	PA	87.5%	82.5%	88.3%	85%	87.5%	92.5%			
支持向量机	冬小麦	66	3	0	0	1	3	90.4%	83.6%	0.798
	非小麦植被	3	33	2	0	0	1	84.6%		
	裸地	1	0	52	1	3	0	91.2%		
	道路	3	1	3	17	5	0	58.6%		
	房屋	1	1	2	2	31	1	81.6%		
	水体	6	2	1	0	0	35	79.5%		
	PA	82.5%	82.5%	86.7%	85%	77.5%	87.5%			

续表

模型	类别	冬小麦	非小麦植被	裸地	道路	房屋	水体	UA	OA	Kappa
决策树	冬小麦	76	2	0	0	0	2	95%	91.8%	0.898
	非小麦植被	1	35	0	0	1	1	92.1%		
	裸地	0	1	57	0	1	1	95%		
	道路	0	0	1	19	2	0	86.4%		
	房屋	1	1	1	1	36	2	85.7%		
	水体	2	1	1	0	0	34	89.5%		
	PA	95%	87.5%	95%	95%	90%	85%			

2. 输入特征变量确定

（1）单时相植被指数敏感特征优选。为了提高小麦赤霉病监测模型的精度，需要优选出对病害发生最为敏感的特征变量。首先，利用ReliefF算法计算了单时相植被指数（VIs）、归一化两时相植被指数（nVIs）和归一化两时相植被指数与比值两时相植被指数组成的两时相植被指数（n-nVIs）各组20次平均后的特征权重，结果如图8-6所示。然后，选择单时相植被指数（VIs）中权重超过0.07的光谱特征：OSAVI、NDVI、SR、RDVI、GNDVI和NREDI2。这些特征被认为是对小麦赤霉病发生最为敏感的特征变量，能够提高模型的精度。

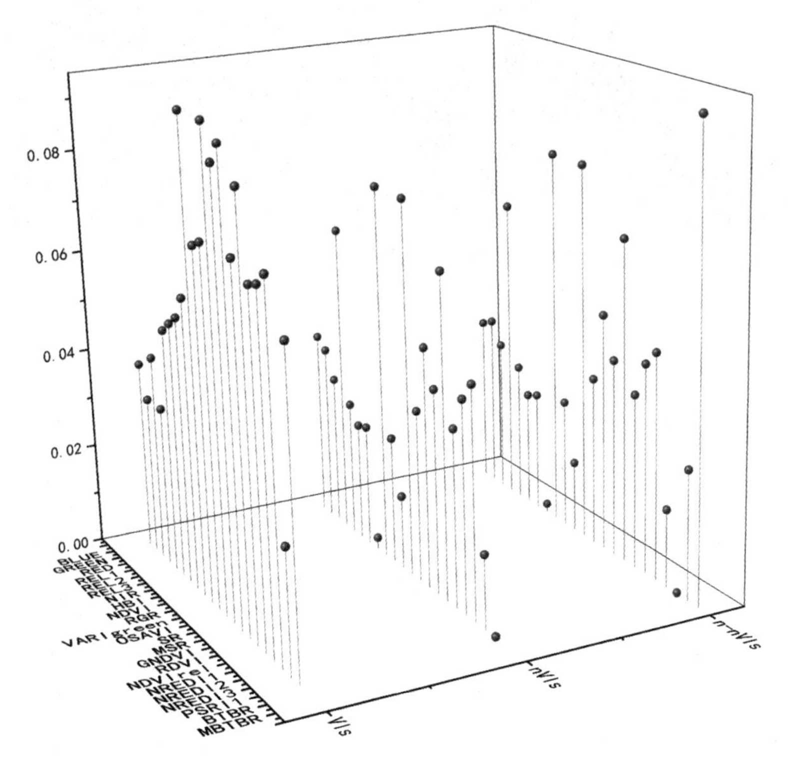

图 8-6　VIs、nVIs 和 n-nVIs 三组特征的权重结果图

多重共线性会导致特征之间存在高度相关性，影响小麦赤霉病敏感性信息的提取。为确保小麦赤霉病监测模型的准确性，需要避免不同光谱特征之间的多重共线性。因此，本章开展了光谱特征之间的相关性分析，结果如图8-7所示。从相关性分析结果中可以看出，OSAVI与NDVI、SR、RDVI和GNDVI的相关性分别高达1.000、0.961、0.970和0.951。为避免多重共线性的影响，选择舍弃与OSAVI高度相关的NDVI、SR、RDVI和GNDVI特征。最终，对于VIs选取的敏感特征为OSAVI、NREDI2。

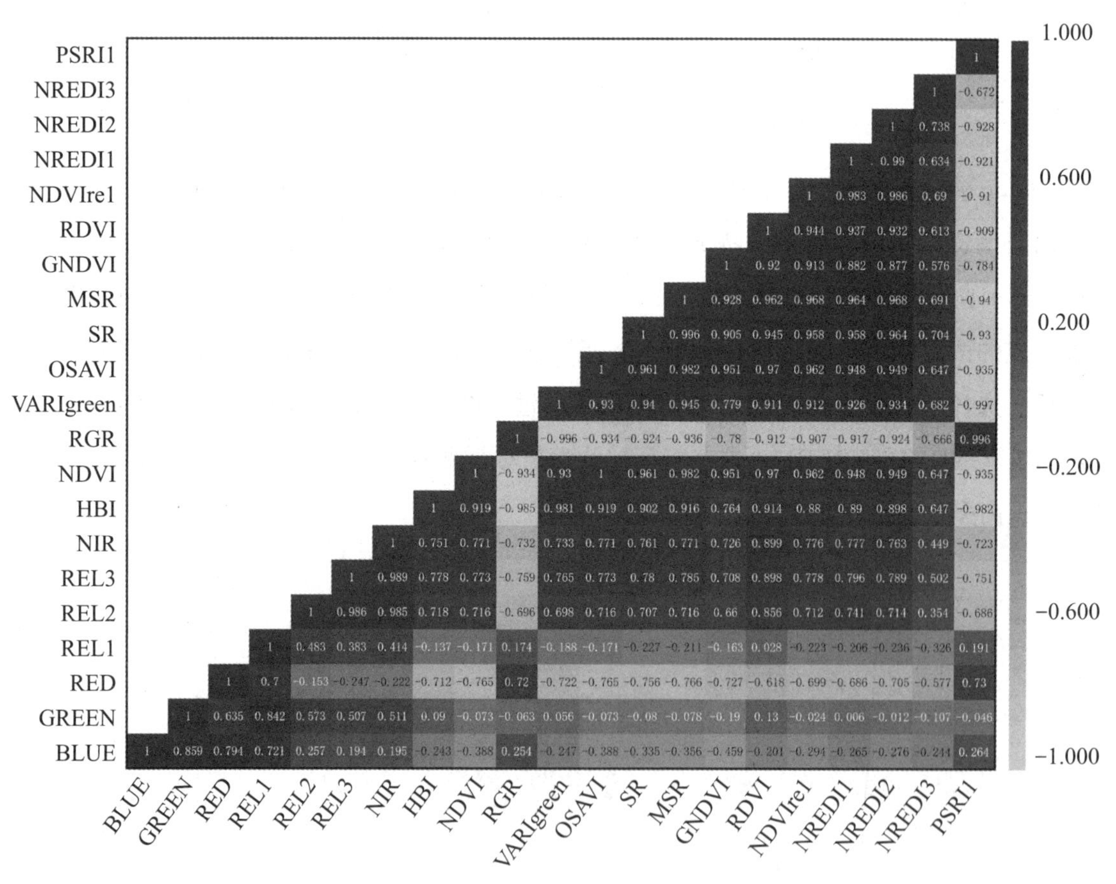

图 8-7　单时相各光谱特征相关性结果图

（2）两时相植被指数敏感特征优选。研究使用ReliefF算法评估不同光谱特征对小麦赤霉病的敏感性。通过对不同特征进行20次平均计算，得到了图8-6中各个特征的权重分布情况。对于nVIs的敏感特征，选择了nOSAVI、nNDVI、nREL1和nRDVI，它们的权重大于0.06。对于n-nVIs的敏感特征，选择了MBTBR、nOSAVI、nREL1、nNDVI和nRDVI，它们的权重也大于0.06。可以看出，引入红边波段的波段组合MBTBR比仅包含可见光波段的BTBR更为敏感。不同光谱特征之间可能存在多重共线性，这会限制小麦赤霉病信息提取精度。因此，对特征之间进行相关性分析，得到了

图8-8中的相关性结果。在以两时相植被指数为输入变量时，nOSAVI与nNDVI和nRDVI的相关性高达1和0.973，因此舍弃了nNDI和nRDVI。最终，以nVIs为输入变量时的敏感特征为nOSAVI和nREL1，而以n-nVIs为输入变量时的敏感特征为MBTBR、nOSAVI和nREL1。

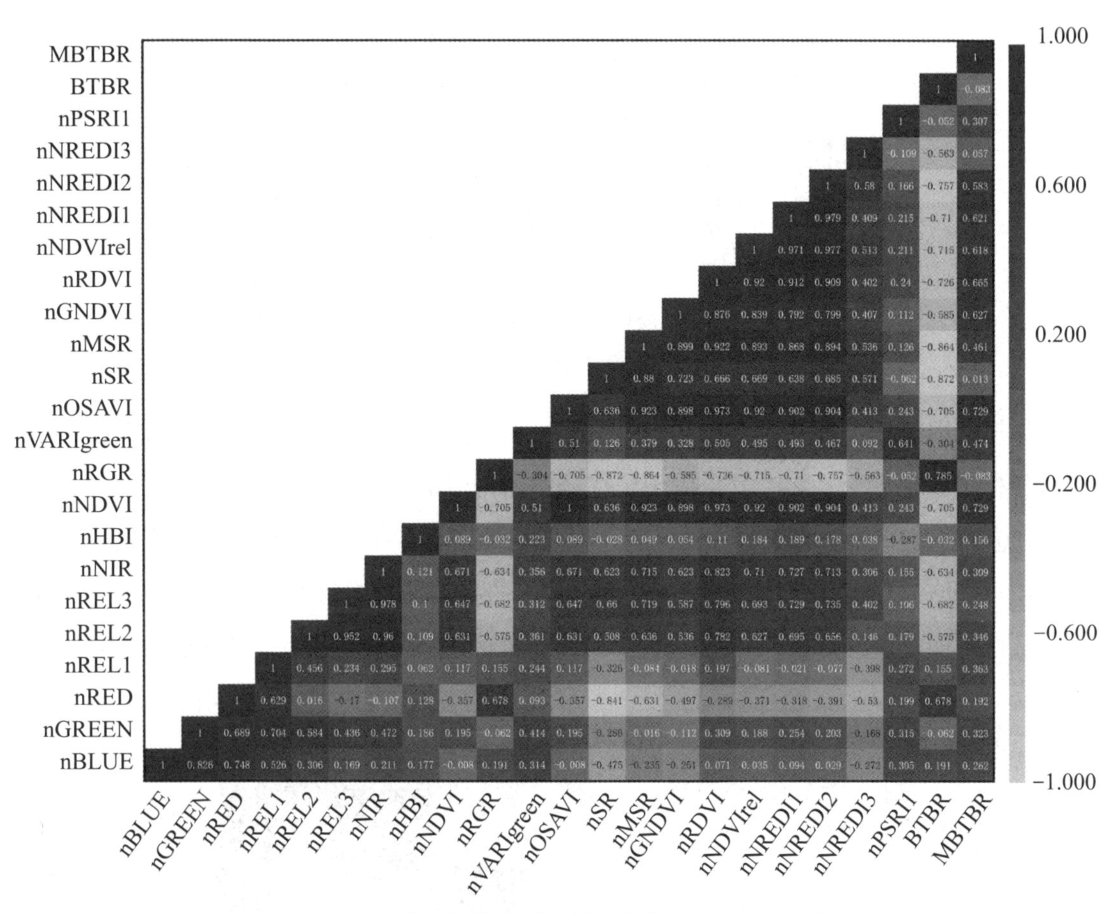

图8-8 归一化两时相和两时相各光谱特征相关性结果图

（3）气象因子优选。采用了ReliefF算法计算气象因子特征权重，权重结果如图8-9所示。选择平均特征权重大于0.05的4个气象因子作为输入变量。这些气象因子包括平均温度（TAVG）、降雨天数（PDAY）、平均降雨量（PAVG）和相对湿度大于80%的天数（RH80）。TAVG是指一定时间内的平均温度，可以反映气候温度特征，对小麦生长发育和病害发生都有一定的影响。PDAY是指降雨日数，可以反映气候降雨特征；PAVG是指一定时间内的平均降雨量；RH80则是指相对湿度大于80%的天数，可以反映湿度特征，其对小麦生长和病害发生信息有一定的影响。通过选择这些重要的气象因子作为输入变量，可以减少输入变量间的冗余性，提高模型的预测准确性和效率。

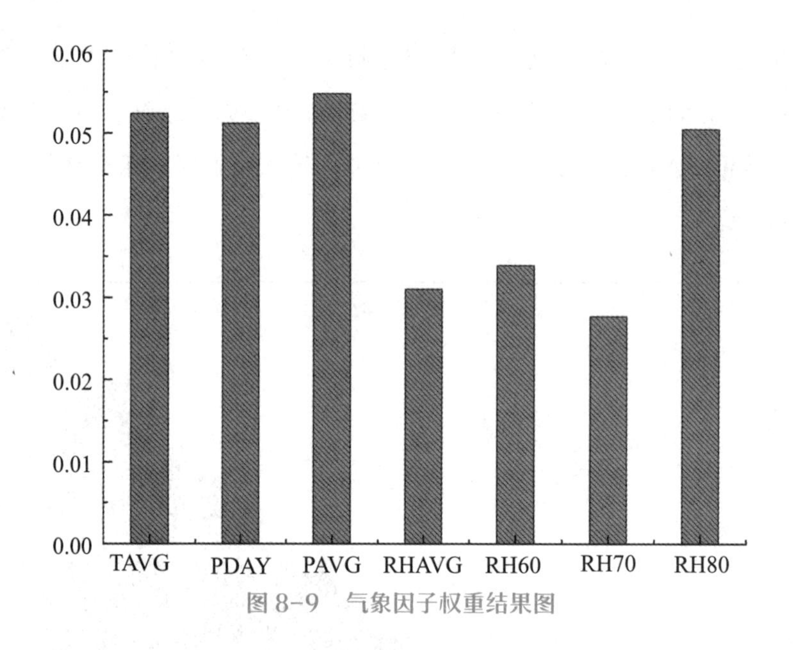

图 8-9　气象因子权重结果图

各气象因子相关性结果如图8-10所示，经过基于相关性的特征选择和ReliefF算法的特征权重评估后，从多个气象因子中优选出了最具有敏感性的特征。结果发现PAVG与RH80的相关系数高达0.921，这说明这两个变量之间存在高度相关性，为避免特征冗余，RH80没有被纳入模型输入。TAVG和PDAY的相关系数达到了0.875，为避免特征冗余，选择特征权重值高的TAVG。因此，最终选取的敏感气象因子为：TAVG和PAVG。

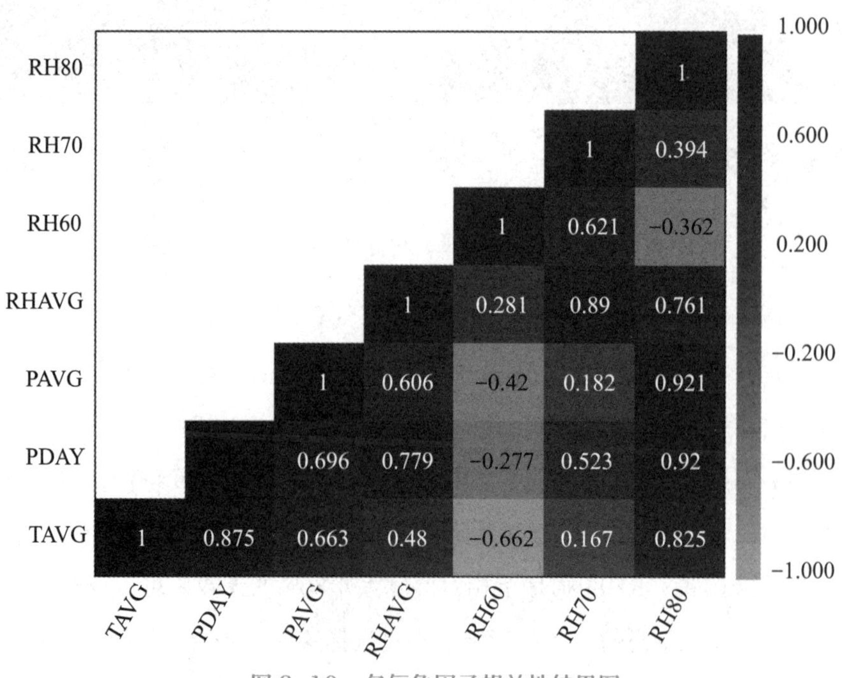

图 8-10　各气象因子相关性结果图

3. 赤霉病监测结果评估

研究选择了自适应提升算法、支持向量机和随机森林方法（表8-7）来构建小麦赤霉病监测模型。137组数据被用于模型训练，剩余34组数据被用作验证数据集。采用混淆矩阵中的总体分类精度（overall accuracy，OA）、Kappa系数、用户精度（user' s accuracy，UA）和生产者精度（producer' s accuracy，PA）对模型进行准确度评估。

表 8-7　模型关键参数优化结果

模　型	类　别	优化参数
AdaBoost	Learning rate	0.13
	Base Evaluator	100
SVM	C	2.2
RF	Gamma	1.8
	Base Evaluator	1000

以使用ReliefF算法结合Pearson算法特征优选出的三组植被指数特征集（单时相VIs：OSAVI和NREDI2；归一化两时相nVIs：nOSAVI和nREL1；两时相n-nVIs：MBTBR、nOSAVI和nREL1。）为输入变量，结合AdaBoost、SVM和RF模型进行区域尺度冬小麦赤霉病监测模型的构建，并对验证集结果利用混淆矩阵进行评价。表8-8给出了三组敏感特征集分别结合三种算法进行建模的分类结果。

表 8-8　三组敏感光谱特征结合三种算法构建的九个赤霉病监测模型的精度验证结果

因子	模型	病害类别	健康	轻微	轻微	UA	OA	Kappa
VIs	AdaBoost	健康	12	4	2	66.7%	58.8%	0.377
		轻微	0	3	5	37.5%		
		严重	0	3	5	37.5%		
		PA	100%	30%	41.7%			
	SVM	健康	7	0	0	100%	64.7%	0.504
		轻微	5	5	2	41.7%		
		严重	0	5	10	66.7%		
		PA	58.3%	50%	83.3%			
	RF	健康	10	2	2	71.4%	64.7%	0.469
		轻微	2	5	3	50%		
		严重	0	3	7	70%		
		PA	83.3%	50%	58.3%			
nVIs	AdaBoost	健康	12	4	1	70.6%	70.6%	0.554
		轻微	0	4	3	57.1%		
		严重	0	2	8	80%		
		PA	100%	40%	66.7%			

续表

因子	模型	病害类别	健康	轻微	轻微	UA	OA	Kappa
nVIs	SVM	健康	11	3	0	78.6%	67.6%	0.499
		轻微	0	0	0	0		
		严重	1	7	12	60%		
		PA	91.7%	0	100%			
	RF	健康	12	3	2	80%	70.6%	0.553
		轻微	0	4	2	66.7%		
		严重	0	3	8	72.7%		
		PA	100%	40%	66.7%			
n-nVIs	AdaBoost	健康	12	4	1	70.6%	73.5%	0.598
		轻微	0	4	3	57.1%		
		严重	0	2	8	80%		
		PA	100%	40%	66.7%			
	SVM	健康	8	3	0	72.7%	67.6%	0.514
		轻微	4	5	2	45.5%		
		严重	0	2	10	83.3%		
		PA	66.7%	50%	83.3%			
	RF	健康	7	0	0	100%	79.4%	0.694
		轻微	5	9	1	60%		
		严重	0	1	11	91.7%		
		PA	58.3%	90%	91.7%			

根据表8-8使用三组敏感光谱特征集作为输入变量来构建监测模型的分类结果，以nVIs为输入特征的模型分类精度优于以VIs为模型输入特征的模型，且总体精度提高了5.9%。这说明nVIs是一种高效的冬小麦赤霉病监测特征。n-nVIs引入了波段比值两时相植被指数，相比nVIs，分类精度更高，总体精度达到了79.4%。这表明在光谱特征中，加入波段比值两时相植被指数可以提高模型的分类精度。值得注意的是，对于不同的光谱特征，选择的分类算法对于分类精度的影响也不同。例如，在VIs模型中，RF算法的分类精度最高，而在n-nVIs模型中，RF算法的分类精度仍然最高，但差距不如前者明显。这表明在构建监测模型时，需要考虑选择适合的特征和分类算法以达到最佳的分类效果。

本文进一步将光谱特征和气象因子结合起来，使用VIs、nVI和n-nVIs结合气象因子（TAVG和PAVG），分别采用AdaBoost、SVM和RF算法构建了9个小麦赤霉病监测模型，并对比分析了9种模型的分类效果。实验结果表明，以n-nVIs结合气象因子为输入特征的模型在3种算法中表现最好，分类精度最高，达到了82.4%。对于构建模型的3种算法，RF算法的分类效果都要优于AdaBoost和SVM算法。总体而言，结合气象因子的光谱特征模型能够提高小麦赤霉病的监测精度。

根据表8-9的结果可以发现，以n-nVIs和气象数据为输入特征的小麦赤霉病监测模型的分类精度明显高于基于VIs和nVIs分别与气象数据结合的模型。实验结果进一步证实了加入气象数据可以显著提高模型的准确性，这为区域尺度作物病害监测提供了可能。基于最优模型的小麦赤霉病发生程度等级的遥感监测空间分布图显示在图8-11中。该图表明研究区小麦赤霉病南部比北部更为严重，零散田块比集中大规模的种植田块更严重。这些结果与在大田中观测到的结果高度一致，验证了该方法用于区域尺度冬小麦赤霉病监测的可行性。

表 8-9 三组敏感光谱特征结合气象因子利用三种算法构建的九个赤霉病监测模型的精度验证结果

因子	模型	病害类别	健康	轻微	严重	UA	OA	Kappa
VIs +MFs	AdaBoost	健康	10	0	0	100%	64.7%	0.459
		轻微	1	1	1	33.3%		
		严重	1	9	11	52.4%		
		PA	83.3%	10%	91.7%			
	SVM	健康	12	0	1	92.3%	67.6%	0.499
		轻微	0	0	0	0		
		严重	0	10	11	52.4%		
		PA	100%	0	91.70%			
	RF	健康	12	0	1	92.3%	73.5%	0.597
		轻微	0	4	2	66.7%		
		严重	0	6	9	60%		
		PA	100%	40%	75%			
nVIs +MFs	AdaBoost	健康	12	6	2	60%	73.5%	0.596
		轻微	0	4	1	80%		
		严重	0	0	9	100%		
		PA	100%	40%	75%			
	SVM	健康	8	1	0	88.9%	70.6%	0.564
		轻微	4	8	4	50%		
		严重	0	1	8	88.9%		
		PA	66.7%	80%	66.7%			
	RF	健康	12	4	1	70.6%	76.5%	0.645
		轻微	0	6	3	66.7%		
		严重	0	0	8	100%		
		PA	100%	60%	66.7%			

续表

因子	模型	病害类别	健康	轻微	严重	UA	OA	Kappa
n-nVIs +MFs	AdaBoost	健康	11	2	3	68.8%	79.4%	0.690
		轻微	1	8	1	80%		
		严重	0	0	8	100%		
		PA	91.7%	80%	66.7%			
	SVM	健康	8	1	0	88.9%	73.5%	0.604
		轻微	4	7	2	53.4%		
		严重	0	2	10	83.3%		
		PA	66.7%	70%	83.3%			
	RF	健康	12	2	1	80%	82.4%	0.734
		轻微	0	7	2	77.8%		
		严重	0	1	9	90%		
		PA	100%	70%	75%			

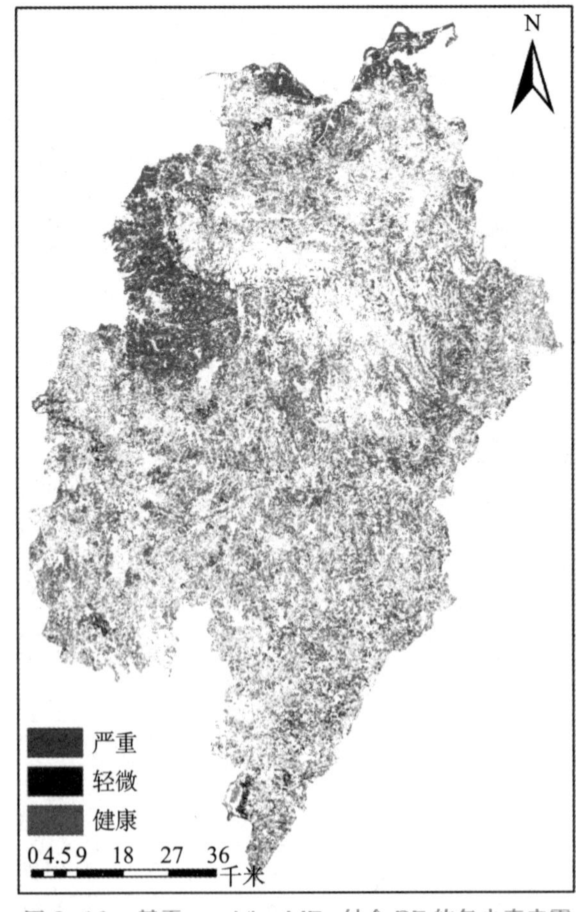

图 8-11　基于 n-nVIs+MFs 结合 RF 的冬小麦赤霉病发生程度等级遥感监测分布图

第9章 区域尺度小麦赤霉病预测

本章提出了一种基于易感-潜伏-发病（suscep-tible-exposed-infected，SEI）模型的小麦赤霉病发生预测方法。首先，基于Sentinel-2、地表高程数据、MCD12Q2产品和气象数据将SEI模型的I状态微分方程重构为关于发病率的函数方程，实现了小麦赤霉病发展趋势和不同时期发病程度的预测。随后，探讨了CNN-BiLSTM-Attention模型对气象数据的预测能力，以及利用角度矢量化光谱反射率和植被指数变化构建的指数对小麦赤霉病潜伏状态的指示能力。最后，于安徽多地区开展了实地验证，结果显示该方法能够为小麦赤霉病发生预测和管理提供重要的技术支撑。

9.1　作物病害预测现状

作物病害预测是指通过监测和分析影响病害发生发展的关键因素，实现在病害发生危害前，预测病害的发生、严重度、扩散方向等信息，为植保部门提供及时可靠的指导建议，避免病害发生导致的作物产量损失。作物病害流行学研究表明，菌源、生境和寄主是影响病害发生的三要素（Mitra等，2021；Fenu等，2021）。生境条件可以通过气象数据来表征，且气象数据的观测和分析较容易，传统的作物病害预测模型大多是通过分析气象特征与病害之间的关系建立的（胡小平等，2000；丁克坚等，2002；Kriss等，2012；马占鸿，2018）。病害胁迫下，作物内部的生理生化特征会发生变化（Guo等，2020），遥感技术作为获取作物生理生化参数的有效手段，已被广泛用于作物病害监测预测研究中（Yuan等，2014；Zhang等，2014；Yuan等，2016；Ma等，2017）。近年来，随着气象数据的持续丰富，多源数据耦合方法的发展，耦合遥感与气象数据、综合考虑作物生长状况和生境因子的病害预测方法已经被证明可以显著提高预测模型的精度，成为国内外病害预测研究的新趋势（Oerke等，2020）。

9.1.1　作物病害气象预测研究进展

作物病害的发生需要适宜的生境条件（Chen，2020）。孢子生存，萌发和侵染需要适宜的生境，如温度、湿度和降雨，一些学者通过解析生境因子与病害之间的响应关系，并结合统计模型对病害的整体发生趋势进行预测（Rapilly，1979；Line，2002；Birr等，2019）。例如，曾士迈等（1981）基于田间收集的生境条件结合统计模型，成功建立了我国第一个小麦条锈病预测模型，为小麦条锈病防治提供科学指导。Melugin等（1984）基于1961—1981年美国太平洋西北部三个地区（Lind、Pullman和Walla）的小麦条锈病病情指数数据，利用气象数据结合回归模型，构建了不同区域的小麦条锈病预测模型，并利用两年的数据进行交叉验证，结果显示，三个区域的预测R^2均高于0.6，成功证明了气象数据结合统计模型在作物病害预测领域的可行性。Meyer等（2014）通过线性回归分析了卢森堡地区2009—2012年的小麦赤霉病发生情况与生境条件之间的关系，结果表明小麦赤霉病的发生与小麦开花前后一周的平均降雨量呈显著正相关。姚卫平（2016）基于1991—2015年小麦赤霉病严重度数据和逐年3月各旬平均气象数据，利用逐步回归分析结合灰度关联分析，开展了小麦赤霉病预测方法研究，阐明了对赤霉病敏感的生境因子，并成功预测了研究区赤霉病发生等级，预测精度超过85%。李登科等（2019）利用回归分析方法结合气象数据构建了小麦条锈病预测模型，结果显示条锈病的发生受冬季温度和初春降水量影响。Amrater等（2021）基于2017—2019年大豆叶枯病地面调查数据和周气象数据（最高最低气温、早晚湿度和降雨量、日照时数和雨日数），分析了病害严重度与气象数据之间的关系，表明周平均最高气温和平均相对湿度，加上前一周降雨量和雨日数与大豆叶枯病密切相关。

国内外植保专家多年研究已经基本实现对大多数作物病害流行的气象条件的了解，为作物病害预测模型中气象参数的选择提供理论支撑。此外，数值分析技术迅速发展，使得病害预测模型构建方法逐渐多样化（Moshou等，2004；Franke等，2007；黄林生等，2018）。Lankin等（2008）基于22年的地面调查数据以及历史天气数据，利用人工神经网络开展了大麦黄矮病预测方法研究，结果显示，人工神经网络模型（R^2 =0.83）预测精度要显著优于多元回归模型（R^2=0.68）。Allen-Sader等（2019）利用数值天气预报数据（numerical weather prediction，NWP）获取温度、湿度和太阳辐射，并结合环境适宜性模型，构建疾病预测系统来评估埃塞俄比亚的条锈病风险。Jarroudi等（2020）使用蒙特卡罗模拟方法确定了有利于小麦条锈病发生的降雨、相对湿度和气温的最佳范围，并建立了两个基于天气的模型来预测摩洛哥和卢森堡的条锈病严重程度。

作物病害的发生发展几乎贯穿作物整个生育期，对作物病害进行时序预测能够为植保部门提供更精细的指导建议。作物病害的发生发展以及空间扩散与生境条件密切相关，对于气传性真菌病害，病菌可以借助气流升降进行远距离扩散，造成大范围病害发生。因此，及时有效地预测病害的空间扩散对病害防控十分重要。在作物病害时序预测研究方面，李成文等（2007）基于理查德函数构建了病害时序预测模型，对水稻纹枯病的发生发展过程中的相对严重度进行预测，预测的平均精度达93.4%。Van（1963）基于作物病害从潜伏到感染，再到移除的变化过程，提出病害发生发展过程机理的分析框架（susceptible-exposed-infected-removed，SEIR），为作物病害预测提供了一种可行性方案。Savary等（2012）基于SEIR框架，利用气象与模型耦合的方法，成功构建了用于预测全球水稻病害的EPIRICE模型。Kim等（2015）利用RCP 4.5和RCP 8.5数据结合EPIRICE模型开展了水稻不同病害的未来发展趋势研究。Yang等（2017）基于2010—2012年小麦返青期、拔节期、抽穗期和乳熟期的调查数据，利用贝叶斯网络模型结合病害发生前一周的平均温度、湿度、降雨和日照等生境因子，开展了县级尺度的小麦条锈病时序预测方法研究。Xiao等（2019）基于1981—2011年印度地区棉花病虫害数据，利用长短期记忆网络模型结合37个气象特征构建了棉花病虫害的时序预测模型，对未来一周、两周和一个月的病虫害发生程度进行预测。结果显示，在三个时期，预测模型的预测精度均超过0.9。Meyer等（2017）利用拉格朗日扩散模型结合全球气象数据，成功预测了条锈病的扩散路径和严重程度。

9.1.2 作物病害遥感预测研究进展

近年来，随着各类星载的高时空分辨率遥感数据的不断更新，使得大范围、高精度预测病害的发生发展成为可能。受病害胁迫后，作物叶冠色素含量、含水量、生物量和细胞结构等指标均会发生响应。这些指标可以通过由遥感影像计算得到的植被指数来表征（Zhang等，2019）。Rouse等（1974）利用近红外和红波段的归一化差值构建了NDVI指数，在估算作物生物量方面取得了良好的结果。Fensholt等（2003）基于MODIS数据，利用近红外和短波红外波段构建了短波红水分胁迫指数（shortwave infrared water stress index，SIWSI），成功用于表征半干旱萨赫勒环境中冠层水分胁迫。Merzlyak等（1999）和Zheng等（2018）利用红边波段和可见光波段构建了红边指数植被衰减指数（plant senescence reflectance index，PSRI），发现其对叶绿素含量和植被健康状况敏感。有学者通过分析植被指数与作物病害之间的关系，筛选出能够表征病害胁迫下寄主生长状况的植被指数，构建病害的预测模型对病害的空间分布情况进行预测。Dutta等（2014）利用IRS-P6卫星数据提取NDVI和地表水指数（land surface water index，LSWI），结合光谱轮廓分析方法构建了条锈病发生区域预测模型。Du等（2019）利用RapidEye卫星数据计算植被指数，并结合3种分类方法实现了对小麦条锈病灌浆期发病情况高精度预测。

9.2 多源数据结合预测小麦赤霉病

目前气象和遥感数据相结合进行作物病害预测研究已经非常广泛，但是多数预测模型无法同时对作物病害的发展趋势和不同时期的发病状况进行有效预测。本章提出了一种基于SEI模型融合预测气象数据和角度矢量化遥感数据的小麦赤霉病预测方法，以实现对小麦赤霉病的发展趋势和不同时期的发病状况预测。具体研究流程如图9-1所示，本节将对其进行详细阐述。

9.2.1 研究区域与数据

研究区位于安徽省中部，包含合肥市（肥东县，长丰县）、滁州市（凤阳县，定远县）和蚌埠市龙子湖区，处于长江中下游冬麦区与黄淮麦区交界地带，属于亚热带季风气候，夏季高温多雨（图9-2）。在小麦扬花期的雨季，气候湿润、降雨较多的环境条件会增加小麦感染赤霉病的风险。近年来，随着全球温室效应逐渐加重，该地区小麦赤霉病的流行趋势逐渐加重，是典型的小麦赤霉病高发区。研究区地势平坦，展示了研究区高程专题制图信息。

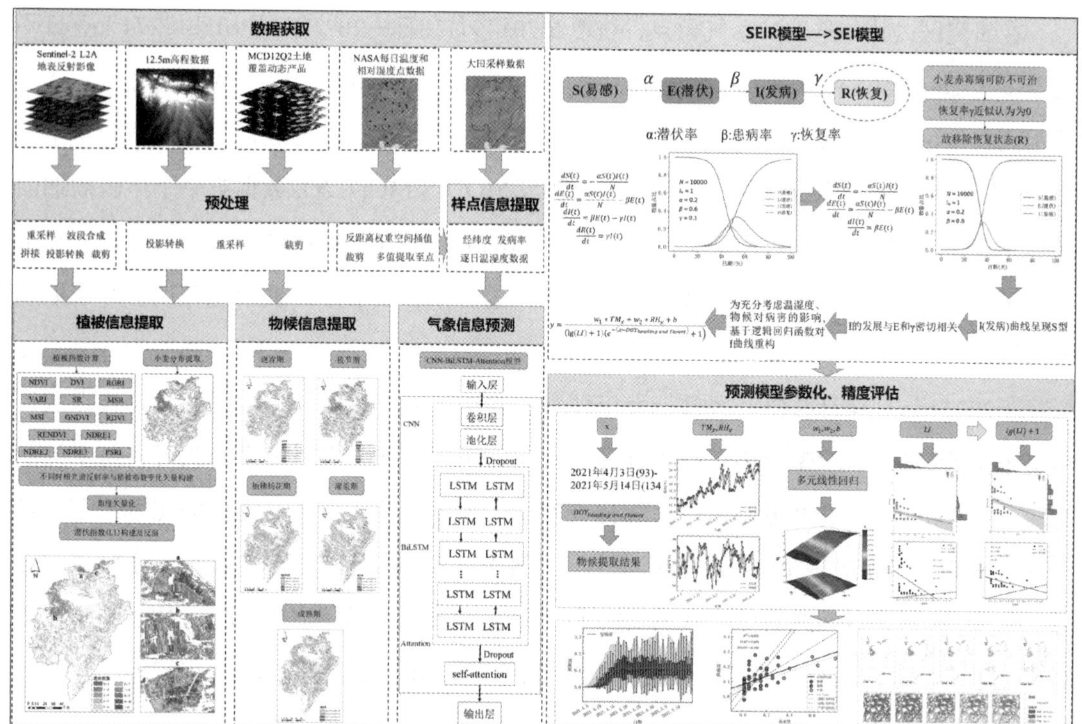

图9-1彩图

图 9-1　技术流程图

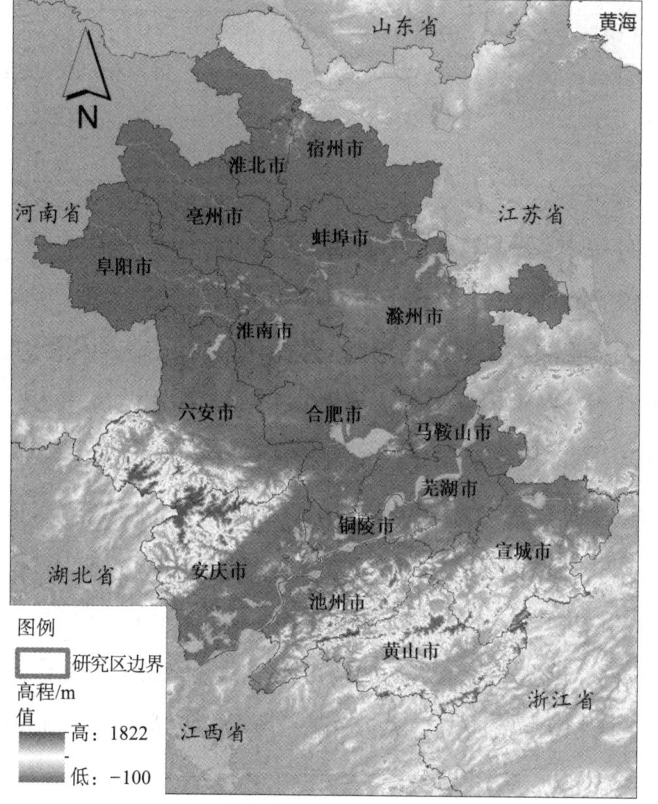

图9-2彩图

图 9-2　研究区概况

在研究区内均匀选取28个气象点，获取2020年9月10日—2021年6月10日共274天逐日平均温度（temperature，TM）和平均相对湿度（relative humidity，RH）数据。然后，通过反距离权重法（inverse distance weighted，IDW）对气象站点数据进行空间插值和重采样至10m分辨率以方便数据分析。此外，对2021年MODIS MCD12Q2数据第一个生长周期的MidGreenup、Maturity、Peak、Senescence和MidGreendown数据进行投影转换、裁剪和重采样至10m分辨率，结合先验知识，提取小麦的返青期、拔节期、抽穗扬花期、灌浆期和成熟期时间。

于2021年5月14日在研究区进行大田调查，共采集61个地面样点病害信息。样点病害信息采集严格按照GB/T 15796—2011《小麦赤霉病测报技术规范》手册执行，每个样点对应一个10m×10m的样方。通过计算样方发病的小麦穗数占调查总穗数的比率，记录样点的病穗率，以此代表相应田块的发病率。在规范中，小麦赤霉病发生程度基于病穗率划分为5个等级，但综合考虑农业生产的实际与研究需要将小麦赤霉病发生程度分为3个等级：健康（0≤病穗率≤10%），轻微（10%<病穗率≤30%），严重（病穗率>30%）。具体等级划分如表9-1所示。

表 9-1　小麦赤霉病发生程度

等级	1 级	2 级	3 级	4 级	5 级
病穗率 /%	0.1< 病穗率≤ 10	10< 病穗率≤ 20	20< 病穗率≤ 30	30< 病穗率≤ 40	40< 病穗率
发生程度	轻发生	偏轻发生	中等发生	偏重发生	大发生
研究程度	健康	轻微		严重	

本章使用的高分辨率多光谱数据来自欧洲航天局哥白尼数据中心，由Sentinel-2卫星搭载的多光谱成像仪（multispectral imager，MSI）获取。Sentinel-2卫星星座每隔5天可对地球同一地点进行重复观测，主要用于包括陆地植被、土壤以及水资源、内河水道和沿海区在内的全球陆地观测。数据覆盖可见光到短波红外范围内共13个波段，空间分辨率分别有10m、20m和60m，可以提供高质量的地表特征信息（表9-2）。Sentinel-2数据在红边范围含有三个波段的数据，这对监测植被健康信息非常有效。共收集了覆盖研究区的6期（2020年10月23日、2020年12月17日、2020年3月22日、2021年4月6日、2021年5月1日和2021年6月5日）Sentinel-L2A数据，其下载与预处理（10m重采样、波段合成、拼接、投影转换、裁剪）由谷歌地球引擎（google earth engine，GEE）云平台完成（Gorelick等，2017）。Sentinel-2多光谱数据波段信息如表9-2所示。本章基于Sentinel-2数据计算了14个与小麦生长状态、植被覆盖率和色素含量相关的植被指数（vegetation index，VIs），以捕捉由小麦赤霉病感染引起的生理生化参数变化。植被指数的计算公式详见表9-3。

表 9-2　Sentinel-2 数据波段参数

波段号	Sentinel-2A		Sentinel-2B		空间分辨率 /m
	中心波长 /nm	带宽 /nm	中心波长 /nm	带宽 /nm	
波段 1- 沿海气溶胶	442.7	21	442.3	21	60
波段 2- 蓝波段（B）	492.4	66	492.1	66	10
波段 3- 绿波段（G）	559.8	36	559	36	10
波段 4- 红波段（R）	664.6	31	665	31	10
波段 5- 红边波段 1（Re1）	704.1	15	703.8	16	20
波段 6- 红边波段 2（Re2）	740.5	15	739.1	15	20
波段 7- 红边波段 3（Re3）	782.8	20	779.7	20	20
波段 8- 近红外（NIR）	832.8	106	833	106	10
波段 8A- 窄近红外（SNIR）	864.7	21	864	22	20
波段 9- 短波红外（SWIR）	945.1	20	943.2	21	60
波段 10- 短波红外（SWIR）	1373.5	31	1376.9	30	60
波段 11- 短波红外 1（SWIR1）	1613.7	91	1610.4	94	20
波段 12- 短波红外 2（SWIR2）	2202.4	175	2185.7	185	20

注：Sentinel-2A数据是在Sentinel-2C数据基础上进行大气校正的产品，故没有B10（卷云）波段。

表 9-3　植被指数相关信息

植被指数	计算公式	参考文献
NDVI	$(R_{NIR}-R_{RED})/(R_{NIR}+R_{RED})$	（Rouse 等，1974）
DVI	$R_{NIR}-R_{RED}$	（Roujean & Breon, 1995）
RGRI	R_{RED}/R_{GREEN}	（Saberioon 等，2014）
VARI	$(R_{GREEN}-R_{RED})/(R_{GREEN}+R_{RED}-R_{BLUE})$	（Gitelson 等，2002）
SR	R_{NIR}/R_{RED}	（Jordan, 1969）
MSR	$(R_{NIR}/R_{RED}-1)/(R_{NIR}/R_{RED}+1)^{1/2}$	（Chen, 1996）
MSI	R_{SWIR1}/R_{NIR}	（Hunt & Rock, 1989）
GNDVI	$(R_{NIR}-R_{GREEN})/(R_{NIR}+R_{GREEN})$	（Gitelson 等，1996）
RDVI	$(R_{NIR}-R_{RED})/(R_{NIR}+R_{RED})^{1/2}$	（Roujean & Breon, 1995）
RENDVI	$(R_{RE2}-R_{RE1})/(R_{RE2}+R_{RE1})$	（Gitelson & Merzlyak, 1994）
NDRE1	$(R_{NIR}-R_{RE1})/(R_{NIR}+R_{RE1})$	（Gitelson & Merzlyak, 1994）
NDRE2	$(R_{NIR}-R_{RE2})/(R_{NIR}+R_{RE2})$	（Gitelson & Merzlyak, 1994）
NDRE3	$(R_{NIR}-R_{RE3})/(R_{NIR}+R_{RE3})$	（Gitelson & Merzlyak, 1994）
PSRI	$(R_{RED}-R_{BLUE})/R_{RE2}$	（Merzlyak 等，1999）

9.2.2　小麦种植分布提取

遥感图像分类是一种对遥感技术获取的图像数据进行分析和归类的过程。在这一过程中，通过评估遥感图像中像素的反射率、辐射特性或其他相关特征，将其分配到不同的地物类别中，以实现对图像中地物类型（如植被、水体、建筑、道路等）的识别和提取。通过遥感技术开展冬小麦参数（如叶面积指数、地上生物量、叶片叶绿素）估算之前，准确获取冬小麦种植空间的分布信息至关重要。不精准的冬小麦空间信息，将会增加冬小麦参数估算误差，降低冬小麦参数估算结果的可靠性。

监督分类最大的特点是需要图像地物的先验知识，其整个过程可以简单理解为让算法学习被确认了类别的训练样本，进而去识别其他未知类别的像元。先验知识即训练样本，可以由野外调查、目视解译方法获得。监督分类算法对每类训练样本进行特征提取，根据提取的特征对自身的判决函数进行训练，进而让判决函数区分各种样本类别。随后用训练好的判决函数对其他待分类数据进行分类，将每个待分类像元都划分到与其最相似的已知类别中。监督分类一般分为3个步骤：创建训练样本、执行监督分类、分类后处理及分类评价。通过对比6期研究区Sentinel-2影像，发现2021年5月1日的影像植被信息最丰富，且无云层干扰，对小麦有最好的可分辨性，故选择该时期影像进行目视解译，创建训练样本。根据大田调查数据和卫星影像，将地物种类分为小麦、其他植被、房屋、道路、裸地和水体六类，不同地物种类影像特征如表9-4所示。

表 9-4　不同地物影像特征及解译标注样例

地物类别	影像特征	解译标注样例	地物特征描述
小麦			墨绿色，田块清晰，呈规则状的连块分布，纹理均匀
其他植被	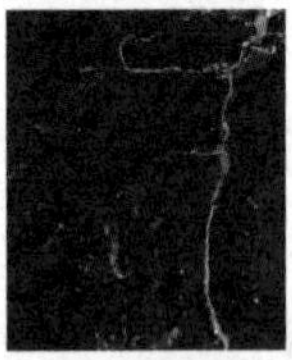		浅绿色，大面积分布，地块不规则较多，纹理均匀，有少量土壤裸露
房屋			颜色鲜艳，形状规则
道路		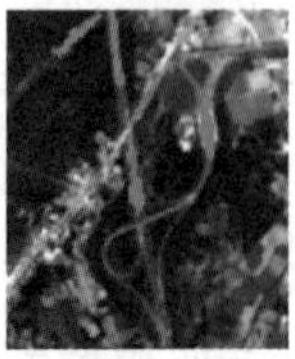	色调均匀，形状规则

续表

地物类别	影像特征	解译标注样例	地物特征描述
裸地			橙黄色，色调均匀，容易识别
水体			水体面积越大，颜色越深，坑塘面积不大，边界明显，形状多样；河流等呈规则的弯曲长条状；湖泊水域面积较大，颜色较深，形状不规则

共选取360个样本，其中小麦样本100个，其他植被20个，房屋30个，道路30个，裸地100个，水体80个。采用ENVI中的Jeffries-Matusita（J-M）距离指标来检验样本的可分离性。J-M距离是一种基于条件概率理论的光谱分离性指标，其范围为[0，2]，大于1.9表示样本之间可分离性好，认为是合格样本。若小于1.8，需要编辑或重新选择样本；如果小于1，则需要考虑将两种样本合并为一种。本章为了验证监督学习选取样本的可信度，计算了小麦与其他地物的样本可分离度（表9-5）。

表 9-5　小麦作为训练样本可分离性统计报表

地物关系	可分离度	地物关系	可分离度
小麦与其他植被	2.00000000	小麦与裸地	1.99999995
小麦与房屋	1.99992942	小麦与水体	2.00000000
小麦与道路	1.99992716		

基于专家知识的决策树分类是指通过人工经验总结和数学归纳法，利用遥感数据和其他辅助空间数据，获得一系列区分地物分类规则的分类方法。这种分类方法最大的特点是易于理解，分类过程符合人类的认知过程。决策树分类一般包括四个步骤：定义分类规则、构建决策树、执行决策树、分类后处理。本章小麦种植分布提取采用的决策树结构如图9-3所示。

其中MNDWI表示改进归一化差异水体指数，其计算公式如下：

$$MNDWI=(R_{GREEN}-R_{SWIR})/(R_{GREEN}+R_{SWIR}) \tag{9-1}$$

式中，R_{GREEN}和R_{SWIR}对应Sentinel-2A/B的Band3和Band11的光谱反射率。该指数是在归一化差异水体指数（NDWI）（McFEETERS，1996）的基础上改进的，可用于快速、准确地提取水体信息。

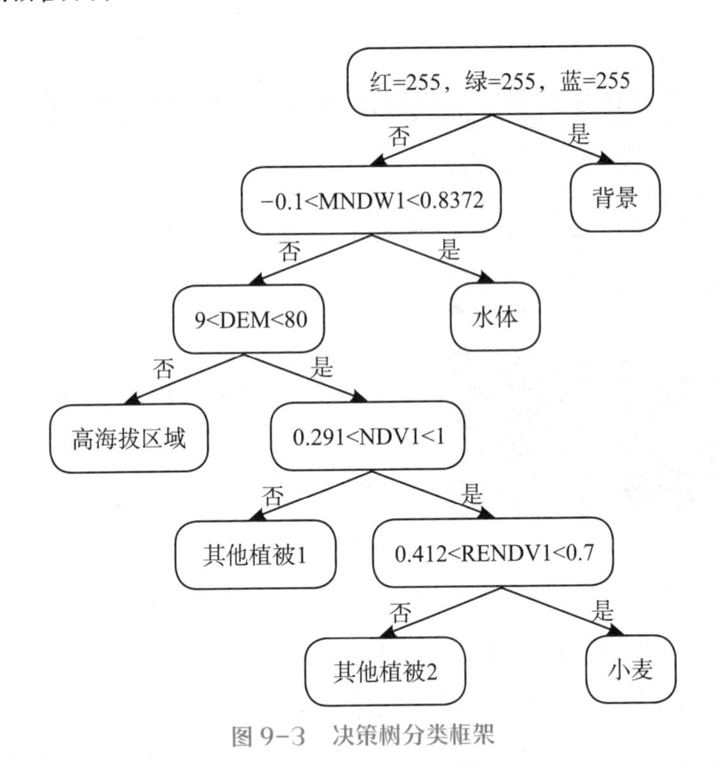

图 9-3　决策树分类框架

面向对象分类法与传统分类法相比最大的不同是，面向对象分类法的操作尺度单元不是以单个像元为基础，而是以影像对象为基础，它是一种智能化的自动影像分析方法。现实世界中的物体是指一个地理实体或地理现象，而面向对象分类中的物体是指通过图像分割得到的一块图斑，称为图像物体或图像物体单元。面向对象分类过程包括三个步骤：图像分割，特征选择，建立规则及分类。由于该方法具有分类精度高、避免“椒盐现象”、分类结果易于解释等特点，近年来在作物种植面积提取方面应用比较广泛（陈燕丽等，2011）。本章借助ENVI中Segment Only Feature Extraction Workflow工具快速实现了面向对象分类。

无论是监督分类、决策树分类还是面向对象分类，最初得到的分类结果都不能满足最终的应用需求，不可避免会产生一些小面积斑点。无论是从专题制图的角度，还是从实际应用的角度，都有必要对这些小斑点进行剔除或重新分类。常用的方法包括聚类处理、过滤处理和Majority/Minority分析等。

9.2.3　病害特征提取模型

变化向量分析法（change vector analysis，CVA）由简单差分法扩展而来，是简单差分的方法在多光谱影像中的形式。通过对不同时期影像各个波段或植被指数进行差值运算，求得每个像素在各个波段或植被指数的变化量，再由各个波段或植被指数的变化量组成变化向量（Lambin & Strahlers，1994；Bovolo & Bruzzone，2006；Siwe & Koch，2008）。变化向量分析法可以利用全部的波段或植被指数来探测变化像元，因此避免了单一波段或植被指数比较带来的信息不完整，而且可以通过变化向量的方向提供变化类型的信息。变化向量幅度描述了从第一阶段到第二阶段的光谱反射率和植被指数变化，用欧氏距离表示（He等，2011）。基于Sentinel-2的12个波段和与小麦赤霉病相关的14个植被指数分别构建12维和14维空间向量。对不同时期的光谱反射率和植被指数空间向量作差得到变化向量，时相1到时相2的光谱反射率和植被指数变化向量如下（Chen等，2003）：

$$\Delta SR=\left[\delta SR_1,\delta SR_2,\delta SR_3,\cdots,\delta SR_{11},\delta SR_{12}\right]^T=\begin{pmatrix} SR_{11}-SR_{21} \\ SR_{12}-SR_{22} \\ SR_{13}-SR_{23} \\ \vdots \\ SR_{111}-SR_{211} \\ SR_{112}-SR_{212} \end{pmatrix} \tag{9-2}$$

$$\Delta VI=\left[\delta VI_1,\delta VI_2,\delta VI_3,\cdots,\delta VI_{13},\delta VI_{14}\right]^T=\begin{pmatrix} VI_{11}-VI_{21} \\ VI_{12}-VI_{22} \\ VI_{13}-VI_{23} \\ \vdots \\ VI_{113}-VI_{213} \\ VI_{114}-VI_{214} \end{pmatrix} \tag{9-3}$$

式中，Δ SR和Δ VI分别表示时相1到时相2的光谱反射率或植被指数的变化向量。δSR_1和δVI_1分别表示第一个波段和第一个植被指数从时相1到时相2的差值。从时相1到时相2的光谱反射率或植被指数变化向量的幅度计算为12维或14维空间中两点之间的欧几里得距离（Chen et al., 2003）：

$$\|\Delta SR\|=\sqrt{\delta SR_1^2+\delta SR_2^2+\delta SR_3^2+\cdots+\delta SR_{11}^2+\delta SR_{12}^2} \tag{9-4}$$

$$\|\Delta VI\|=\sqrt{\delta VI_1^2+\delta VI_2^2+\delta VI_3^2+\cdots+\delta VI_{13}^2+\delta VI_{14}^2} \tag{9-5}$$

为减少个别光谱反射率和植被指数变化过大或过小对向量幅度的影响，将变化向量转换为角度向量。角度由光谱反射率或植被指数变化量与变化向量幅度比值的反余弦计算得到（Song & Cheng，2011）：

$$\delta\theta_{SR_i}=\arccos\frac{\delta SR_i}{\|\Delta SR\|} \tag{9-6}$$

$$\delta\theta_{VI_j}=\arccos\frac{\delta VI_j}{\|\Delta VI\|} \tag{9-7}$$

式中，$\delta\theta_{SR_i}$和θ_{VI_j}代表两时相光谱反射率（i=1，2，…，11，12）和植被指数（j=1，

2，…，13，14）变化角度。从时相1到时相2的光谱反射率和植被指数角度变化向量与式（9-2）和式（9-3）类同：

$$\Delta\theta_{\mathrm{SR}}=\left[\delta\theta_{\mathrm{SR}_1},\delta\theta_{\mathrm{SR}_2},\delta\theta_{\mathrm{SR}_3},\cdots,\delta\theta_{\mathrm{SR}_{11}},\delta\theta_{\mathrm{SR}_{12}}\right]^{\mathrm{T}} \tag{9-8}$$

$$\Delta\theta_{\mathrm{VI}}=\left[\delta\theta_{\mathrm{VI}_1},\delta\theta_{\mathrm{VI}_2},\delta\theta_{\mathrm{VI}_3},\cdots,\delta\theta_{\mathrm{VI}_{13}},\delta\theta_{\mathrm{VI}_{14}}\right]^{\mathrm{T}} \tag{9-9}$$

角度变化向量幅度计算方法与式（9-4）和式（9-5）类同：

$$\|\Delta\theta_{\mathrm{SR}}\|=\sqrt{\delta\theta_{\mathrm{SR}_1}^{\ 2}+\delta\theta_{\mathrm{SR}_2}^{\ 2}+\delta\theta_{\mathrm{SR}_3}^{\ 2}+\cdots+\delta\theta_{\mathrm{SR}_{11}}^{\ 2}+\delta\theta_{\mathrm{SR}_{12}}^{\ 2}} \tag{9-10}$$

$$\|\Delta\theta_{\mathrm{VI}}\|=\sqrt{\delta\theta_{\mathrm{VI}_1}^{\ 2}+\delta\theta_{\mathrm{VI}_2}^{\ 2}+\delta\theta_{\mathrm{VI}_3}^{\ 2}+\cdots+\delta\theta_{\mathrm{VI}_{13}}^{\ 2}+\delta\theta_{\mathrm{VI}_{14}}^{\ 2}} \tag{9-11}$$

角度变化向量的幅度越大，对病害胁迫的感知越明显，发病越严重。

卷积神经网络（convolutional neural network，CNN）能够对时间序列数据进行特征提取，但不能发掘出时间序列数据中的长依赖问题；双向长短期记忆网络（Bi-directional long short-term memory，BiLSTM）能够很好地对时间序列数据进行学习，解决CNN不能处理的长依赖问题，因此将CNN和BiLSTM组合构成CNN-BiLSTM模型能够充分发挥各自神经网络模型的优点，从而提高模型的预测精度。但CNN-BiLSTM模型在使用输入项多、数据量大的时间序列数据进行模型训练时，可能存在着忽略部分时刻数据的重要特征信息，导致模型学习能力下降，从而影响模型预测精度。注意力（Attention）模块能够捕获时间序列中不同时刻数据的特征状态对预测值的影响程度，本研究在CNN-BiLSTM模型的基础上引入Attention。

基于CNN-BiLSTM-Attention的预测模型结构如图9-4所示，该模型由输入层、CNN层（卷积层和池化层）、BiLSTM层（前向LSTM层和后向LSTM层）、Attention层、输出层构成。使用CNN-BiLSTM-Attention模型进行预测时，输入层将对应的特征数据输入；CNN层中的卷积层对输入的数据进行特征提取，选取重要特征数据，池化层对特征数据进行降维处理；BiLSTM层将CNN层提取特征降维后的数据分别通过前向和后向链式连接的多个LSTM单元进行时间序列数据计算得到输出数据；Attention层计算不同时刻数据的特征状态对预测值的注意力值，得到时间序列各项数据与预测值的关联性；输出层对Attention层输出的数据进行输出计算，得到预测值。

易感-潜伏-发病-恢复（susceptible-exposed-infected-removed，SEIR）模型是现在较为成熟流行病预测模型，所研究的传染病具有一定时间的潜伏期，与发病个体接触的易感个体并不会马上患病，而是成为病原体的携带者。该模型通过给出4组描述病害不同状态（易感、潜伏、发病和恢复状态）之间的动态关系对病害发生发展过程进行描述（Kermack & McKendrick，1927; Madden & Botanical，2006）。

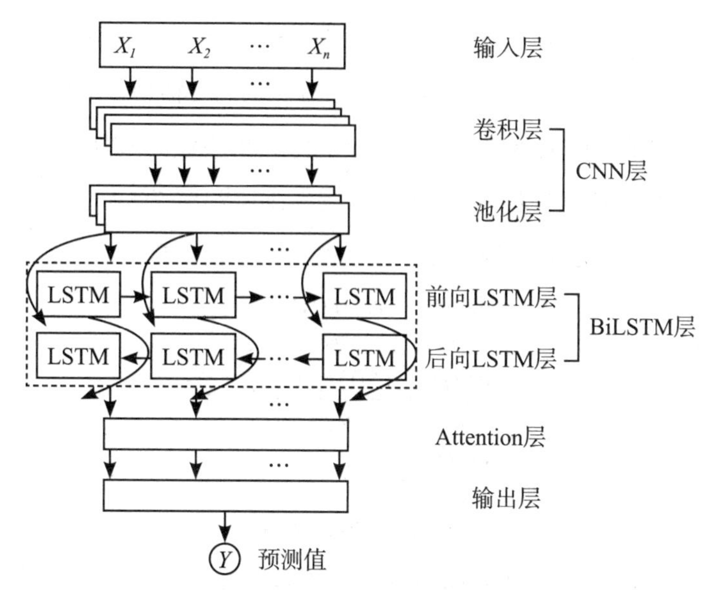

图 9-4　CNN-BiLSTM-Attention 模型结构

$$\begin{cases}\dfrac{\mathrm{d}S(t)}{\mathrm{d}t}=-\dfrac{\alpha S(t)I(t)}{N}\\ \dfrac{\mathrm{d}E(t)}{\mathrm{d}t}=\dfrac{\alpha S(t)I(t)}{N}-\beta E(t)\\ \dfrac{\mathrm{d}I(t)}{\mathrm{d}t}=\beta E(t)-\gamma I(t)\\ \dfrac{\mathrm{d}R(t)}{\mathrm{d}t}=\gamma I(t)\\ N=S(t)+E(t)+I(t)+R(t)\end{cases} \tag{9-12}$$

式中，$S(t)$、$E(t)$、$I(t)$和$R(t)$分别表示t时刻处于健康、潜伏、发病和恢复状态的个体数，α表示潜伏率，β表示患病率，γ表示恢复率，N表示个体总数。不考虑出生与死亡，迁入与迁出，N在任意时刻保持不变。图9-5展示了一组N、I_0、α、β和γ取值下SEIR模型发展曲线。

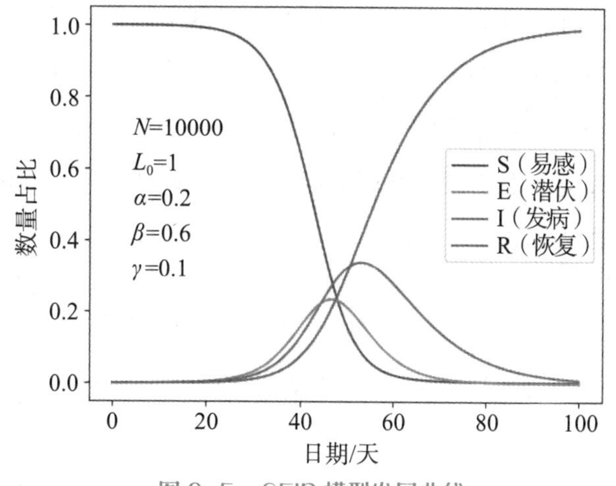

图 9-5　SEIR 模型发展曲线

小麦赤霉病是典型的温湿气候型重大流行性病害，抽穗扬花期高温高湿天气有利于病害暴发成灾（陈云等，2017）。考虑到小麦赤霉病发病传播速度非常快，一旦发病，治疗效果甚微，只能提前预防的事实，可以近似认为SEIR模型的恢复率趋近于0，即恢复状态是不存在的。故去除SEIR模型的R状态，构建易感-潜伏-发病（susceptible-exposed-infected，SEI）模型，该模型的3种状态可参考式（9-13）构建：

$$\begin{cases}\dfrac{\mathrm{d}S(t)}{\mathrm{d}t}=-\dfrac{\alpha S(t)I(t)}{N}\\ \dfrac{\mathrm{d}E(t)}{\mathrm{d}t}=\dfrac{\alpha S(t)I(t)}{N}-\beta E(t)\\ \dfrac{\mathrm{d}I(t)}{\mathrm{d}t}=\beta E(t)\\ N=S(t)+E(t)+I(t)\end{cases} \tag{9-13}$$

图9-6展示了一组N、I_0、α和β取值下SEI模型发展曲线。

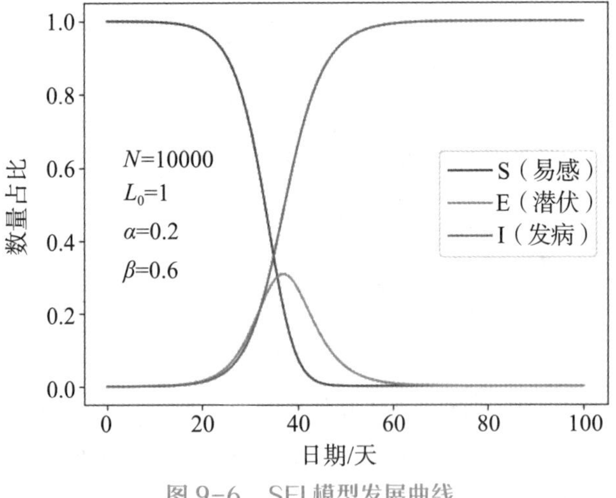

图9-6彩图

图 9-6　SEI 模型发展曲线

线性回归（linear regression，LR）是利用回归方程（函数）对一个或多个自变量（特征值）和因变量（目标值）之间关系进行建模的一种分析方式。在回归分析中，只包括一个自变量和一个因变量，它们之间的关系可以近似用一条直线来表示。如果回归分析包括两个或两个以上的自变量，且自变量和因变量之间存在线性关系，则称为多元线性回归分析。线性回归模型可以表示为

$$Y=w_0+w_1x_1+w_2x_2+\cdots+w_nx_n=\begin{bmatrix}w_0 & w_1 & w_2 & \cdots & w_n\end{bmatrix}\begin{bmatrix}x_0\\ x_1\\ x_2\\ \vdots\\ x_n\end{bmatrix} \tag{9-14}$$

取$x_0=1$，可将上式统一形式为

$$Y=\sum_{i=0}^{n} w_i x_i = w^{\mathrm{T}} x \tag{9-15}$$

式中，Y是预测函数；w是参数；x是输入。线性回归参数可通过Python基于最小二乘法或梯度下降法求出。

9.2.4 小麦赤霉病预测和分析

本小节中，采用基于混淆矩阵的总体精度（overall accuracy，OA）、制图精度（producer' s accuracy，PA）、用户精度（user' s accuracy，UA）和kappa系数等指标开展分类精度评价（Hay, 1988；Congalton, 1988）。选用决定系数（coefficient of determination，R^2）、均方根误差（root mean square error，RMSE）、平均绝对误差（mean absolute error，MAE）和平均绝对百分比误差（mean absolute percentage error，MAPE）来分析病害预测模型精度。其中，R^2、RMSE、MAE和MAPE的计算公式分别如下：

$$R^2 = 1-\frac{\sum_{i=1}^{n}(y-y_i)^2}{\sum_{i=1}^{n}(y-\bar{y})^2} \tag{9-16}$$

$$\mathrm{RMSE}=\sqrt{\frac{1}{n}\sum_{i=1}^{n}(y-y_i)^2} \tag{9-17}$$

$$\mathrm{MAE}=\frac{1}{n}\sum_{i=1}^{n}\left|y-y_i\right| \tag{9-18}$$

$$\mathrm{MAPE}=\frac{100\%}{n}\sum_{i=1}^{n}\left|\frac{y-y_i}{y}\right| \tag{9-19}$$

式中，y表示真实值；$\bar{y}$表示真实值的平均值；y_i表示预测值；n表示预测样本个数。

1. 小麦种植分布提取结果

为了对比不同分类方法小麦种植分布的提取效果，综合安徽省2022年统计年鉴、安徽省统计局、权威新闻发布，获取研究区小麦种植面积官方数据。监督分类、决策树分类和面向对象分类提取小麦种植面积与官方统计数据的差值和相对误差见表9-6。

由表9-6可以看出，采用决策树对研究区小麦种植面积进行提取要比其他方法精度更高，最终选用决策树分类提取结果作为研究区小麦空间分布的参照图。提取结果与官方统计数据的相对误差为0.57%，为进一步检验决策树分类结果是否可信，选择实地样点进行检测，总体精度达到96.27%。Kappa系数为0.94，证明决策树小麦提取结果是可靠的，能够用于预测研究。

表 9-6　不同方法提取小麦种植面积对比

提取方法	官方统计面积 / 万亩	提取面积 / 万亩	差值 / 万亩	相对误差
自适应相干估计	研究区：319.18 龙子湖区：2.7	353	33.82	10.6%
二进制编码分类		397	77.82	24.4%
约束能量最小化		1070	750.82	235.2%
马氏距离分类		168	-151.18	47.4%
最大似然分类		144	-175.18	54.9%
最小距离分类		127	-192.18	60.2%
正交子空间投影		355	35.82	11.2%
波谱角映射分类		118	-201.18	63%
光谱信息散度分类		119	200.18	62.7%
随机森林分类		153	-166.18	52.1%
神经网络分类		3.9	1.2	44.4%
面向对象分类		5.54	2.84	105.2%
决策树分类		321	1.82	0.57%

2. 气象数据预测结果

气象数据基于时间线按照3：1的比例划分为训练集和测试集。训练集的时间范围为2020年9月11日—2021年4月2日；测试集的时间范围为2021年4月3日—2021年6月9日。构建CNN-BiLSTM-Attention模型，模型参数如表9-7所示。小麦赤霉病的发生对温湿度较为敏感，在潮湿和半潮湿的小麦种植区，尤其是在气候湿润多雨的温带麦区经常性的大面积重度发生（李卫国等，2017）。利用CNN-BiLSTM-Attention模型时序预测温度和相对湿度的结果如图9-7所示。

表 9-7　CNN-BiLSTM-Attention 模型参数设置

参数类别	温度 /℃	相对湿度 /%
时间窗口	1	
LSTM 单元	256	
dropout	0.01	
Epoch	1000	5000

利用核密度图评估了温湿度的预测结果精度，如图9-8所示。由结果可知，CNN-BiLSTM-Attention对温度的预测精度高于相对湿度的预测精度，这与温度和相对湿度数据分布密切相关。其中测试集温度和相对湿度的预测R^2分别为0.891和0.574。虽然模型对相对湿度的预测精度较温度要低，但图9-7（b）显示了相对湿度预测值与真实值具有较高的趋势一致性，日平均误差在可接受范围内。

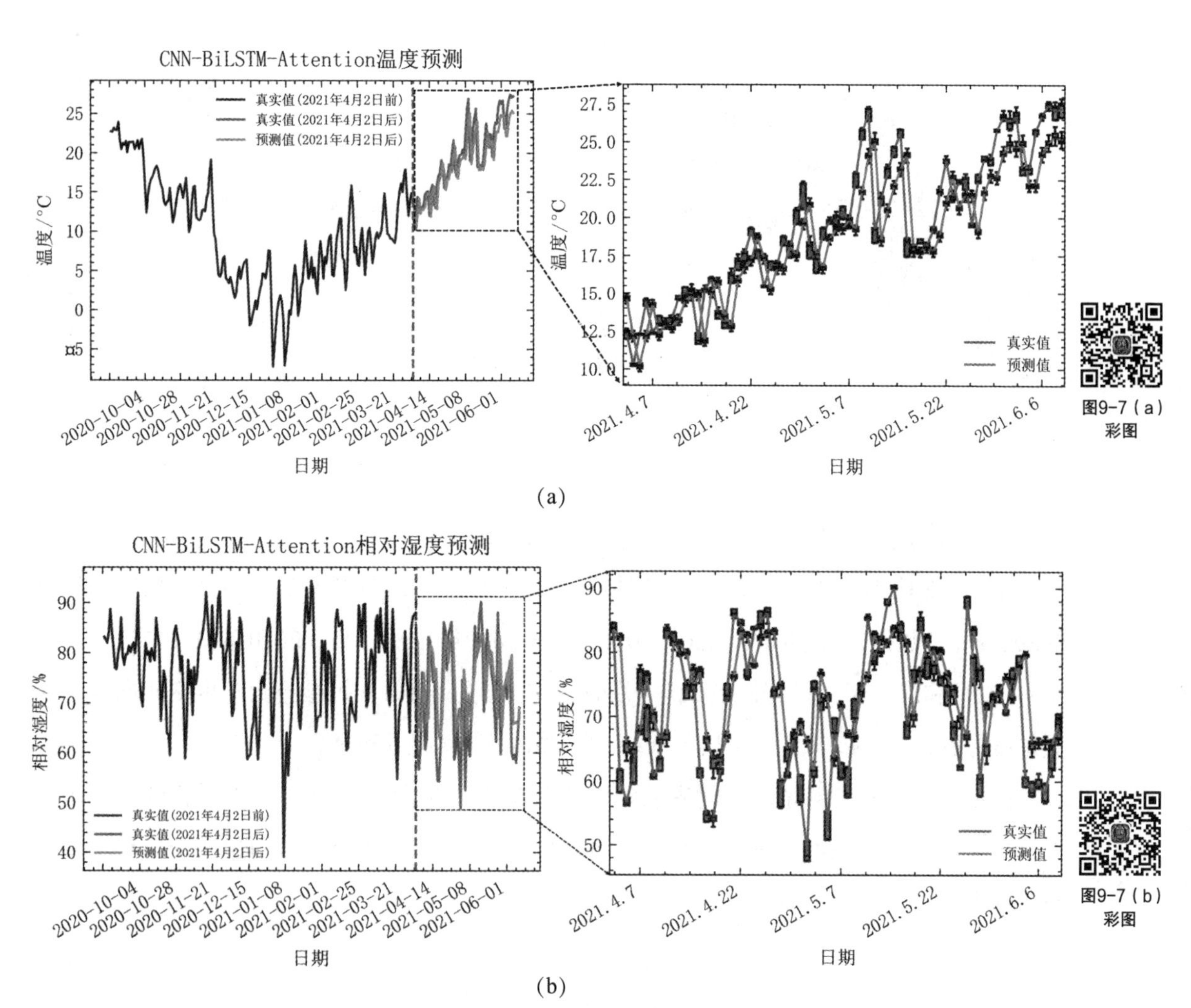

图 9-7　基于 CNN-BiLSTM-Attention 模型的温湿度预测结果

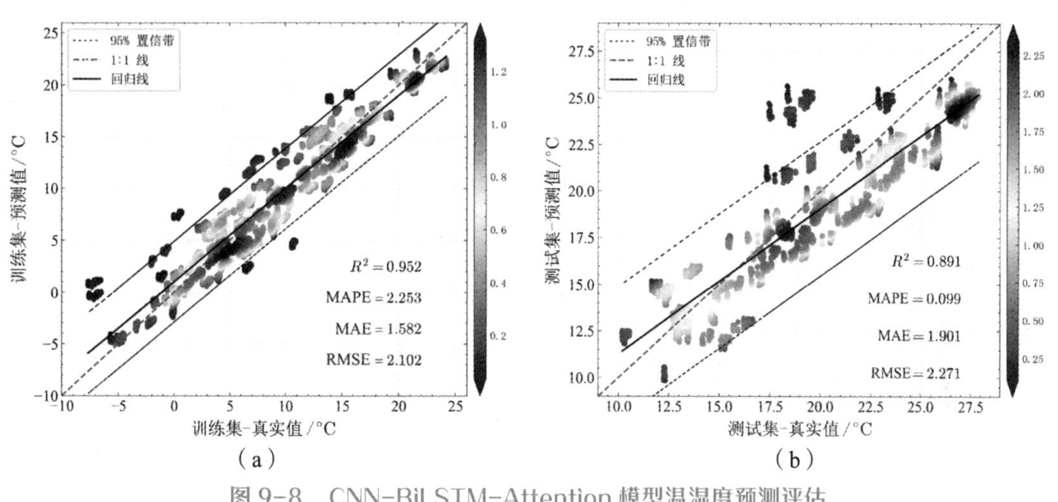

图 9-8　CNN-BiLSTM-Attention 模型温湿度预测评估

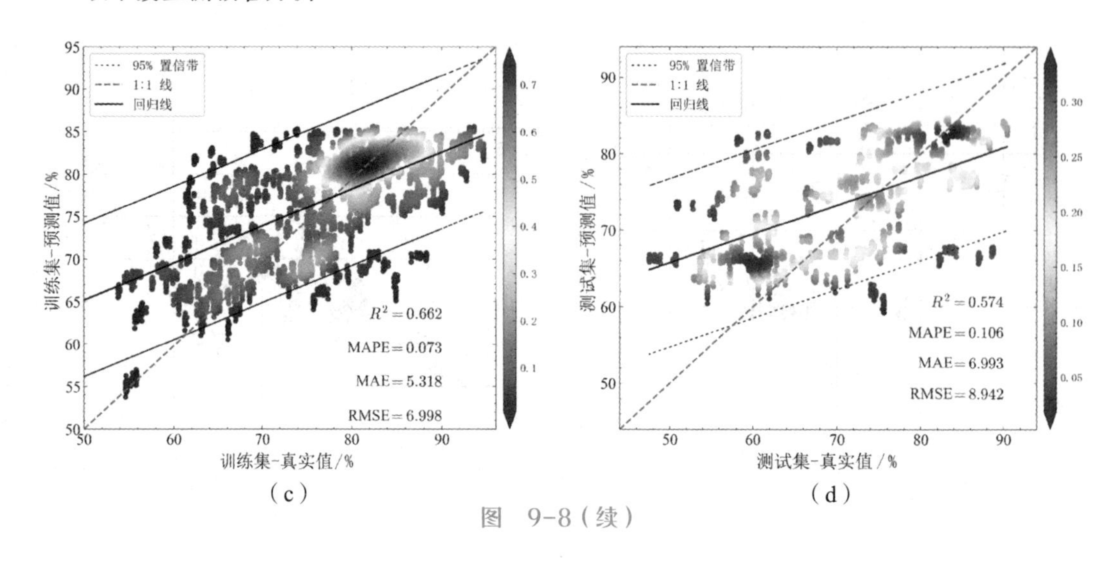

（c） （d）

图 9-8（续）

3. 潜伏指数构建

基于2020年10月23日，2020年12月17日，2021年3月22日和2021年4月6日研究区过境的Sentinel-2数据，分别构建2020年10月23日—2020年12月17日、2020年12月17日—2021年3月22日和2021年3月22日-2021年4月6共三组光谱反射率和植被指数角度变化向量，向量幅度分别记为：$\|\Delta\theta_{SR1}\|$、$\|\Delta\theta_{VI1}\|$、$\|\Delta\theta_{SR2}\|$、$\|\Delta\theta_{VI2}\|$、$\|\Delta\theta_{SR3}\|$和$\|\Delta\theta_{VI3}\|$。

图9-9中显示三组光谱反射率和植被指数角度变化向量幅度的均值，后者均高于前者，向量幅度范围为4.5～6.5（弧度）。利用三组向量幅度的余弦值构建用于指示小麦赤霉病的潜伏指数（latent index，LI）的公式如下：

$$LI=\frac{1}{\sum_{i=1}^{n}\frac{\cos\|\Delta\theta_{VRi}\|-\cos\|\Delta\theta_{SRi}\|}{\cos\|\Delta\theta_{VRi}\|+\cos\|\Delta\theta_{SRi}\|}} \tag{9-20}$$

式中，n=3。此外，潜伏指数与发病率的相关性散点图和计算结果如图分别如图9-10（a）和（b）所示。

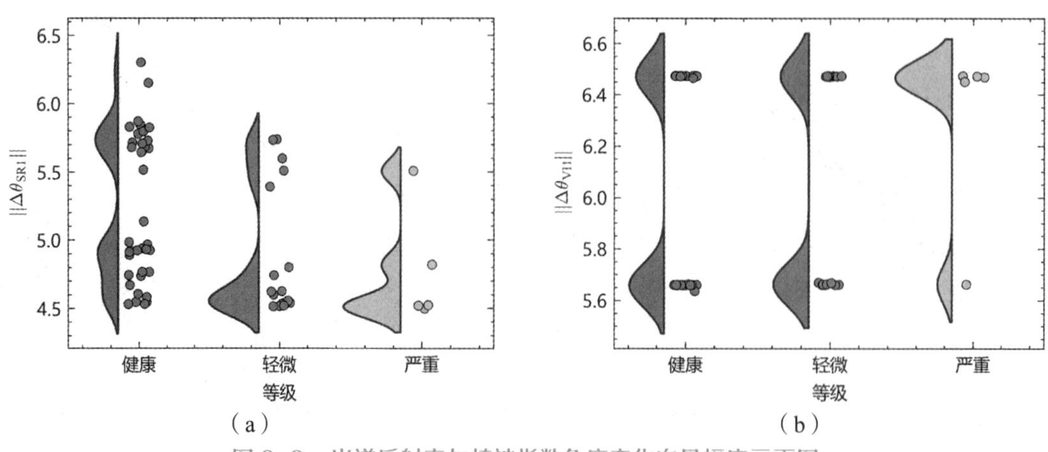

（a） （b）

图 9-9 光谱反射率与植被指数角度变化向量幅度云雨图

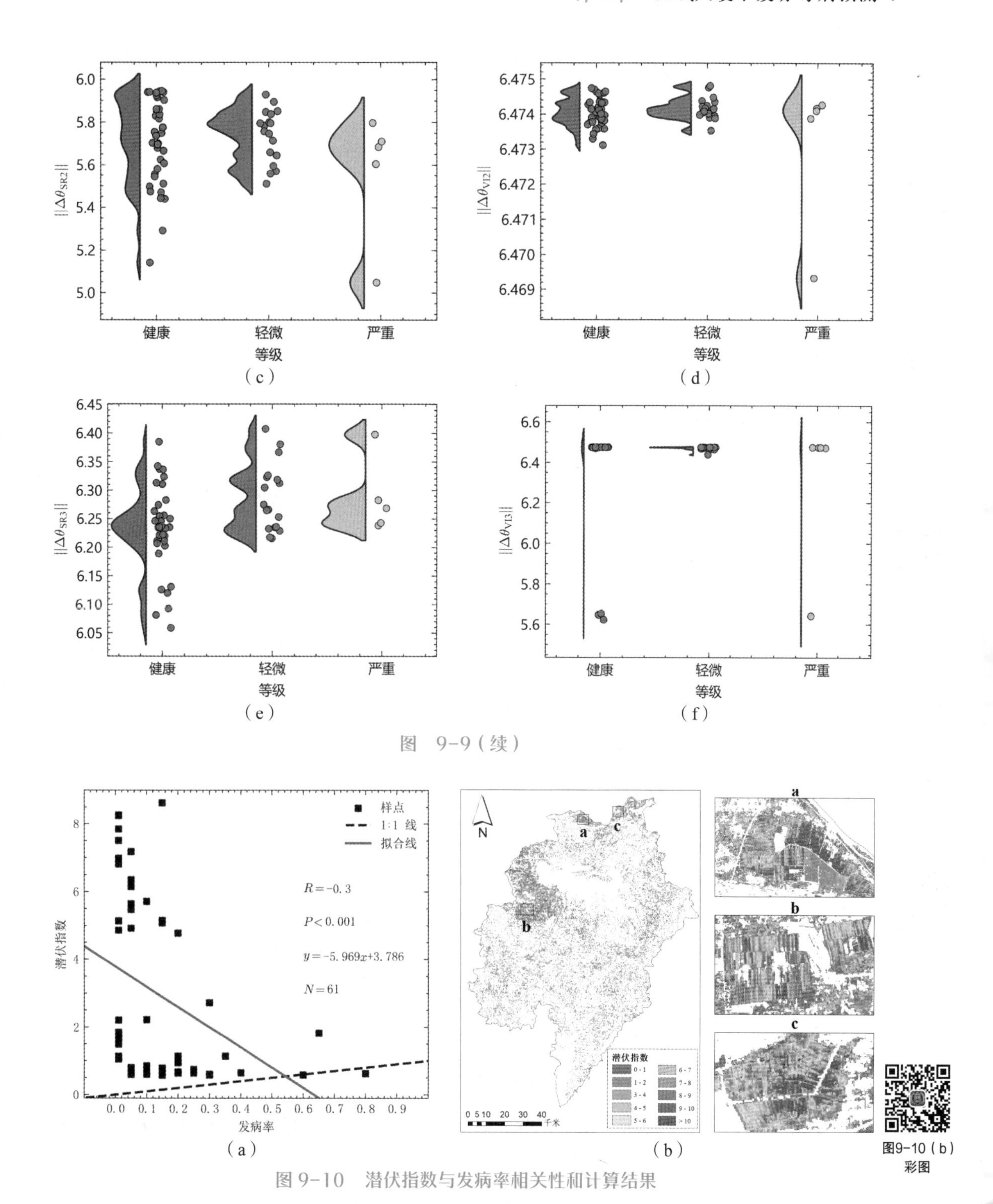

（c）（d）（e）（f）

图 9-9（续）

（a）（b）

图 9-10 潜伏指数与发病率相关性和计算结果

4. 关键生育期监测

基于MCD12Q2产品结合先验知识提取的研究区小麦返青期、拔节期、抽穗扬花期、灌浆期和成熟期如图9-11所示。本章将气象数据测试集的初始时间（2021年4月3日小麦拔节期）和大田采样时期（2021年5月14日小麦灌浆期）作为预测模型的起止时间点，共42天，涵盖小麦赤霉病防治的最佳阶段，即抽穗扬花期。

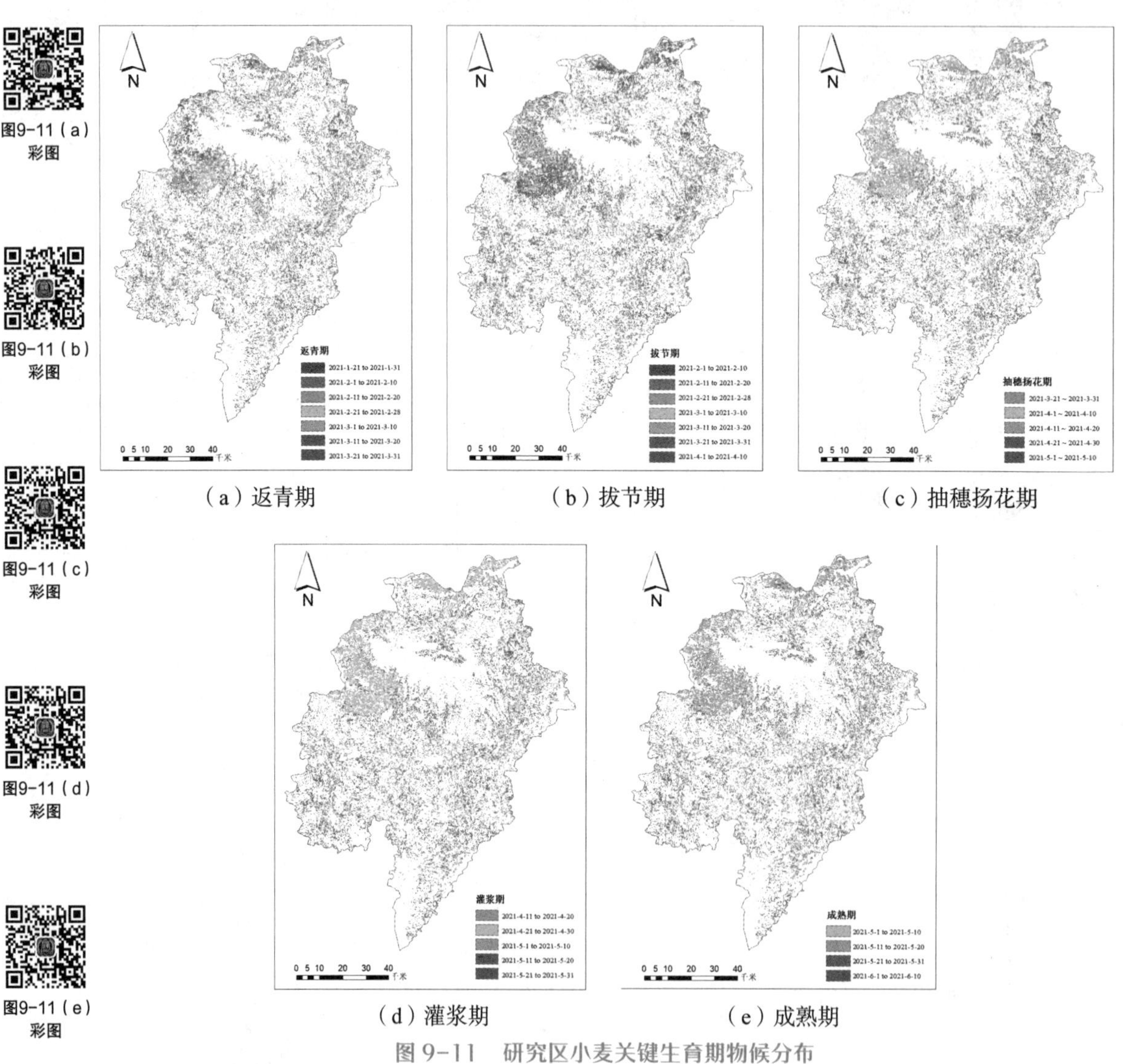

（a）返青期　（b）拔节期　（c）抽穗扬花期

（d）灌浆期　（e）成熟期

图 9-11　研究区小麦关键生育期物候分布

5. I状态微分方程重构与发病率估计

SEI模型的I（发病个体）与E（潜伏个体）和β（患病率）密切相关，为了动态模拟小麦赤霉病发病率的时序变化，并充分考虑温湿度和物候对小麦赤霉病发病的重要影响，构建关于发病率的函数表达式如下：

$$y=\frac{w_1\times \mathrm{TM}_x+w_2\times \mathrm{RH}_x+b}{(\lg(\mathrm{LI})+1)(\mathrm{e}^{\mathrm{DOY}_{\text{heading and flower}}-x}+1)} \tag{9-21}$$

式中，y表示发病率；x表示2021年的第x天；TM_x和RH_x表示第x天的预测温度和预测相对湿度；w_1、w_2、b为缓冲系数；lg（LI）+1表示改进的潜伏指数。分子决定了不同时期预测发病率的上限，分母中$e^{DOY_{heading\ and\ flower}-x}+1$决定了发病函数的时序特性，lg(LI)+1对发病率的预测结果进行微调。改进后的潜伏指数与发病率的负相关系数提升了0.08，如图9-12所示。

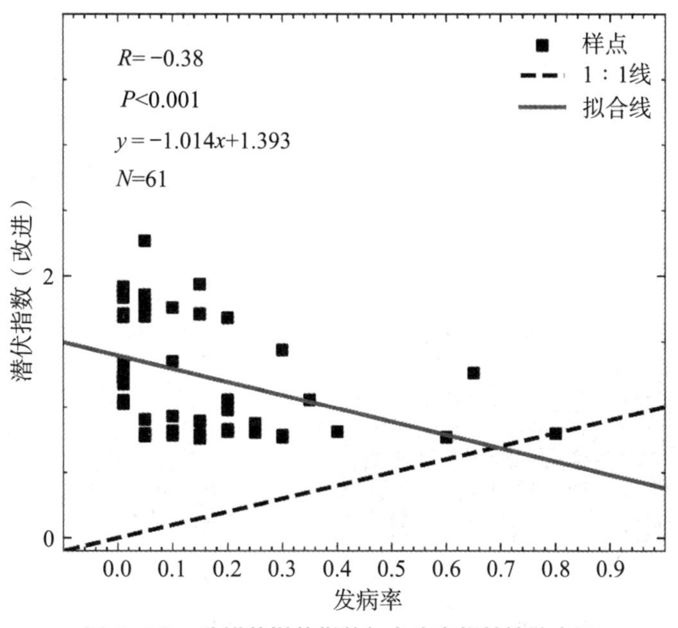

图 9-12　改进的潜伏指数与发病率相关性散点图

利用多元线性回归方法求解不同时期的SEI模型参数w_1、w_2和b，最优解的空间映射见图9-13。不同时期的w_1、w_2和b最优解可确保式（9-21）与实地样点发病率的拟合优度（R^2）有大约75%高于0.57，中位值为0.67，拟合效果较好，如图9-14所示。

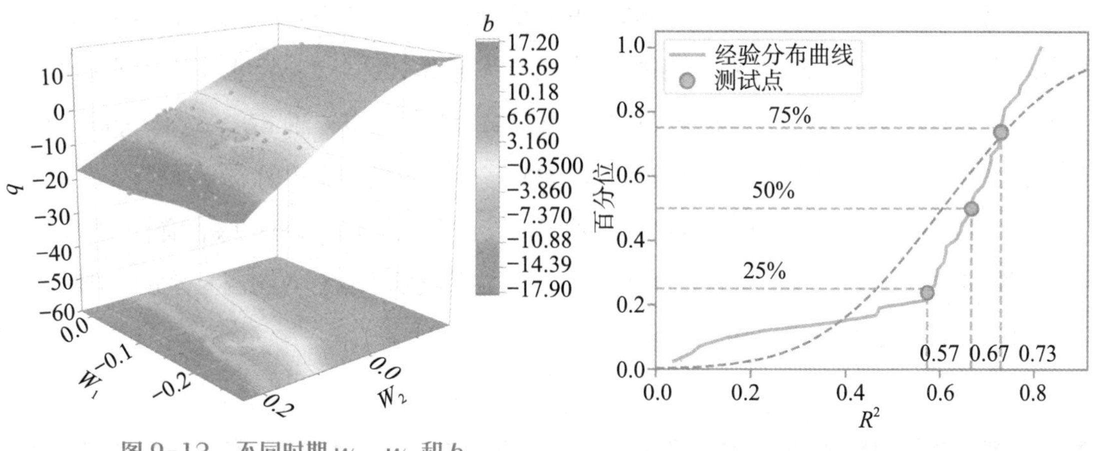

图 9-13　不同时期 w_1、w_2 和 b 最优解空间分布

图 9-14　不同时期最优 w_1、w_2 和 b 取值（R^2）经验分布图

基于最优解模拟发病率随时间（2021年4月3日—2021年5月14日）的发展趋势和预测结果评估如图9-15所示。图9-15（a）将不同时期预测发病率的最大值和最小值作为置信区间的上限和下限，不同时期预测发病率的均值用于刻画病害的发生程度，均值曲线具有明显的S型特征。受潜伏、温湿度和物候的综合影响，在抽穗扬花期内无人工干预的情况下，小麦赤霉病发病率整体自2021年4月5日至4月15日呈缓慢上升趋势，自2021年4月15日至5月14日基本趋于平稳，且同一时期不同样点的发病率表现出较大差异性。利用采样当天的预测发病率与实际发病率相对照，总体预测效果较好（R^2=0.634，MAE=0.086，RMSE=0.130）。

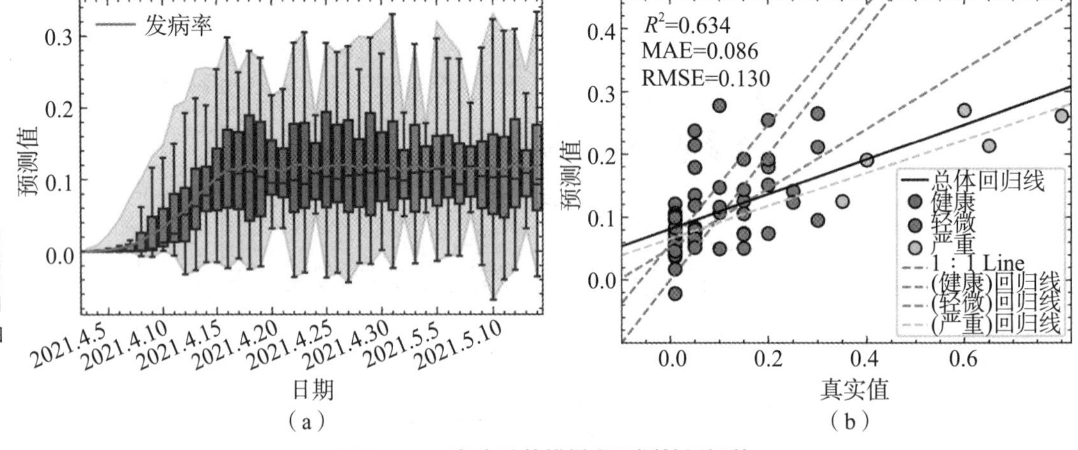

图 9-15　发病函数模拟和预测结果评估

为了进一步了解模型对不同病害等级的预测效果，将发病率的预测值按照表9-1划分为健康、轻微和严重三个等级，不同等级的预测精度验证如表9-8所示。kappa系数为0.33，说明实际发病等级与预测发病等级具有中等一致性，这与发病严重样点全部被预测为发病轻微有着重要关系。另外约2/3的健康和发病轻微样点被预测正确，约1/3的健康和发病轻微样点被分别预测为轻微和健康。考虑到发病函数的特点以及农业预警的实际需要，61个实际样点中有39个样点发病等级被预测正确，总体精度为63.9%，有5个发病轻微样点被预测为健康，占样点总数的0.08，且不存在将发病严重样点预测为健康的异常情况，因此预测结果是可以接受的。

表 9-8　不同病害等级预测精度验证结果

病害类别	健康	轻微	严重	UA	OA	Kappa
健康	26	5	0	68.4%	63.9%	0.33
轻微	12	13	5	72.2%		
严重	0	0	0	0		
PA	83.9%	43.3%	0			

对2021年4月6日、2021年4月15日、2021年4月24日、2021年5月3日和2021年5月11日5个时期的小麦赤霉病发病率进行空间填图，结果如图9-16所示。由图可以看出小麦赤霉病的发病区主要位于研究区沿淮地带（中西部和北部），随时间表现出较为明显的发病程度上升趋势，可以为小麦赤霉病的预测、有效防治和管理提供技术支持和有效参考。

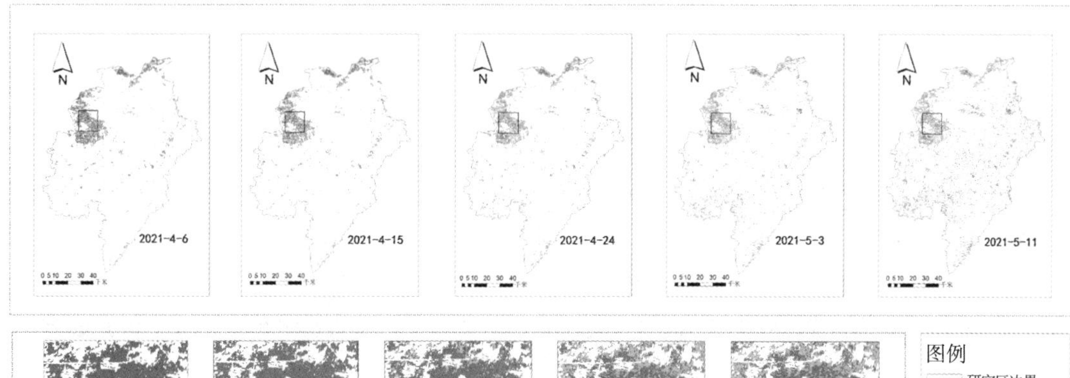

图9-16彩图

图 9-16　小麦赤霉病发病率空间分布图

参考文献

[1] 段维纳, 竞霞, 刘良云, 等. 融合SIF和反射光谱的小麦条锈病遥感监测[J]. 光谱学与光谱分析, 2022, 42(3): 859−865.

[2] 黄文江. 作物病害遥感监测机理与应用[M]. 北京: 中国农业科学技术出版社, 2009.

[3] 竞霞, 白宗璠, 高媛, 等. 利用随机森林法协同SIF和反射率光谱监测小麦条锈病[J]. 农业工程学报, 2019, 35(13): 154−161.

[4] 李则, 危峻, 黄小仙, 等. 逐像元自适应增益成像系统的星上辐射定标方法[J]. 红外与激光工程, 2024, 53(2): 142−155.

[5] 李小文, 王锦地. 植被光学遥感模型与植被结构参数化[M]. 北京: 科学出版社, 1995.

[6] 李卫国, 黄文江, 董莹莹, 等. 基于温湿度与遥感植被指数的冬小麦赤霉病估测[J]. 农业工程学报, 2017, 33(23): 203−210.

[7] 刘建刚, 赵春江, 杨贵军, 等. 无人机遥感解析田间作物表型信息研究进展[J]. 农业工程学报, 2016, 32(24): 98−106.

[8] 刘良云, 黄木易, 黄文江, 等. 利用多时相的高光谱航空图像监测冬小麦条锈病[J]. 遥感学报, 2004(3): 275−281.

[9] 罗菊花, 黄文江, 韦朝领, 等. 基于GIS的农作物病虫害预警系统的初步建立[J]. 农业工程学报, 2008, 24(12): 127−131.

[10] 梅安新. 遥感导论[M]. 北京: 高等教育出版社, 2001.

[11] 聂臣巍, 袁琳, 王保通, 等.综合遥感与气象信息的小麦白粉病监测方法[J]. 植物病理学报, 2016−02−018.

[12] 田庆久. 机载成像光谱遥感器场地外定标规范的初步研究[J]. 遥感技术与应用, 1999(1): 15−19.

[13] 田庆久, 闵祥军. 植被指数研究进展[J]. 地球科学进展, 1998, 13(4): 327−333.

[14] 童庆禧, 张兵, 郑兰芬. 高光谱遥感——原理、技术与应用[M]. 北京: 高等教育出版社, 2006.

[15] 张竞成, 袁琳, 王纪华, 等. 作物病虫害遥感监测研究进展[J]. 农业工程学报, 2012, 28(20): 1−11.

[16] 陈述彭, 赵英时. 遥感地学分析[M]. 北京: 测绘出版社, 1990.

[17] 周成虎, 骆剑承, 杨晓梅, 等. 遥感影像地学理解与分析[M]. 北京:科学出版社, 1999.